中文版

Premiere Pro CC 入门教程 全彩版

尹小港 编著

人民邮电出版社
北京

图书在版编目（CIP）数据

中文版Premiere Pro CC入门教程 : 全彩版 / 尹小港编著. -- 北京 : 人民邮电出版社, 2020.5（2023.8重印）
ISBN 978-7-115-53269-5

Ⅰ. ①中… Ⅱ. ①尹… Ⅲ. ①视频编辑软件－教材
Ⅳ. ①TP317.53

中国版本图书馆CIP数据核字(2020)第003772号

内 容 提 要

Adobe Premiere Pro CC 是一款功能强大的非线性视频编辑软件，被广泛地应用于视频内容编辑和影视特效制作领域。本书循序渐进地介绍了使用 Adobe Premiere Pro CC 中文版进行视频影片编辑的完整工作流程，以及各种编辑工具、视频切换、视频特效、字幕编辑、音频编辑等专业视频编辑特色功能的应用知识。全书分为两部分，第一部分为第 1～11 章，主要介绍 Adobe Premiere Pro CC 在视频内容编辑中的各种功能；第二部分为第 12～15 章，通过网络视频节目片头、音乐 KTV、纪录片片头、婚礼纪念视频制作等几个优秀的设计实例，带领读者进行视频影片设计制作的实践，帮助读者掌握各种软件知识和影视编辑技能。

本书结构清晰，语言通俗易懂，制作的实例实用性强。本书附带一套学习资源，内容包括书中所有实例的素材和输出文件、工程项目完成文件，PPT 演示教案，以及所有操作实例的在线教学视频。读者可以通过在线方式获取这些资源，具体方法请参看本书前言。

本书适合广大视频编辑爱好者作为自学用书，也可供专业设计人员学习参考，还可作为高等院校或各类培训班相关专业学生的学习用书。

◆ 编　　著　尹小港
　责任编辑　张丹丹
　责任印制　马振武
◆ 人民邮电出版社出版发行　　北京市丰台区成寿寺路 11 号
　邮编　100164　　电子邮件　315@ptpress.com.cn
　网址　http://www.ptpress.com.cn
　北京捷迅佳彩印刷有限公司印刷
◆ 开本：700×1000　1/16
　印张：18.75　　　　　　2020 年 5 月第 1 版
　字数：500 千字　　　　　2023 年 8 月北京第 7 次印刷

定价：69.00 元

读者服务热线：(010)81055410　印装质量热线：(010)81055316
反盗版热线：(010)81055315
广告经营许可证：京东市监广登字 20170147 号

前言

Premiere是Adobe公司开发的一款功能强大的非线性视频编辑软件，被广泛地应用于视频内容编辑和影视特效制作领域。本书用通俗易懂的语言、丰富翔实的图解，以Premiere Pro CC编辑非线性视频文件的流程贯穿全文，引导读者从认识Premiere开始，到学会如何编辑出赏心悦目的影视片段。

本书共分为15章，其中前11章是对视频编辑和Premiere Pro CC基础知识的讲解。第1章和第2章介绍视频编辑的基础知识及Premiere Pro CC的安装和基本界面浏览；第3章用一个简单的实例，讲解在Premiere Pro CC中进行视频编辑的基本工作流程；第4～11章根据视频影片的制作流程，分别讲解Premiere Pro CC中各个功能的具体应用。每章开头有本章学习要点，使读者先明白学习目的，然后在正文部分进行详细的讲解。每章最后的知识小结对已经学过的内容进行总结，使读者的思路更清晰，抓住重点和难点，巩固所学习的知识。

第12～15章通过具体的实例讲解Premiere Pro CC各个功能的综合运用，包括网络视频节目片头制作、音乐KTV制作、纪录片片头编辑及婚礼纪念视频的编辑等。每个实例根据Premiere Pro CC的功能，从不同角度出发，如字幕的设计、视频特效的应用、视频的编辑等，按照标准制作流程来进行讲解，使读者可以快速、全面地掌握Premiere Pro CC。

本书附带一套学习资源，内容包括书中所有实例的素材和输出文件、工程项目完成文件，PPT演示教案，以及全书所有操作实例的在线教学视频。扫描“资源获取”二维码，关注我们的微信公众号，即可得到资源文件获取方式。如需资源获取技术支持，请致函szys@ptpress.com.cn。

资源获取

本书主要由尹小港编写，在此向其他参与本书编写与整理的人员表示感谢。书中如有疏漏之处，敬请读者批评指正。

编者

2019年11月

目录

第 1 章

影视编辑基础入门

本章知识介绍

Premiere 是一款优秀的非线性视频编辑处理软件，具有强大的视频和音频内容实时编辑合成功能。该软件操作简便直观，同时功能丰富，因此被广泛应用于家庭视频内容处理、电视广告制作、片头动画编辑等方面，备受影视工作者和数码视频爱好者及家庭用户的青睐。

通过学习本章内容，读者可以学习视频编辑的各种概念和基础，了解Premiere Pro CC的入门知识。

本章学习要点

- 了解视频处理基础知识
- 熟悉 Premiere Pro CC 中的常用术语等相关知识
- 了解 Premiere Pro CC 的系统配置要求
- 了解 Premiere Pro CC 的 6 种编辑模式
- 掌握创建自定义界面布局模式的方法

1.1 视频处理基础知识

在学习使用Premiere Pro CC进行视频编辑处理之前，首先需要了解视频处理方面的各种基础知识，理解相关概念、术语的含义，方便在后面的学习中快速掌握各种视频编辑操作的实用技能。

1.1.1 线性编辑

从电影、电视媒体诞生以来，影视内容编辑技术就伴随着影视工业的发展不断地革新，技术越来越完善，功能效果的实现、编辑应用的操作也越来越简便。在对视频内容进行编辑的工作方式上，就经历了从线性编辑到非线性编辑的重要发展过程。

传统的线性编辑是指在摄像机、录像机、编辑机、特技机等设备上，以原始的录像带作为素材，以线性搜索的方法找到想要的视频片段，然后将所有需要的片段按照顺序录制到另一盘录像带中。在这个过程中，需要工作人员通过使用播放、暂停、录制等功能来完成基本的剪辑。如果剪辑时出现失误，或者需要在已经编辑好的录像带上插入或删除视频片段，那么在插入点或删除点以后的所有视频片段都要重新移动一次，因此编辑操作很不方便，工作效率也很低，并且录像带是易受损的物理介质，在经过反复的录制、剪辑、添加特效等操作后，画面质量也会变得越来越差。

1.1.2 非线性编辑

非线性编辑（Digital Non-Linear Editing，DNLE）是随着计算机图像处理技术发展而诞生的视频内容处理技术。它将传统的视频模拟信号数字化，以编辑文件对象的方式在计算机上进行操作。非线性编辑技术融入了计算机和多媒体这两个领域的前端技术，集录像、编辑、特技、动画、字幕、同步、切换、调音、播出等多种功能于一体，克服了线性编辑的缺点，提高了视频编辑的工作效率。

相对于线性编辑的制作途径，非线性编辑可以在计算机中利用数字信息进行视频/音频编辑，只需使用鼠标和键盘就可以完成视频编辑的操作。数字视频素材的取得主要有两种方式，一种是先将录像带上的片段采集下来，即把模拟信号转换为数字信号，然后存储到硬盘中再进行编辑。现在的电影、电视中很多特技效果的制作，就是采用这种方式取得数字视频，在计算机中进行特效处理后再输出影片。另一种是用数码视频摄像机（即通常所说的DV摄像机）直接拍摄得到数字视频。数码摄像机通过CCD（Charged Coupled Device，电荷耦合器）器件，将从镜头中传来的光线转换成模拟信号，再经过模拟/数字转换器，将模拟信号转换成数字信号并传送到存储单元保存起来；拍摄完成后，只要将摄像机中的视频文件输入计算机即可获得数字视频素材，然后即可在专业的非线性编辑软件中进行素材的剪辑、合成、添加特效以及输出等编辑操作，制作各种类型的视频影片。

Premiere是Adobe公司开发的一款优秀的非线性视频编辑处理软件，具有强大的视频和音频内容实时编辑合成功能。新的Premiere Pro CC除了在软件功能的多个方面进行了提升，还带来了全新的云端处理技术，为影视项目编辑的跨网络协同合作和分享作品提供了更多的方便。

1.1.3 视频编辑基本概念

在视频处理领域，经常会用到一些基本的概念术语，需要先来仔细地学习理解。

1. 帧和帧速率

平常的电视、电影以及网络中流行的Flash影片中的动画，其实都是由一系列连续的静态图像组成的，在单位时间内的这些静态图像就称为帧。由于人眼对运动物体具有视觉残像的生理特点，所以，当某段时间内一组内容连续变化的静态图像依次快速显示时，就会被“感觉”是一段连贯的动画。

电视或显示器上每秒钟扫描的帧数即帧速率（也称作“帧频”）。帧速率的数值决定了视频播放的平滑程度。帧速率越高，动画效果越平滑，反之就会有阻塞、延迟的现象。在视频编辑中也常常利用这个特点，通过改变一段视频的帧速率，来实现快动作与慢动作的表现效果。

2. 电视制式

简单来说，电视制式就是指电视信号的编码与解码的方式。在电视诞生后的很长一段时期，不同国家对电视影像制定的标准不同，其制式也有一定的区别，主要表现在帧速率、宽高比、分辨率、信号带宽等方面。1952年由美国制定的NTSC制式，解决了彩色黑白电视广播的兼容问题，但存在色彩不稳定的缺点；1966年法国研发成功了SECAM制式，用亮度信号每行传送、两个色差信号逐行依次传送的方式，得到了更好的彩色电视信号，但兼容性差，主要应用在东欧及法语系国家；1967年德国综合了NTSC技术成就改进得到PAL制式，用逐行倒相正交平衡调幅技术，得到误差更小的图像色彩，并让黑白电视也可以兼容播放。中国的电视技术发展较晚，直接应用了当时较为先进的PAL制式。

现在，主流的液晶电视机都实现了多种制式信号的兼容。在Premiere Pro CC中进行影视项目的创建时，仍然可以选择需要的视频制式创建项目，但也可以直接自定义画面尺寸比例、帧速率、像素高宽比等，创建符合播放需求的视频内容，如主流的1920像素×1080像素全高清视频，以及分辨率更好的4k超清视频项目。

3. 压缩编码

视频压缩也称为视频编码。通过计算机或相关设备对胶片媒体中的模拟视频进行数字化后，得到的数据文件会非常大，为了节省空间和方便应用、处理，需要使用特定的方法对其进行压缩。

视频压缩的方式主要分为两种：有损压缩和无损压缩。无损压缩是利用数据之间的相关性，将具有相同或相似特征的数据归类成一类数据，以减少数据量；有损压缩则是在压缩的过程中去掉一些不易被人察觉的图像或音频信息，这样既大幅度地减小了文件大小，也能够同样地展现视频内容。不过，有损压缩中丢失的信息是不可恢复的。丢失的数据量与压缩比有关，压缩比越大，丢失的数据越多，一般解压缩后得到的影像效果就越差。此外，某些有损压缩算法采用多次重复压缩的方式，这样还会引起额外的数据丢失。

有损压缩又分为帧内压缩和帧间压缩。帧内压缩（Intraframe Compression）也称为空间压缩（Spatial Compression），当压缩一帧图像时，它仅考虑本帧的数据，而不考虑相邻帧之间的冗余信息。由于帧内压缩时各个帧之间没有相互关系，所以压缩后的视频数据仍可以以帧为单位进行编辑。帧内压缩一般得不到很高的压缩率。帧间压缩（Interframe Compression）也称为时间压缩（Temporal Compression），是基于许多视频或动画的连续前后两帧具有很大的相关性，或者说前后两帧信息变化很小（即连续的视频其相邻帧之间具有冗余信息）这一特性，压缩相邻帧之间的冗余量，可以进一步提高压缩量，减小压缩比，对帧图像的影响非常小，所以帧间压缩一般是无损的。帧差值（Frame Differencing）算法是一种典型的时间压缩法，它通过比较本帧与相邻帧之间的差异，仅记录本帧与其相邻帧的差值，这样可以大大减少数据量。

4. 视频格式

使用一种方法对视频内容进行压缩后，就需要用对应的方法对其进行解压缩来得到动画播放效果。使用的压缩方法不同，得到的视频编码格式也不同。目前，对视频压缩编码的方法有很多，应用的视频格式也就有很多，其中比较具有代表性的就是MPEG数字视频格式和AVI数字视频格式。下面介绍几种常用的视频存储格式。

- AVI格式（Audio/Video Interleave）

这是一种专门为微软Windows环境设计的数字式视频文件格式，这种视频格式的好处是兼容性好、调用方便、图像质量好，缺点是占用空间大。

- MPEG格式（Motion Picture Experts Group）

该格式包括MPEG-1、MPEG-2、MPEG-4。MPEG-1被广泛应用于VCD的制作和一些视频片段下载的网络，使用MPEG-1的压缩算法可以把一部120分钟长的非视频文件的电影压缩到1.2GB左右。MPEG-2则应用在DVD的制作方面，同时在一些HDTV（高清晰度电视）和一些高要求视频编辑、处理上也有一定的应用空间；相对于MPEG-1的压缩算法，MPEG-2可以制作出在画质等方面性能远远超过MPEG-1的视频文件，但是容量也不小，在4～8GB。MPEG-4是一种新的压缩算法，可以将使用MPEG-1压缩到1.2GB的文件，压缩到300MB左右，以供网络播放。

- FLV格式（Flash Video）

该格式是随着Flash动画的发展而诞生的流媒体视频格式。FLV视频文件体积小，同等画面质量的一段视频，其大小是普通视频文件体积的1/3甚至更小；同时以其画面清晰、加载速度快的流媒体特点，成为网络中增长速度较快、应用范围较广的视频传播格式。目前的视频门户网站都采用FLV格式视频，它也被越来越多的视频编辑软件支持导入和输出应用。

- ASF格式（Advanced Streaming Format）

这是Microsoft为了和现在的Real Player竞争而发展出来的一种可以直接在网上观看视频节目的流媒体文件压缩格式，即一边下载一边播放，不用储存到本地硬盘。由于它使用了MPEG-4的压缩算法，所以压缩率和图像的质量都非常不错。

- DIVX格式

该格式的视频编码技术可以说是一种对DVD造成威胁的新生视频压缩格式。由于它使用的是MPEG-4压缩算法，因此可以在对文件尺寸进行高度压缩的同时，保留非常清晰的图像质量。用该技术制作的VCD，可以得到与DVD差不多画质的视频，而制作成本却要低廉得多。

- QuickTime格式

QuickTime（MOV）格式是苹果公司创立的一种视频格式，在图像质量和文件尺寸的处理上具有很好的平衡性，无论在本地播放还是作为视频流在网络中播放，都是非常优秀的。

- REAL VIDEO格式（RA、RAM）

该格式主要定位于视频流应用方面，是视频流技术的创始者。它可以在56kbit/s MODEM的拨号上网条件下实现不间断的视频播放，因此必须通过损耗图像质量的方式来控制文件的大小，图像质量通常很低。

5. SMPTE时间码

在视频编辑中，通常用时间码来识别和记录视频数据流中的每一帧，从一段视频的起始帧到终止帧，其间的每一帧都有一个唯一的时间码地址。根据动画和电视工程师协会SMPTE（Society of Motion Picture and Television Engineers）使用的时间码标准，其格式是小时:分:秒:帧，或hours:minutes:seconds:frames。一段长度为00:02:31:15的视频片段的播放时间为2分31秒15帧，如果以每秒30帧的速率播放，则播放时间为2分31.5秒。

电影、录像和电视工业中使用的不同帧速率，各有其对应的SMPTE标准。由于技术的原因，NTSC制式实际使用的帧速率是29.97fps而不是30fps，因此在时间码与实际播放时间之间有0.1%的误差。为了解决这个误差问题，设计出丢帧（drop-frame）格式，即在播放时每分钟要丢2帧（实际上是有两帧不显示而不是从文件中删除），这样可以保证时间码与实际播放时间的一致。与丢帧格式对应的是不丢帧（nondrop-frame）格式，它忽略时间码与实际播放帧之间的误差。

提示 为了方便用户区分视频素材的制式，在对视频素材时间长度的表示上也作了区分。非丢帧格式的PAL制式视频，其时间码中的分隔符号为冒号(:)，如0:00:30:00。而丢帧格式的NTSC制式视频，其时间码中的分隔符号为分号(;)，如0;00;30;00。在实际编辑工作中，可以据此快速分辨出视频素材的制式以及画面比例等。

6. 数字音频

数字音频是指一个用来表示声音强弱的数据序列，由模拟声音经采样、量化和编码后得到。数字音频的编码方式也就是数字音频格式，不同数字音频设备一般对应不同的音频格式文件。数字音频的常见格式有WAV、MIDI、MP3、WMA、MP4、RealAudio、AAC等。

1.1.4 Premiere中常用的概念

传统的视频编辑手段是源片进来后，对其进行标记、剪切和分割，然后从另一端出来，这种编辑方式被称为线性编辑。Adobe的Premiere是革新性的非线性视频编辑应用软件，所谓非线性编辑，就是以计算机为载体，通过数字技术，完成传统制作工艺中需要十几套机器（A/B卷编辑机、特技机、编辑控制器、调音台、时基校正器、切换台等）才能完成的影视后期编辑合成以及特技制作任务，而且可以在完成编辑后方便、快捷地随意修改而不损害图像质量。虽然非线性编辑是在计算机上用软件进行的，且在处理手段上运用了数字技术，但是它还是和传统的线性编辑密切相关。

在Premiere中进行视频编辑的操作中，常见的名词术语主要有以下几个。

- 动画：通过迅速显示一系列连续的图像而产生的动作模拟效果。
- 帧：在视频或动画中的单个图像。
- 帧/秒（帧速率）：每秒被捕获的帧数或每秒播放的视频或动画序列的帧数。
- 关键帧（Keyframe）：一个在素材中特定的帧，它被标记是为了特殊编辑或控制整个动画。当创建一个视频时，在需要大量数据传输的部分指定关键帧有助于控制视频回放的平滑程度。
- 导入：将一组数据置入一个程序的过程。文件一旦被导入，数据将被改变以适应新的程序，其数据源文件则保持不变。
- 导出：在应用程序之间分享文件的过程，即将编辑完成的数据转换为其他程序可以识别、导入使用的文件格式。
- 过渡效果：一个视频素材代替另一个视频素材的切换过程。
- 渲染：应用转场和其他效果之后，将源信息组合成单个文件的过程，也就是输出影片。

1.2 Premiere Pro CC影视编辑系统要求

Premiere Pro CC在之前版本的基础上，对软件功能进行了丰富和完善，可以满足更高质量要求的视频编辑需要。同时，也对计算机系统运行的环境提出了更高的要求，只有当计算机系统具备这些性能条件时，才能让Premiere Pro CC更好地发挥其强大的视频编辑功能。

1.2.1 Premiere Pro CC的系统配置要求

要在Windows操作系统的计算机上安装并使用Premiere Pro CC进行视频内容的编辑，需要保证计算机系统满足如下所述的系统基本要求。

- CPU：支持64 位系统的多核处理器
- 操作系统：Microsoft Windows 7 Service Pack 1（64 位）、Windows 8（64 位）或Windows 10（64 位）
- 内存：最低4GB，推荐8GB内存或更高
- 硬盘：8GB以上可用硬盘空间用于安装；安装过程中需要额外的可用空间
- 显示器：支持1280×800 以上分辨率的显示器
- 显卡：支持OpenGL 2.0以上的显卡或Adobe 推荐的 GPU 卡，用于实现 GPU 加速性能
- 声卡：符合 ASIO 协议或 Microsoft Windows Driver Model 的兼容声卡
- SD/HD工作流程需要经Adobe认证的卡以捕获并导出到磁带
- DVD-ROM 驱动器（创建DVD需要DVD±R刻录机），如需创建蓝光盘则需要蓝光刻录机
- 如需使用 QuickTime 功能，需要先安装QuickTime 7.6.1版本以上软件
- 在线服务需要宽带 Internet 连接

1.2.2 处理DV视频的配置要求

如果需要应用DV摄像机中拍摄的视频内容进行视频影片的编辑，首先需要将DV摄像机中的数据转移到计算机中，这个过程称为“DV视频的采集”，要求计算机系统满足更多的性能要求，主要在于视频采集硬件和硬盘性能两个方面。

视频采集卡专门用于采集外部设备中的视频数据，通过硬件压缩、获取的方式，得到高质量的视频影像。图1-1和图1-2所示分别为内置和外置视频采集卡。

图 1-1 内置视频采集卡

图 1-2 外置视频采集卡

将视频采集卡安装到计算机主机以后，可以通过专门的数据线，将DV摄像机和视频采集卡上专用

的IEEE 1394接口连接起来（也有外置的采集卡装置，不用安装，只需要连接好数据线即可使用），即可在计算机中通过相关软件进行视频内容的采集操作。图1-3所示为IEEE 1394数据线。

图 1-3 IEEE 1394 数据线

现在市场上的视频采集卡，根据性能、品质和专业程度的不同，其价格从100元左右到上万元不等，可以根据实际需要选购。

现在的DV摄像机都提供了USB数据连接的接口，即使计算机上没有安装视频采集卡，也可以通过USB数据线连接计算机进行视频采集。只是这样获取的视频影像画面质量较低，适合在对视频内容质量要求不高的时候使用。

要得到高质量的视频内容，除了在采集卡方面有要求外，对硬盘的性能同样有严格的要求。在进行视频内容采集的时候，采集获得的数据流通常比较大，这就要求硬盘要具有较高的写入速度。

目前，主流的硬盘都具有7200r/min的转速，写入速度为6MB/s的性能，能够应付大部分视频采集的工作。如果要求更高质量的视频采集，可以选用转速更高、写入速度更快的高性能硬盘，如图1-4所示。如果硬盘转速、写入速度过低，如使用早期的5400r/min的硬盘进行采集储存，就会出现因为写入速度不及采集速度而造成丢帧的情况，得到的视频就会不流畅或者画质较差。

图 1-4 大容量高速硬盘

另外，对硬盘空间容量的要求同样需要注意。在采集视频时，为了获取较好质量的视频素材，通常都采取无损压缩的方式进行采集，一段1分钟的视频文件就会达到1GB甚至更大。所以，如果要进行大量DV内容的编辑操作，配备一个大容量、高转速的硬盘是非常必要的。

1.3 启动Premiere Pro CC

同启动其他应用程序一样，选择“开始”→“所有程序”→“Adobe Premiere Pro CC”命令，便可启动Premiere Pro CC。如果在桌面上有Premiere Pro CC的快捷方式，则用鼠标双击桌面上的Adobe Premiere Pro CC快捷图标，即可启动该程序。

Premiere Pro CC启动后，将显示出欢迎界面，用户可以选择执行新建项目、打开项目和开启帮助的操作。如果在Premiere中打开过项目文件，则在该界面中会显示最近编辑过的影片项目文件，如图1-5所示。

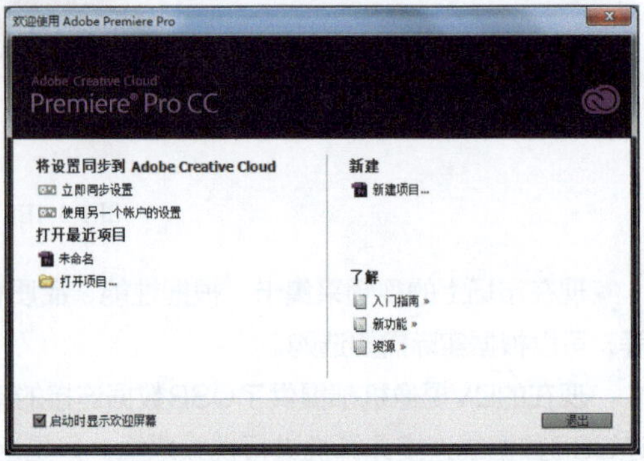

图 1-5 欢迎界面

- 将设置同步到Adobe Creative Cloud：将用户在Premiere中的首选项设置及其他系统设置，同步上传到用户的Adobe ID在Adobe Creative Cloud云端服务器的账户空间中，方便以后在其他计算机上以用户的Adobe ID登录账户后，同步下载云端服务器中保存的选项设置进行应用。
- 打开最近项目：在该列表中将显示最近几次在Premiere Pro CC中打开过的项目文件，方便用户快速选择并打开，继续之前的编辑操作。
- 打开项目：单击该按钮，可以打开“打开项目”对话框，选取一个在计算机中已有的项目文件，然后单击“打开”按钮，将其在Premiere Pro CC中打开，可进行查看或编辑操作，如图1-6所示。

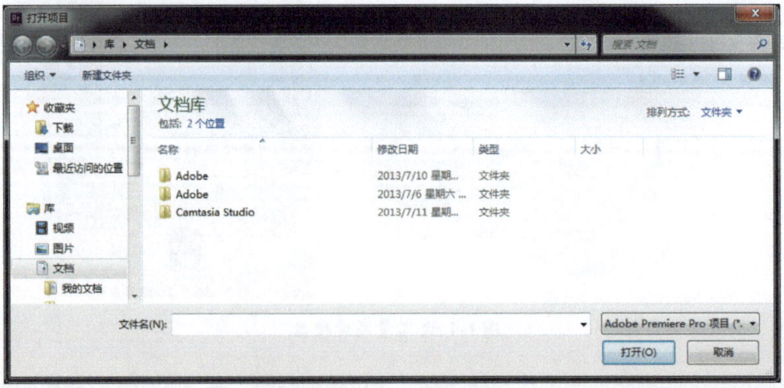

图 1-6 “打开项目”对话框

- 新建项目：单击该文字按钮，可以打开“新建项目”对话框，设置需要的各种参数选项，创建一个新的项目文件进行视频编辑。

- 了解：在该列表中，可以选择开启帮助系统，显示Premiere Pro CC的入门指南、新功能介绍、随附素材与项目资源等内容，查阅需要的软件功能介绍信息。
- 启动时显示欢迎屏幕：勾选该选项，则每次启动都显示欢迎屏幕；取消勾选，则启动后直接打开最近一次打开过的项目文件。
- 退出：单击该按钮，将退出程序。

在默认状态下，Premiere Pro CC可以自动显示用户最近使用过的5个项目文件的路径，以名称列表的形式显示在上图的“打开最近项目”一栏中，用户只需用鼠标左键单击所要打开的项目文件名，就可以快速地打开该项目文件并进行编辑。

要开始新的编辑工作，可以在欢迎界面中单击“新建项目”按钮，打开“新建项目”对话框，创建一个新的项目文件，如图1-7所示。

确定了项目文件类型后，单击“位置”栏后面的 浏览... 按钮，可以为项目文件指定储存路径，然后在“名称”栏中为项目文件命名。

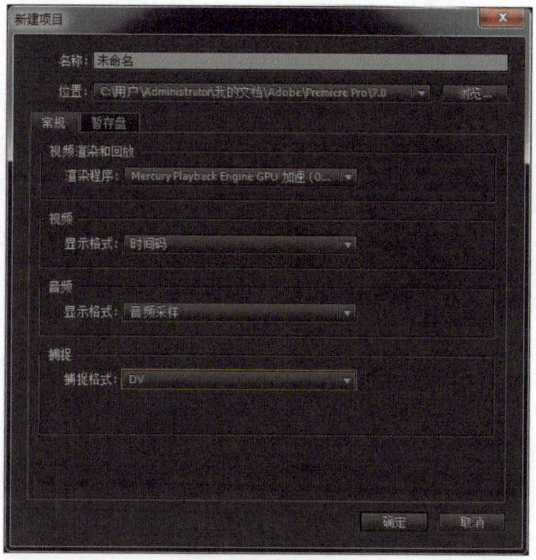

图 1-7 新建项目

在创建一个新的项目文件后，还需要新建一个合成序列，才能将导入的各种素材加入序列的时间轴窗口进行编排处理，进行影片内容的编辑。执行“文件→新建→序列”命令或按“Ctrl+N”快捷键，打开“新建序列”对话框，如图1-8所示。

除了选用Premiere Pro CC提供的项目文件类型外，在“设置”选项卡中可以设置所要创建的项目文件的内容属性，如图1-9所示。

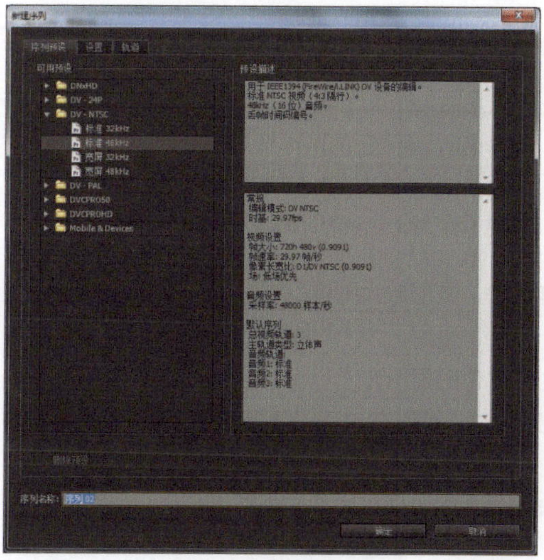

图 1-8 “新建序列”对话框

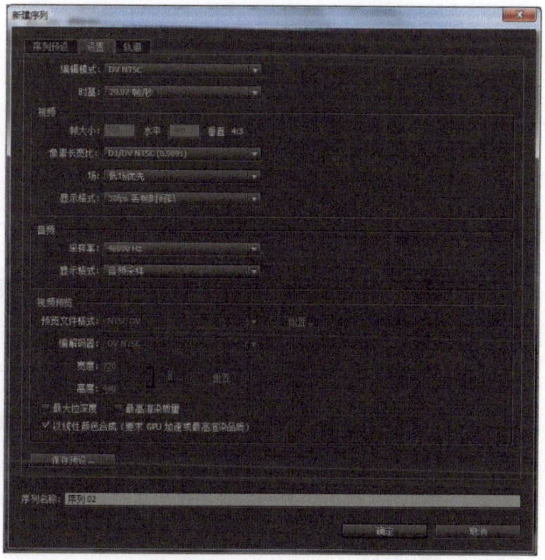

图 1-9 “设置”选项卡

“设置”选项卡中有许多参数的设置，下面就来认识这些参数。

- 编辑模式：用于选择合成序列的视频模式。默认情况下，该选项与“序列预设”中所选的预设类型的视频制式相同。选取不同的编辑模式，下面的其他选项就会显示不同的参数内容。
- 时基：时间基数，也就是帧速率，决定一秒由多少帧构成。基本的DV、PAL、NTSC等制式的视频都只有一个对应的帧速率，其他高清视频（如1080P、720P）则可以选择不同的帧速率。
- 帧大小：以像素为单位，显示视频内容播放窗口的尺寸。
- 像素长宽比：像素在水平方向与垂直方向的长度比例。计算机图像的像素是1:1的正方形，而电视、电影中所用的图像像素通常是长方形的。该选项用于设置所编辑视频项目的画面宽高比，可根据所编辑影片的实际应用类型选择。如果是在计算机上播放，则可以选择方形像素。
- 场：该下拉列表包括无场、高场优先、低场优先3个选项。无场相当于逐行扫描，通常用于在计算机上预演或编辑高清视频；在PAL或NTSL制式的电视机上预演，则要选择高场优先或低场优先。

提示 场的概念来自电视机的工作原理。电视机在扫描模拟信号时，在画面的第一行像素中从左边扫描到右边，然后快速另起一行继续扫描。当完成从屏幕左上角到右下角的扫描后，即得到一幅完整的图像；接下来扫描点又返回左上角继续进行下一帧的扫描。在扫描时，先扫描画面中的奇数行，再返回画面左上角开始扫描偶数行，称为高场优先（或上场优先）；先扫描偶数行再扫描奇数行的，称为低场优先（或下场优先）；直接从左上角向右下角扫描每一行的，称为逐行扫描。

- 显示格式：选择在项目编辑中显示时间的方式，在“编辑模式”中选择不同的视频制式，这里的时间显示格式也不同，如图1-10和图1-11所示。

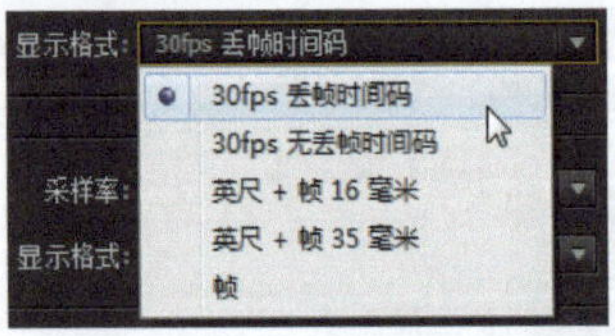

图 1-10 NTSC视频的时间格式

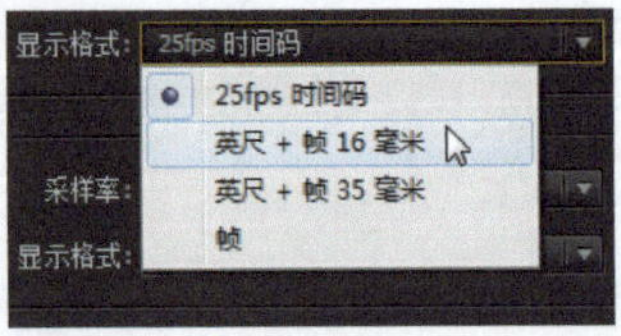

图 1-11 PAL视频的时间格式

- 采样率：设置新建影片项目的音频内容采样速率。数值越大则音质越好，系统处理时间也越长，同时也需要更大的存储空间。
- 显示格式：设置音频数据在时间轴窗口中时间单位的显示方式。
- 视频预览：在“编辑模式”中选择“自定义”时，可以在这里设置需要的视频预览文件格式、编解码格式和画面尺寸参数。
- 最大位深度：勾选此选项，将使用系统显卡支持的最大色彩位数渲染影像色彩，但会占用大量内存。

- 最高渲染质量：勾选此选项，将使用最高画面质量渲染影片序列，同样会占用大量内存，适合硬件配置高、性能强大的计算机使用。
- 以线性颜色合成：对于配备了高性能GPU的计算机，可以勾选该选项来优化影像色彩的渲染效果。
- 保存预设：在对默认选项进行了自定义修改后，可以单击该按钮，将自行设置的序列参数保存为预设文件类型，方便以后直接选取来创建序列。

设置好需要的设置后，可以对自己的特殊设置方案进行保存。单击窗口左下方的“保存预设”按钮，打开“保存设置”对话框，在此为项目设置方案进行命名，还可以为项目方案添加描述说明。

完成以上设置后，使用鼠标左键单击“确定”按钮，进入Premiere Pro CC的操作界面，如图1-12所示。

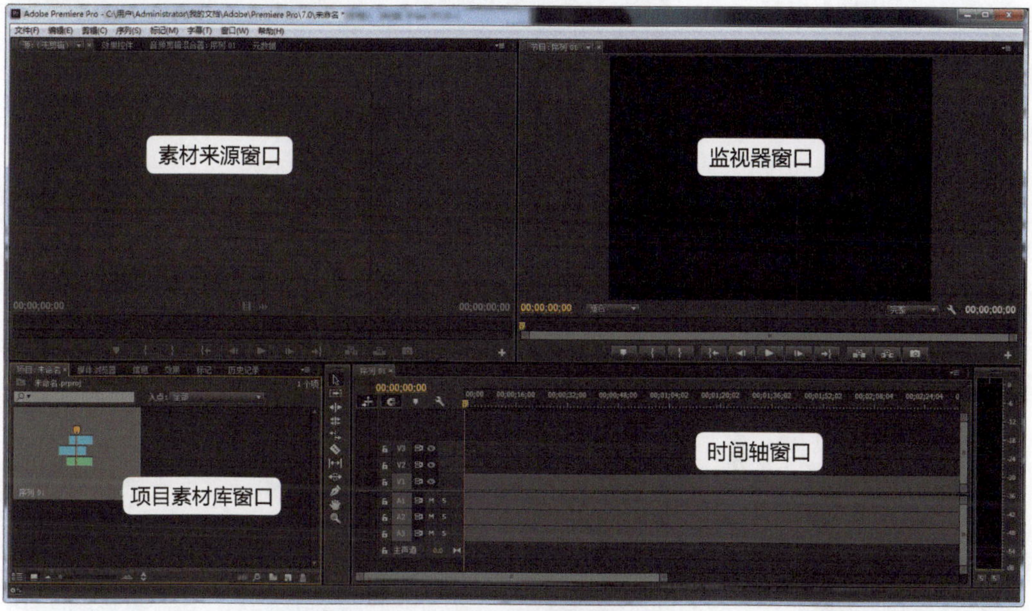

图 1-12 Premiere Pro CC 操作界面

为了满足不同的工作需要，Premiere Pro CC在“窗口”→“工作区”命令菜单中提供了6种不同功能布局的界面模式，包括元数据记录、效果、编辑、编辑（CS5.5）（即CS5.5版本的布局）、颜色校正和音频模式，方便用户根据编辑需要和操作习惯来选择。其中，默认的软件操作界面布局为编辑模式，如图1-13所示。

当用户选择“窗口”→“工作区”→“元数据记录”命令时，操作界面切换为配合使用录像机来从磁带中读取素材的操作界面，如图1-14所示。

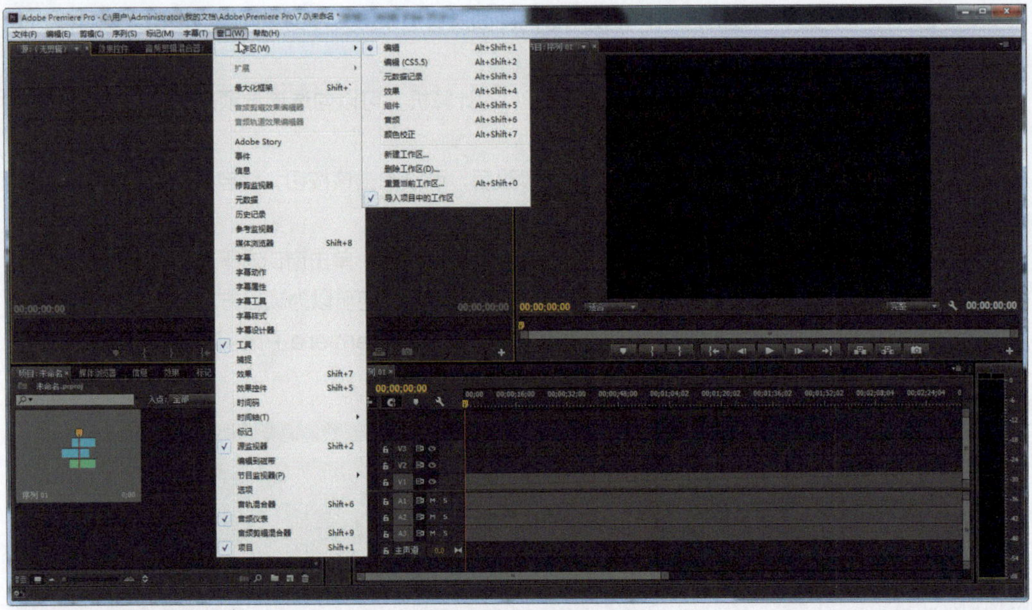

图 1-13 默认编辑模式操作界面

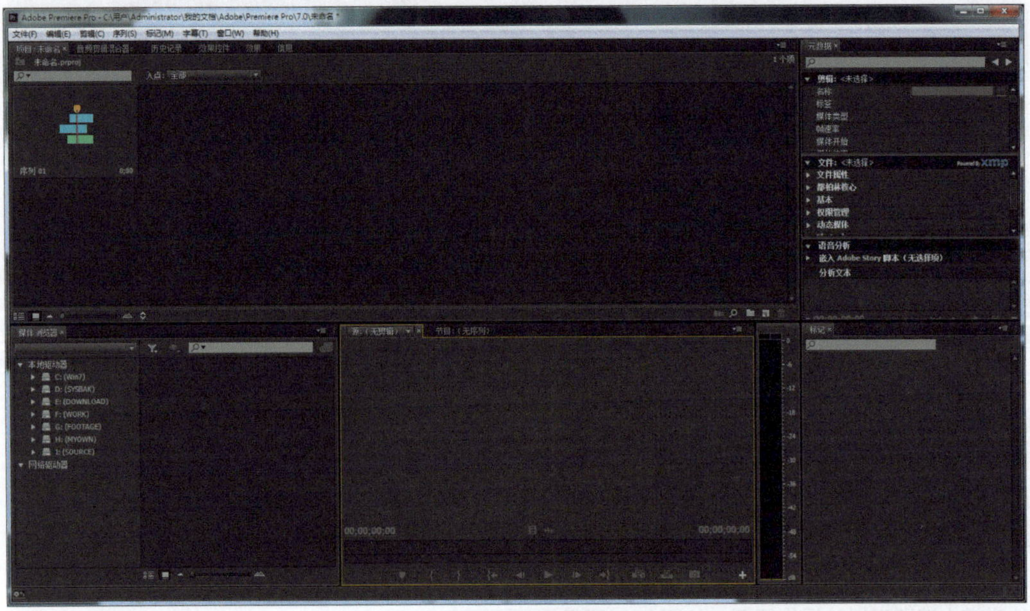

图 1-14 元数据记录模式操作界面

当用户选择“窗口”→“工作区”→“效果”命令时，操作界面则切换为特效编辑模式，在界面中显示出“效果控件”面板，方便用户在为素材添加特性时使用，如图1-15所示。

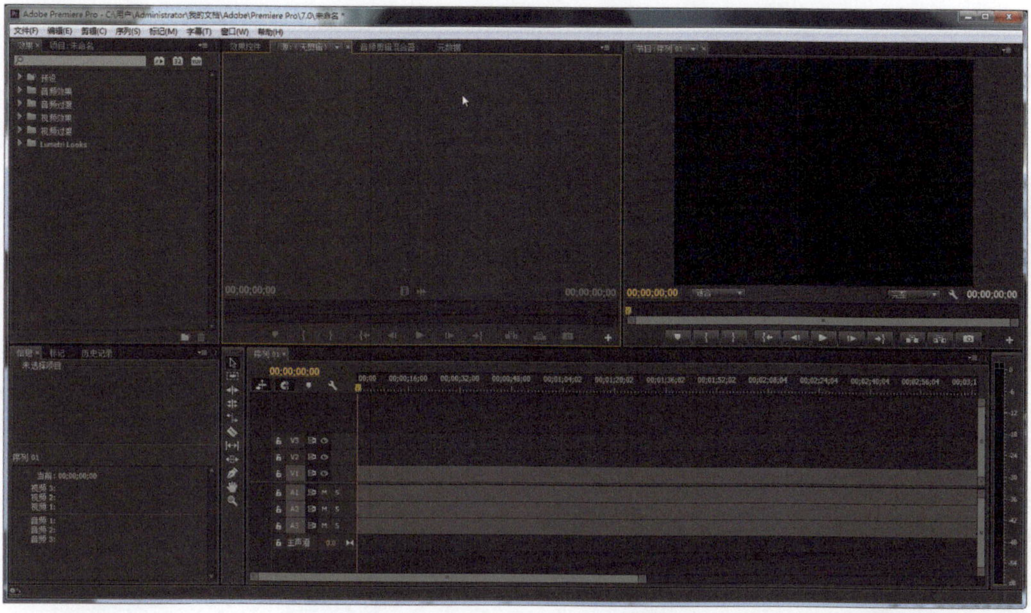

图 1-15 特效编辑模式操作界面

当用户选择“窗口”→“工作区”→“编辑（CS5.5）”命令时，操作界面则切换为Premiere Pro CS 5.5的布局模式，方便习惯使用之前版本的用户使用，如图1-16所示。

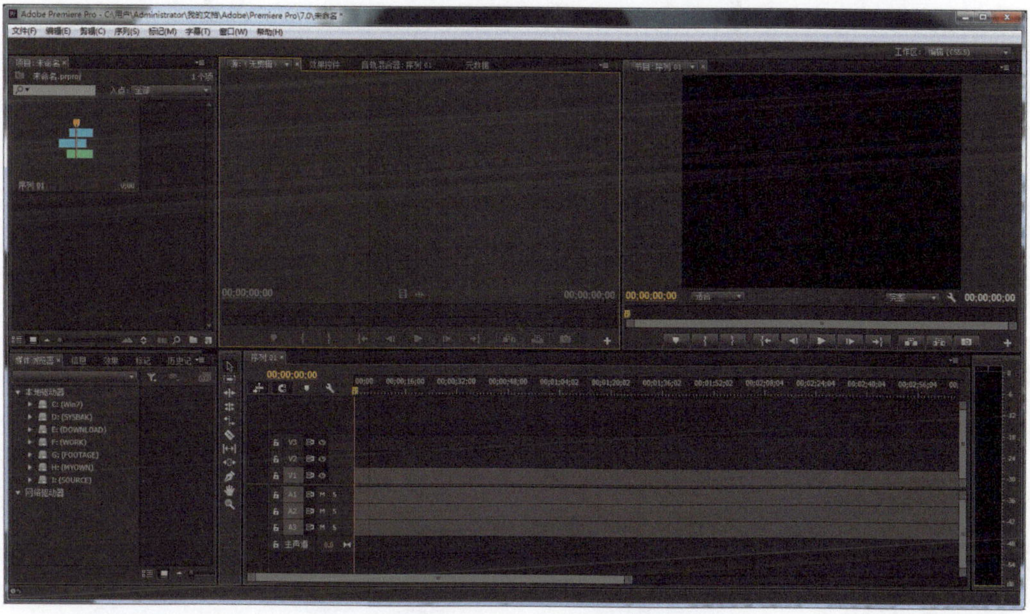

图 1-16 编辑 CS5.5 模式的界面布局

当用户选择“窗口”→“工作区”→“颜色较正”命令时，操作界面切换为如图1-17所示的布局。

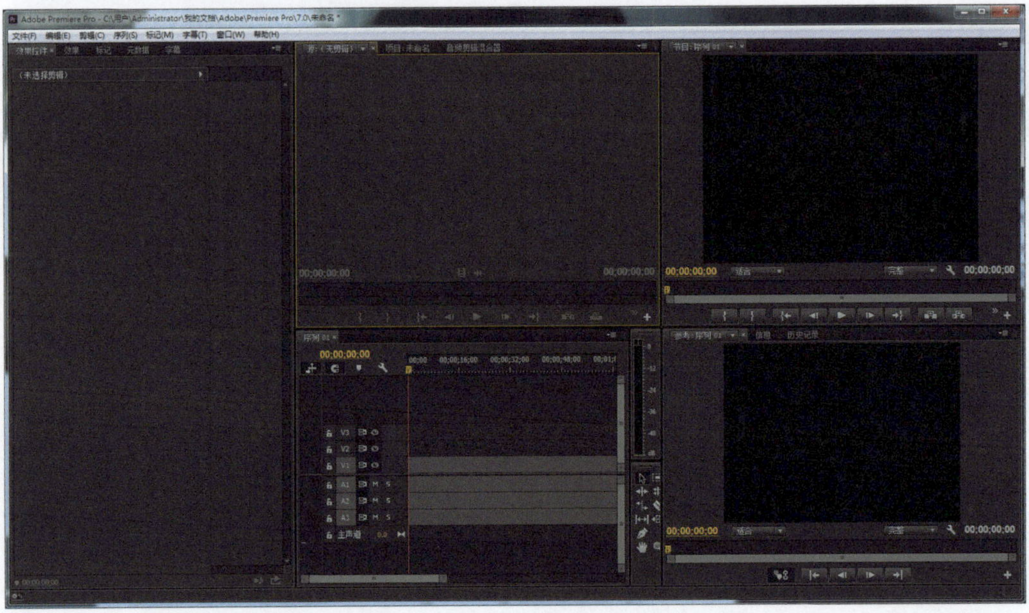

图 1-17 颜色校正模式操作界面

当用户选择“窗口”→“工作区”→“音频”命令时，操作界面则切换为音频编辑模式，显示出“音频混合器”工作面板，方便对影片项目中应用的音频素材进行更细致的处理，如图1-18所示。

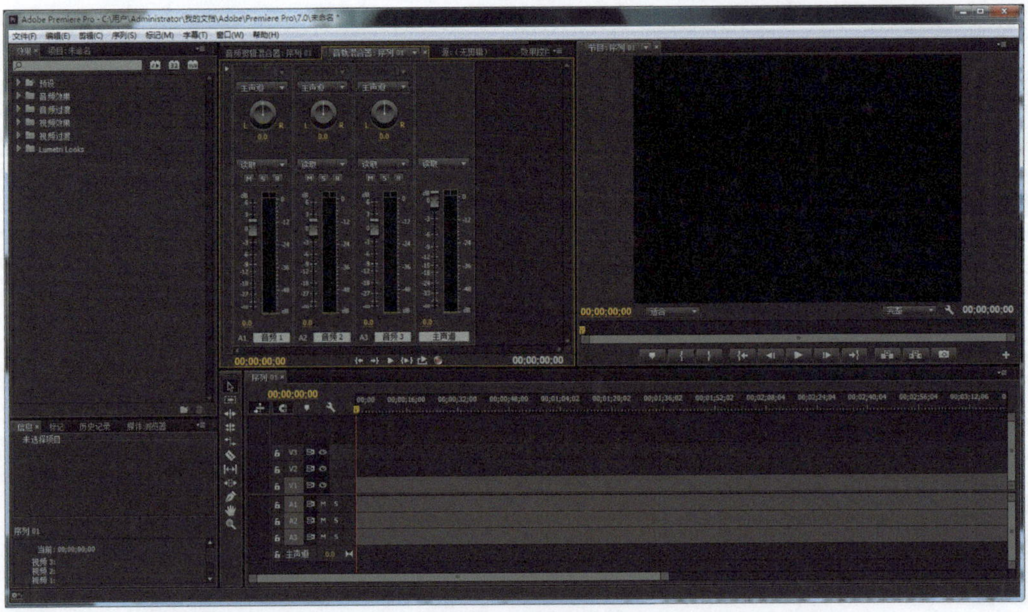

图 1-18 音频编辑模式操作界面

用户也可以自行设置更适合自己操作习惯和编辑需要的界面功能布局，并将其保存为新的工作区，方便以后快速调用切换。设置好界面布局后，执行“窗口”→“工作区”→“新建工作区”命令，在弹出的对话框中命名当前设置，然后单击“确定”按钮，即可在“窗口”→“工作区”命令菜单中选择新保存的工作区布局模式了，如图1-19所示。

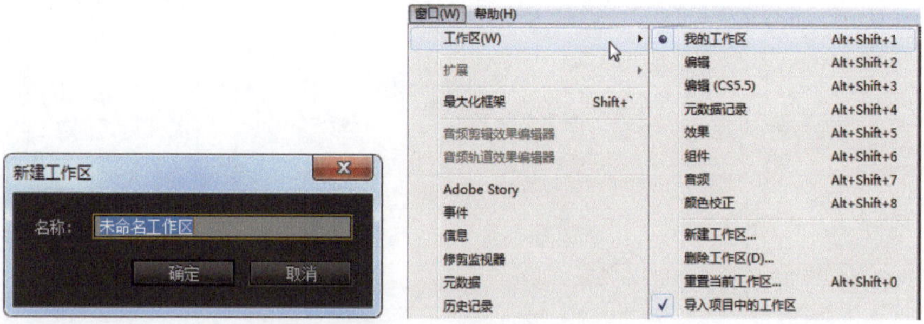

图1-19 保存自定义的界面布局模式

1.4 本章知识小结

本章介绍了视频处理的一些基础知识，以及Premiere Pro CC的相关应用知识。通过对本章的学习，读者应该了解常用视频格式，掌握如何在Premiere Pro CC中创建新项目，以及根据不同的需要应用不同的编辑模式。

- 动态影像中的“帧”，是指以一定速度连续播放来形成动画效果的单独的静态画面。由于人眼对运动物体具有视觉残像的生理特点，在某段时间内一组内容连续变化的静态图像依次快速显示时，就会产生看到的是动画的“感觉”。
- 在Premiere中用以表示动态影像时间长度以及指定位置的方式，采用的是根据动画和电视工程师协会SMPTE（Society of Motion Picture and Television Engineers）制定的时间码标准，其格式是：小时:分:秒:帧或 hours:minutes:seconds:frames。一段长度为00:02:31:15的视频片段的播放时间为2分31秒15帧，如果以每秒30帧的速率播放，则播放时间为2分31.5秒。
- 在Premiere 中进行影视内容的编辑时，需要使用大量不同格式的视频、音频素材内容。对于不同格式的视频、音频素材，首先要在计算机中安装有对应解码格式的程序文件，才能正常地播放和使用这些素材。所以，为了尽可能地保证数字视频编辑工作的顺利完成，需要安装一些相应的辅助程序及所需要的视频解码程序。例如，用以播放视频影像的Windows Media Player、QuickTime、Real Player等播放程序，以及用于对视频内容进行解码显示的解码程序。

第2章

工作界面快速导览

本章知识介绍

Premiere Pro CC的工作界面主要由菜单栏、项目窗口、时间轴窗口、监视器窗口、工具面板以及功能面板组成。在使用Premiere Pro CC进行影视内容编辑工作之前，需要先熟悉Premiere Pro CC工作界面各组成部分的功能。

本章学习要点

- 掌握菜单栏、项目窗口、时间轴窗口、监视器窗口、工具面板、字幕设计窗口中所包含的命令和工具的功能
- 了解效果面板、效果控件面板、历史记录面板、信息面板、音频剪辑混合器面板的功能

2.1 命令菜单

Premiere Pro CC的主菜单分为文件、编辑、剪辑、序列、标记、字幕、窗口和帮助菜单，下面分别对各个菜单中主要、常用命令的功能进行介绍。

2.1.1 文件菜单

“文件”菜单主要包括新建、打开项目、关闭、保存以及捕捉、导入、导出、退出等项目文件操作的基本命令，如图2-1所示。

- 新建：该项为级联菜单，其子菜单包含项目、序列、来自剪辑的序列、素材箱（文件夹）、脱机文件、调整图层、字幕、Photoshop文件、彩条、黑场视频、颜色遮罩、通用倒计时片头、透明视频等选项，如图2-2所示。

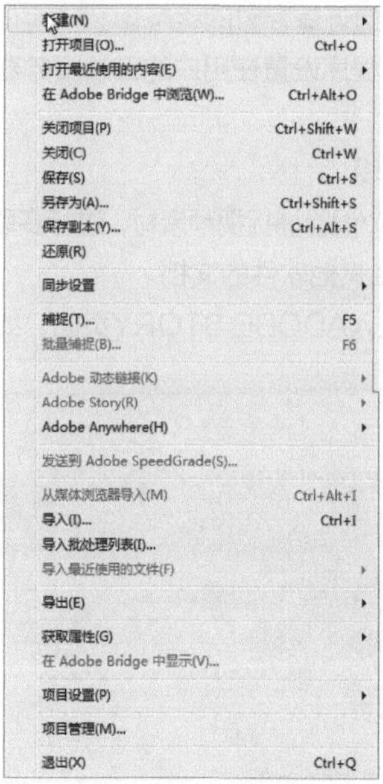

图 2-1 文件菜单

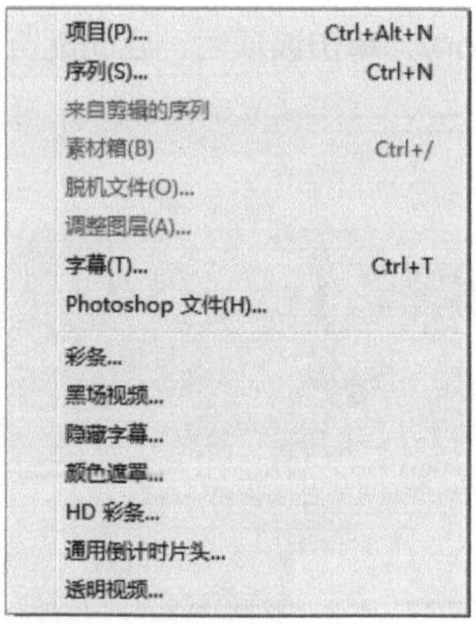

图 2-2 新建菜单

- 打开项目：打开一个已经存在的项目、影片文件等。
- 打开最近使用的内容：打开近期使用过的项目文件。
- 在Adobe Bridge中浏览：启动Adobe Bridge，浏览各种外部素材文件，并选择需要的素材加入当前正在编辑的项目，如图2-3所示。
- 关闭项目：关闭当前正在编辑的项目。
- 关闭：关闭当前激活的窗口。
- 保存：以原有文件名保存当前编辑的项目。
- 另存为：将当前编辑的项目文件改换名称后另外保存。
- 保存副本：将当前编辑的项目改换名称后保存一个备份，但不改变当前编辑项目的文件名。

图 2-3 在 Bridge 中浏览剪辑

- 还原：取消对当前项目所做的修改并恢复到最近保存时的状态。
- 同步设置：该菜单中的命令，用于执行当前程序设置在用户的云端服务器账户中对应的同步功能。
- 捕捉：利用附加的外部设施来采集多媒体剪辑。
- 批量捕捉：自动通过指定的模拟视频设备或DV设备捕捉视频素材，进行多段视频剪辑的采集。
- Adobe动态链接：从外部导入或新建Adobe其他软件的文档。
- Adobe Story：单击该项后，启动浏览器进入ADOBE STORY页面，如图2-4所示。

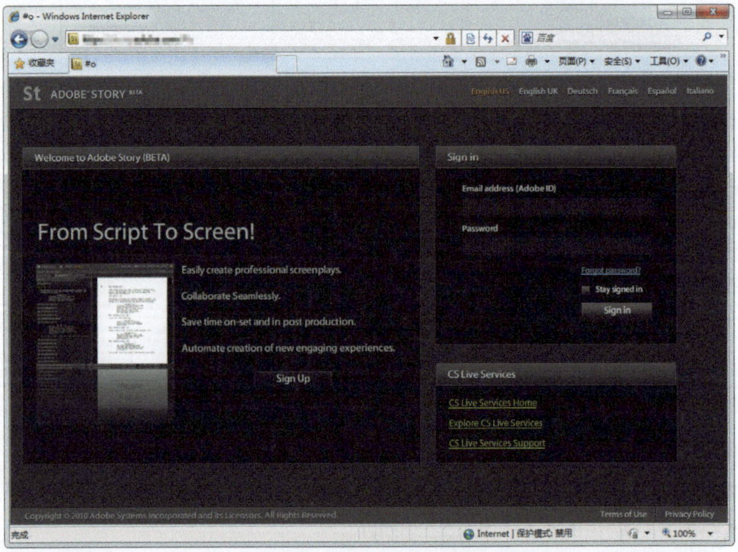

图 2-4 ADOBE STORY 页面

- 从媒体浏览器导入：打开资源管理器，查找需要的素材剪辑并将其导入当前项目。
- 导入：为当前项目导入所需的各种素材剪辑文件或整个项目。
- 导入批处理列表：执行该命令，可以在打开的“导入批处理列表”对话框中选择需要的批处理列表文件进行导入，然后在打开的“批处理列表位置”对话框中对导入项目的视频属性进行设置，将批处理文件中定义的链接媒体导入项目窗口中。

- 导入最近使用的文件：导入近期打开过的素材剪辑。

提示 通过“文件”→“导入”命令导入项目中的素材，只是在项目文件与外部素材文件之间建立了一个链接，并不是将其复制到了编辑的项目中。所以，一旦该素材文件在原路径位置被删除、移动或修改了文件名，使用了该素材的项目就不能再正确显示其应用内容了。

- 导出：执行该命令菜单中对应的命令，可以将编辑完成的项目输出成指定的文件内容。
- 获取属性：该命令用于查看所选对象的原始文件属性，包括文件名、文件类型、大小、存放路径、图像属性等信息，如图2-5所示。

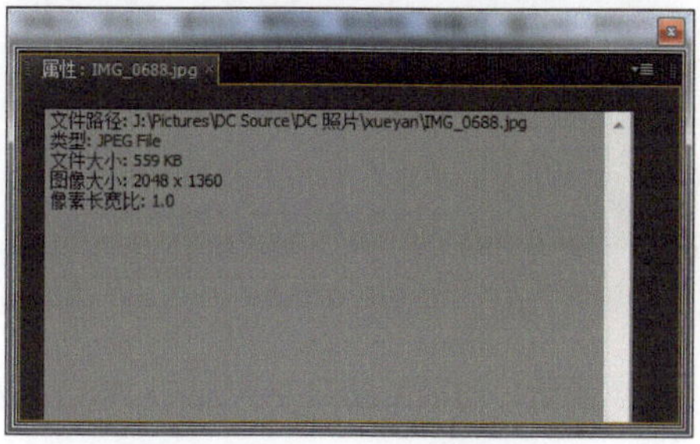

图 2-5 查看文件信息

- 在Adobe Bridge中显示：启动Adobe Bridge，可查看当前在项目中选择的素材文件。
- 项目设置：执行该命令子菜单中的“常规”“暂存盘”命令，可以打开“项目设置”对话框并显示出对应的选项卡，方便用户在编辑过程中根据需要修改项目详细设置。
- 项目管理：执行该命令，可以打开“项目管理器”对话框，对当前项目中所包含序列的相关属性进行设置，并可以选择指定的序列生成新的项目文件，另存到其他文件目录位置。
- 退出：退出Premiere Pro CC编辑程序。

2.1.2 编辑菜单

“编辑”菜单中的命令主要用于对所选素材对象执行剪切、复制、粘贴，撤销或重做，设置首选项参数等操作，如图2-6所示。

- 撤销：撤销上一步操作，还原到上一步时的编辑状态。
- 重做：重复执行上一步操作。
- 剪切、复制、粘贴：用来剪切、复制、粘贴剪辑。
- 粘贴插入：将复制的剪辑粘贴到一个剪辑的中间。
- 粘贴属性：执行该命令，将把原素材的效果、透明度设置、运动设置及转场效果等属性传递复制给另一个素材，方便快速完成在不同剪辑上应用统一效果的操作。

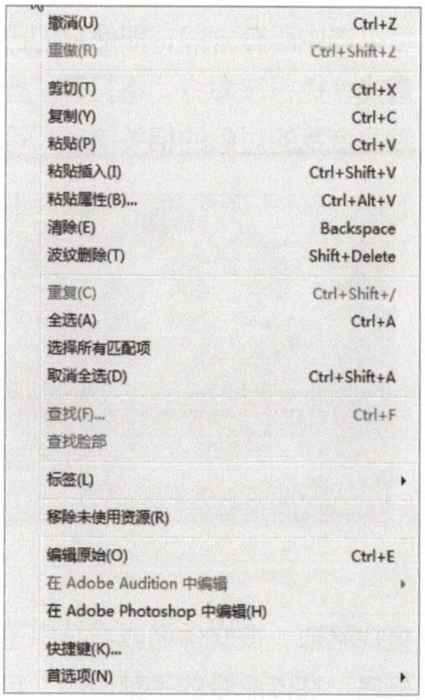

图 2-6 编辑菜单

- 清除：将在时间轴上的剪辑删除，但是项目窗口中依然存在。
- 波纹删除：在时间轴窗口中，点选同一轨道中两个素材剪辑之间的空白区域，执行该命令，可以删除该空白区域，使后一个素材向前移动，与前一个素材首尾相连，如图2-7所示。该命令对锁定的轨道无效。

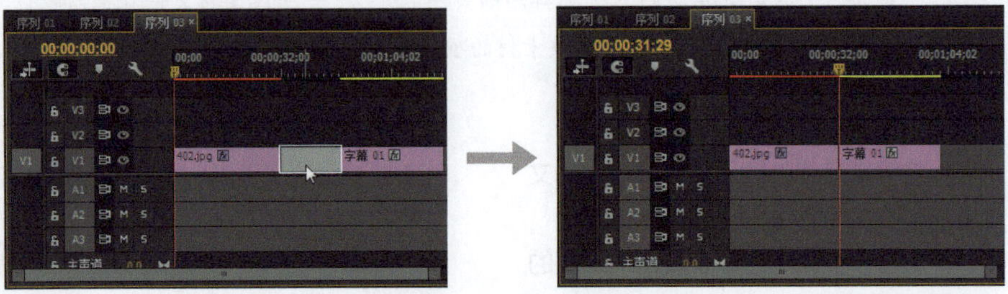

图 2-7 执行波纹删除

- 重复：对项目窗口中所选的对象进行复制，生成副本，如图2-8所示。

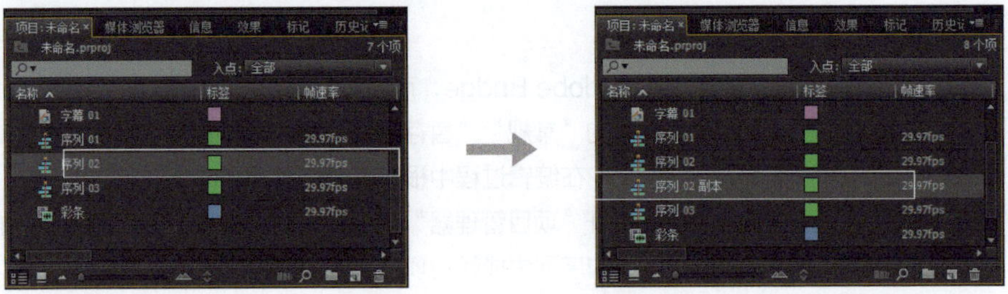

图 2-8 复制出副本

- 全选、取消全选：这是一组相互对应的命令，用于选中全部对象，或取消全选操作。
- 选择所有匹配项：对加入序列中的视频剪辑进行裁切分段后，选择其中一个并执行此命令，可以选中所有分段，即使它们已经被调整到不同的位置。
- 查找：执行该命令，将打开“查找”对话框，如图2-9所示。在其中设置相关选项，或输入需要查找的对象的相关信息，可在项目窗口中进行搜索。

图 2-9 “查找”对话框

- 查找脸部：按文件名或字符串进行快速查找。
- 标签：在该命令的子菜单中，可以为时间轴窗口中选中的剪辑设置对应的标签颜色，方便对剪辑进行分类管理或区别，如图2-10所示。

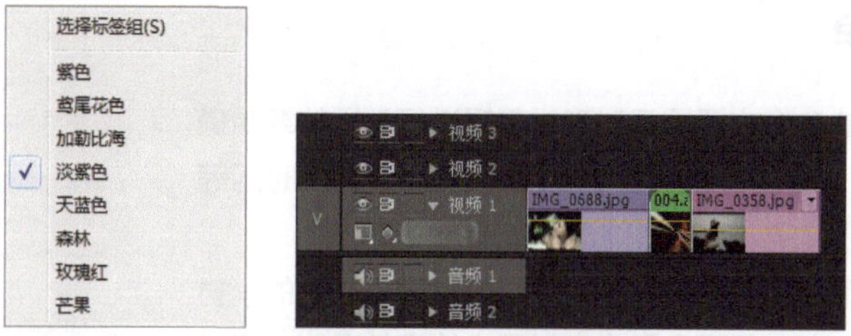

图 2-10 为剪辑选中标签颜色

- 移除未使用资源：执行该命令，可以将项目窗口中没有被使用过的素材删除，方便整理项目内容。
- 编辑原始：在项目窗口中选中一个从外部导入的媒体素材后，执行该命令，可以启动系统中与该类型文件相关联的默认程序进行浏览或编辑。
- 在Adobe Audition中编辑：在项目窗口中选中一个音频素材或包含音频内容的序列时，执行对应的命令，可以启动Adobe Audition程序，对音频内容进行编辑处理，保存后应用到Premiere Pro中。
- 在Adobe Photoshop中编辑：在项目窗口中选中一个图像素材时，执行该命令，可以打开Adobe Photoshop程序，对其进行编辑修改，保存后应用到Premiere Pro中。
- 快捷键：执行该命令，可以打开“键盘快捷键”对话框，查看Premiere中各个命令的快捷键设置。点选一个命令项后，单击“编辑”按钮，可以为该命令重新设置需要的快捷键；单击“清除”按钮，可以清除当前快捷键设置；单击“还原”按钮，可以恢复默认的快捷键设置，如图2-11所示。
- 首选项：执行其子菜单中的命令，可以打开“首选项”对话框，对在Premiere中进行影片项目编辑的各种选项与基本属性进行设置，如视频过渡默认持续时间、静止图像默认持续时间、软件界面的亮度、自动保存的间隔时间等，如图2-12所示。

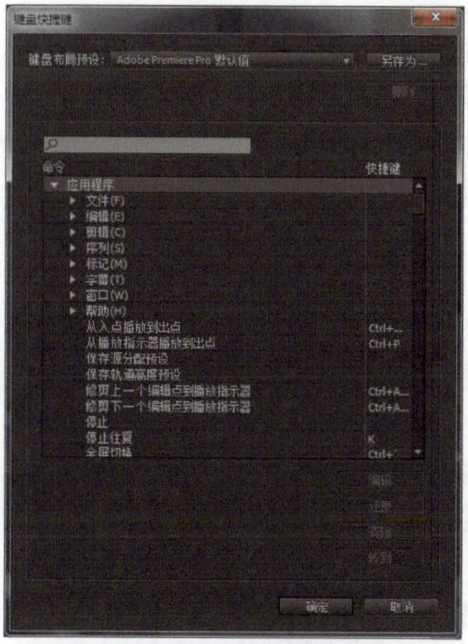

图 2-11 “键盘快捷键”对话框

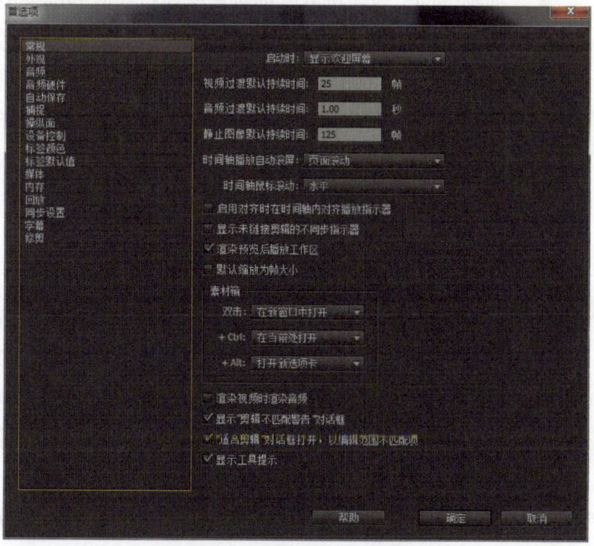

图 2-12 “首选项”对话框

2.1.3 剪辑菜单

“剪辑”菜单中的命令主要用于对素材剪辑进行常用的编辑操作，如重命名、插入、覆盖、编组、修改素材的速度/持续时间等设置，如图2-13所示。

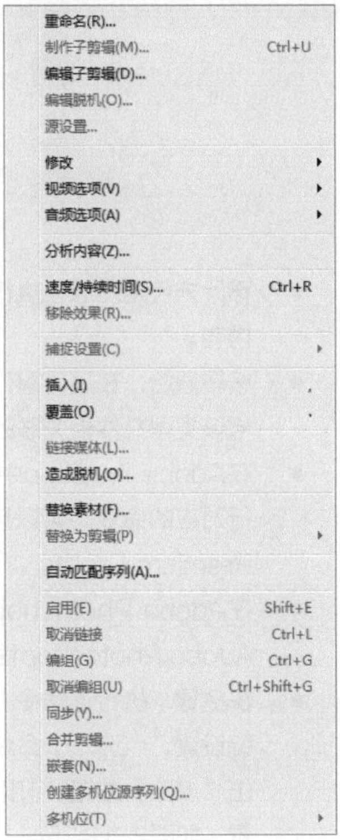

图 2-13 剪辑菜单

- 重命名：对项目窗口中或时间轴窗口的轨道中点选的素材剪辑进行重命名，但不会影响素材原本的文件名称，只是方便在操作管理中进行识别。
- 制作子剪辑：子剪辑可以看作是在时间范围上小于或等于原剪辑的副本，主要用于提取视频、音频等素材剪辑中需要的片段。
- 编辑子剪辑：点选项目窗口中的子剪辑对象，执行此命令打开“编辑子剪辑”对话框，可以对子剪辑进行修改入点、出点的时间位置等操作。
- 编辑脱机：点选项目窗口中的脱机素材，执行此命令，可以打开“编辑脱机文件”对话框，对脱机素材进行注释，方便其他用户在打开项目时了解相关信息。
- 源设置：在项目窗口中点选一个从外部程序（如Photoshop等）中创建的素材剪辑，执行此命令，可以打开对应的导入选项设置窗口，对该素材在Premiere Pro中的应用属性进行查看或调整。
- 修改：在该命令的子菜单中，可以选择对源素材的视频参数、音频声道、时间码等属性进行修改。
- 视频选项：对所选取的视频素材执行对应的选项设置。
- 音频选项：对所选音频素材或包含音频的视频素材执行对应的选项设置。
- 分析内容：点选项目窗口中的音频或包含音频的视频剪辑，执行此命令，在打开的“分析内容”对话框中设置好需要的分析选项，然后单击“确定”按钮，将启动Adobe Media Encoder CC，应用设置的选项对所选素材中的人声语音进行分析并生成文本，方便作为影片字幕的参考。
- 速度/持续时间：在项目窗口或时间轴窗口中，点选需要修改播放速度或持续时间的素材剪辑后，执行此命令，在打开的“剪辑速度/持续时间”对话框中，可以通过输入百分比数值或调整持续时间数值，修改所选对象的素材默认持续时间或在时间轴轨道中的持续时间。
- 移除效果：在时间轴窗口的轨道中点选应用了视频效果或音频效果的素材剪辑后，执行此命令，可以在弹出的“移除效果”对话框中勾选需要移除的效果类型，然后单击“确定”按钮，即可将该素材剪辑上对应的效果清除，或移除关键帧动画并重置位置运动、不透明度、音量大小的默认参数。
- 捕捉设置：该命令包含“捕捉设置”和“清除捕捉设置”两个子命令。执行“捕捉设置”命令，将打开“捕捉”窗口并展开“设置”选项卡，对进行视频捕捉的相关选项参数进行设置。

- 插入：将项目窗口中点选的素材插入时间轴窗口当前工作轨道中时间指针停靠的位置。如果时间指针当前的位置有素材剪辑，则将该剪辑分割开并将素材插入其中，轨道中的内容增加相应的长度，如图2-14所示。

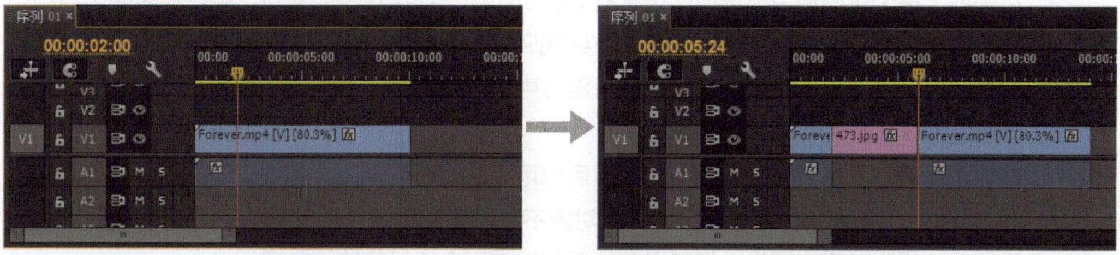

图 2-14 插入素材

- 覆盖：将项目窗口中点选的素材添加到时间轴窗口当前工作轨道中时间指针停靠的位置。如果时间指针当前的位置有素材剪辑，则覆盖该剪辑的相应长度，轨道中的内容长度不变，如图2-15所示。

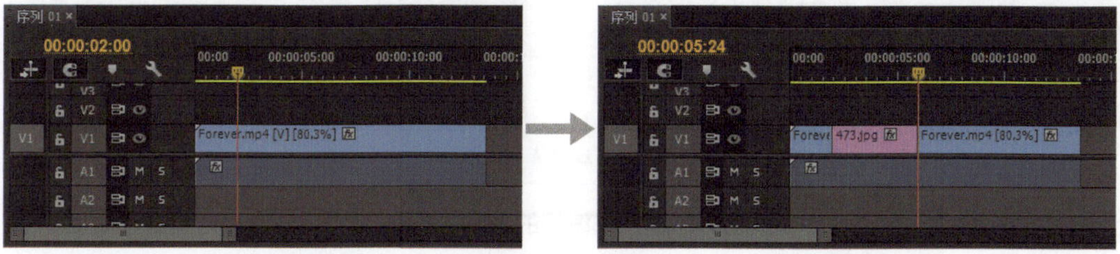

图 2-15 覆盖素材

- 链接媒体：如果项目中有处于脱机状态的素材剪辑，执行此命令，在打开的“链接媒体”对话框中可以查看到所有处于脱机状态的素材；在对话框下面可以勾选要进行查找的文件匹配属性，然后单击“查找”按钮，可以打开“查找文件”对话框并展开所选素材条目的原始路径，查找该素材文件；在找到需要链接的素材文件后，点选该文件并单击“确定”按钮，即可将其重新链接，恢复该素材在影片项目中的正常显示。
- 造成脱机：点选项目窗口中需要造成脱机的素材，执行此命令，在弹出的“设为脱机”对话框中选择对应的选项，可将所选素材设为脱机。
- 替换素材：点选项目窗口中要被替换的素材A，执行此命令，在弹出的“替换*素材”对话框中选择用以替换该素材的文件B，单击“选择”按钮，即可完成素材的替换。勾选“重命名剪辑为文件名”选项，在替换后将以文件B的文件名在项目窗口中显示。替换素材后，项目中各序列所有使用了原素材A的剪辑也将同步更新为新的素材B。
- 替换为剪辑：在时间轴窗口的轨道中点选需要被替换的素材剪辑，可以在此命令的子菜单中选择需要的命令，执行对应的替换操作。
- 自动匹配序列：在项目窗口中选取要加入序列的一个或多个素材、素材箱，执行此命令，在打开的“序列自动化”对话框中设置需要的选项，可以将选中的对象加入当前工作序列目标轨道中的对应位置。

- 启用：用于切换时间轴窗口中所选取素材剪辑的激活状态。处于未启用状态的素材剪辑将不会在影片序列中显示出来，它在节目监视器窗口中会变为透明，显示出下层轨道中的图像。
- 取消链接/链接：此命令用于为时间轴窗口中处于不同轨道中的多个素材对象建立或取消链接关系（每个轨道中只能选取一个素材剪辑）；处于链接状态的素材，可以在时间轴窗口中被整体移动或删除；为其中一个添加效果或调整持续时间，将同时影响其他链接在一起的素材，但仍可以通过效果控件面板单独设置其中某个素材的基本属性（位置、缩放、旋转、不透明度等）。
- 编组：编组关系与链接关系相似，编组后也可以被同时应用添加的效果或被整体移动、删除等，如图2-16所示。区别在于：编组对象不受数量和轨道位置的限制，处于编组中的素材不能单独修改其基本属性，但可以单独调整其中一个素材的持续时间。

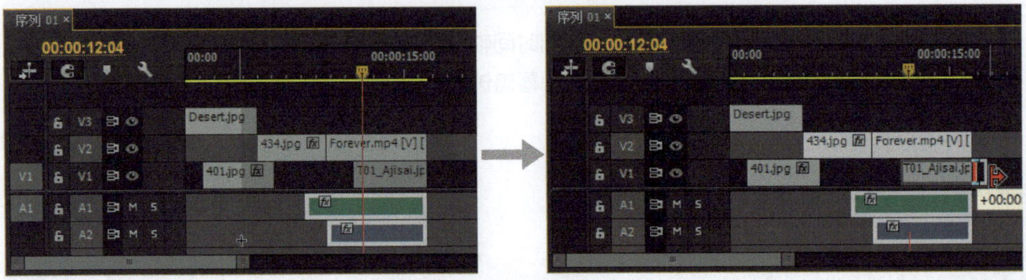

图 2-16 编组素材剪辑

- 取消编组：执行该命令，可以取消所选编组的组合状态。与取消链接一样，取消编组后，在编组状态时为组合对象应用的效果动画，也将继续保留在各个素材剪辑上。与取消链接不同，取消编组不能断开视频素材与其音频内容的同步关系。
- 同步：在时间轴窗口的不同轨道中分别选取一个素材剪辑后，执行此命令，可以在打开的“同步剪辑”对话框中选择需要的选项，将这些素材剪辑以指定方式快速调整到同步对齐。
- 合并剪辑：在时间轴窗口中选取一个视频轨道中的图像素材和一个音频轨道中的音频素材后，执行此命令，在弹出的“合并剪辑”对话框中为合并生成的新剪辑命名，并设置好两个素材的持续时间同步对齐方式，单击“确定”按钮，即可在项目窗口中生成新的素材剪辑。
- 嵌套：在时间轴窗口中点选建立嵌套序列的一个或多个素材剪辑，执行此命令，在弹出的“嵌套序列名称”对话框中为新建的嵌套序列命名，然后单击“确定”按钮，即可将所选的素材合并为一个嵌套序列，如图2-17所示。生成的嵌套序列将作为一个剪辑对象添加在项目窗口中，同时在原位置替换之前所选取的素材；在项目窗口或时间轴窗口中双击该嵌套序列，打开其时间轴窗口，可以查看或编辑其中的素材剪辑，如图2-18所示。
- 创建多机位源序列：当导入使用多机位摄像机拍摄的视频素材时，可以在项目窗口中同时选取这些素材，创建一个多机位源序列，在其中可以很方便地对各个素材剪辑进行剪切的操作。

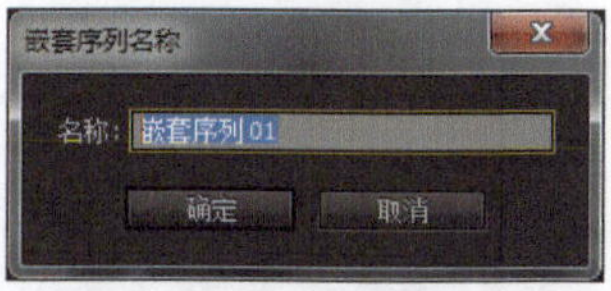

图2-17 “嵌套序列名称”对话框

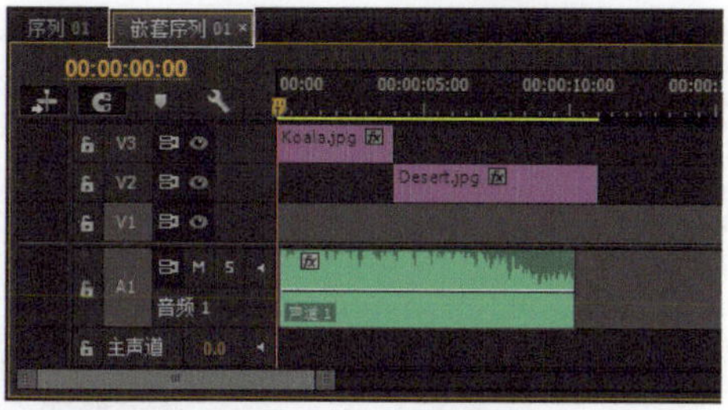

图2-18 查看嵌套序列内容

提示 所谓多机位拍摄，就是指多台摄像机在不同角度同时拍摄同一目标对象或场景，各台摄像机拍摄得到的视频画面虽然角度不同，但具有相同的音频。利用这个特点，可以在将这些素材的音频内容设置为同步的状态下，很方便地对各个视频轨道中的内容进行需要的剪切，在完整地播放时仍然保持连贯流畅的影音效果。常用于电影、电视作品处理，尤其是快节奏的MTV视频制作，可以拍摄不同场景的歌唱表演，只要保持背景音乐内容统一，就可以实现音频同步，创建多机位序列来剪切影片。

- 多机位：在该命令的子菜单中选取“启用”命令后，可以启用多机位选择命令选项；在时间轴窗口中点选多机位源序列对象后，在此选择需要在该对象中显示的机位角度；选择“拼合”命令，可将时间轴窗口中所选的多机位源序列对象转换成一般素材剪辑，并只显示当前的机位角度。

2.1.4 序列菜单

“序列”菜单中的命令，主要用于对项目中的序列进行编辑、管理、渲染片段、增删轨道、修改序列内容等操作，如图2-19所示。

- 序列设置：打开“序列设置”对话框，可查看或设置当前正在编辑的序列的基本属性，如图2-20所示。
- 渲染入点到出点的效果：只渲染当前工作时间轴窗口中，序列的入点到出点范围内添加的所有视频效果，包括视频过渡和视频效果；如果序列中的素材没有应用效果，则只对序列执行一次播放预览，不进行渲染。执行该命令后，将弹出“渲染进度”对话框，显示将要渲染的视频数量和进度。每一段视频效果都将被渲染生成一个视频文件。渲染完成后，在项目文件的保存目录中，将自动生成名为Adobe Premiere Pro Preview Files的文件夹并存放渲染得到的视频文件。
- 渲染入点到出点：渲染当前序列中，各视频、图像剪辑持续时间范围内及重叠部分的影片画面，都将单独生成一个对应内容的视频文件。
- 渲染选择项：渲染序列中当前选中的包含动画内容的素材剪辑，也就是视频素材剪辑，或应用了视频效果或视频过渡的剪辑；如果选中的是没有动画效果的图像素材或音频素材，那么将执行一次该素材持续时间范围内的预览播放。

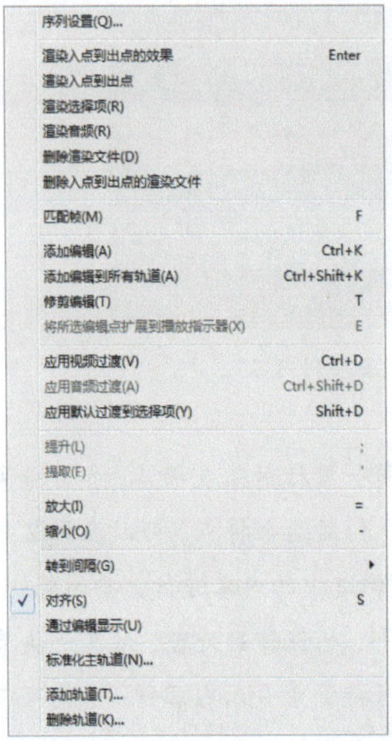

图 2-19 序列菜单

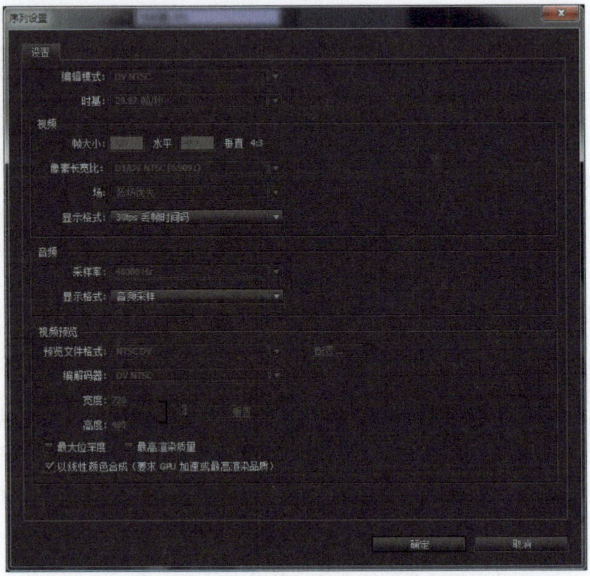

图 2-20 “序列设置”对话框

- 渲染音频：渲染当前序列中的音频内容，包括单独的音频素材剪辑和视频文件中包含的音频内容，每个音频内容将渲染生成对应的*.CFA和*.PEK文件。
- 删除渲染文件：执行此命令，在弹出的“确认删除”对话框中单击“确定”按钮，可以删除与当前项目关联的所有渲染文件。
- 删除入点到出点的渲染文件：执行此命令，在弹出的“确认删除”对话框中单击“确定”按钮，可以删除从入点到出点渲染生成的视频文件，但不删除渲染音频生成的文件。
- 匹配帧：点选序列中的素材剪辑后，执行此命令，可以在源监视器窗口中查看到该素材剪辑的大小匹配序列画面尺寸时的效果（不同于双击素材打开源监视器时的原始大小效果），作为调整素材剪辑大小的参考，如图2-21所示。

图 2-21 素材剪辑匹配帧

- 添加编辑：执行此命令，可以将序列中选中的素材剪辑以时间指针当前的位置进行分割，以方便进行进一步的编辑。此命令的功能相当于工具面板中的剃刀工具。
- 添加编辑到所有轨道：执行此命令，可以对序列中时间指针当前位置的所有轨道中的素材剪辑进行分割，以方便进行进一步的编辑，如图2-22所示。

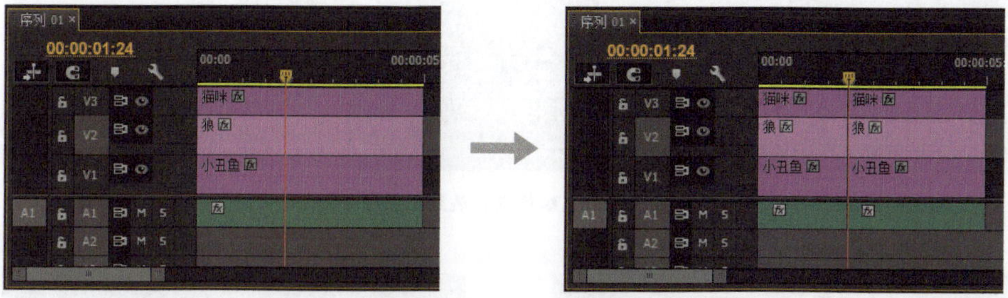

图 2-22 添加编辑到所有轨道

- 修剪编辑：执行此命令，可以快速将序列中当前所有处于关注状态的轨道（轨道头的编号框为浅灰色，其轨道中素材剪辑的颜色为亮色；非关注状态的轨道头编号框为深灰色，其轨道中素材剪辑的颜色为暗色）中的素材，在最接近时间指针当前位置的端点变成修剪编辑状态；移动鼠标到修剪图标上按住并前后拖动，即可改变素材的持续时间；如果修剪位置在两个素材剪辑之间，那么在调整素材持续时间时，其中一个素材中增加的帧数将从相邻的素材中减去，也就是保持两个素材的总长度不变。此命令的功能相当于工具面板中的滚动编辑工具，如图2-23所示。处于关闭、锁定或非关注状态的轨道将不受影响。

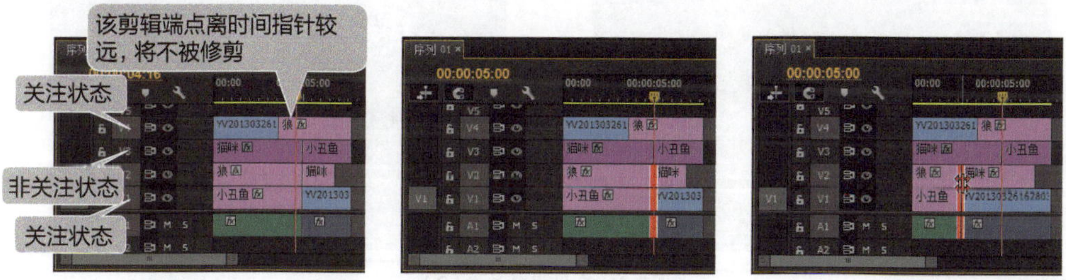

图 2-23 修剪编辑

- 将所选编辑点扩展到播放指示器：在应用修剪编辑时，执行此命令，可以将节目监视器窗口切换为修剪监视状态，同时在其中显示当前工作轨道中修剪编辑点前后素材的调整变化，如图2-24所示。
- 应用视频过渡：执行此命令时，如果序列中选定的素材剪辑（及其主体）在时间指针当前位置之前，那么将在该素材的开始位置应用默认的视频过渡效果，如图2-25所示；如果选定的素材剪辑（及其主体）在时间指针当前位置之后，将在该素材的结束位置应用默认的视频过渡效果，如图2-26所示。

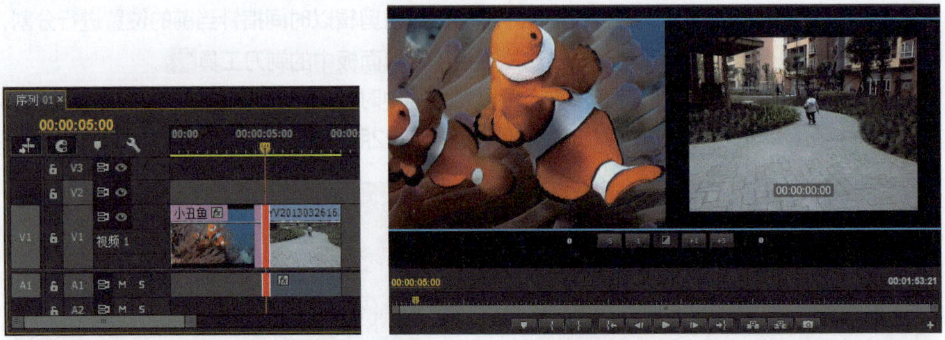

图 2-24 将所选编辑点扩展到播放指示器

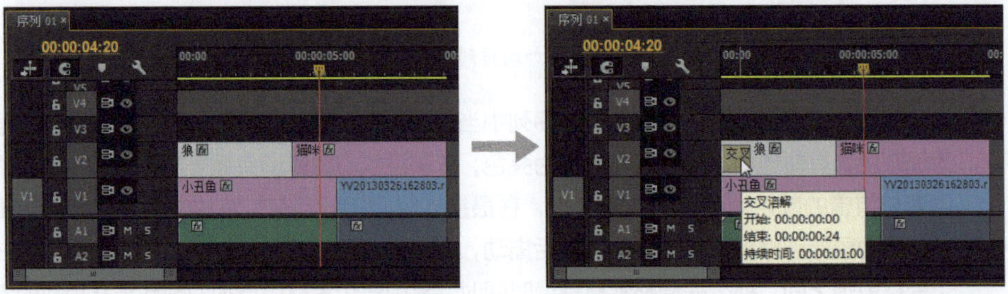

图 2-25 应用视频过渡（1）

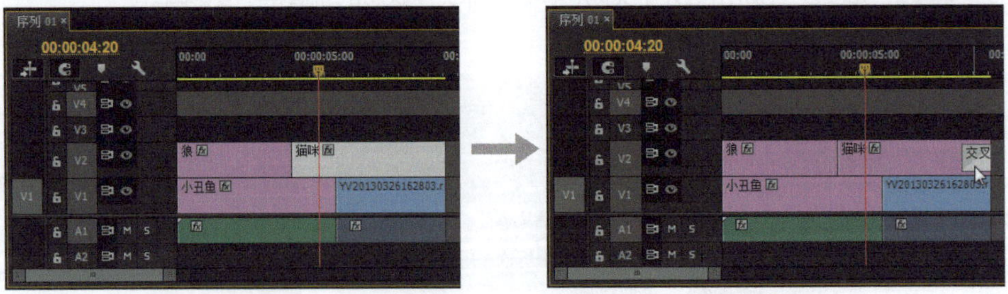

图 2-26 应用视频过渡（2）

- 应用音频过渡：执行此命令时，如果序列中选定的音频剪辑（及其主体）在时间指针当前位置之前，那么将在该素材的开始位置应用默认的音频过渡效果（即“恒定功率”）；如果选定的音频剪辑（及其主体）在时间指针当前位置之后，将在该素材的结束位置应用默认的音频过渡效果。
- 应用默认过渡到选择项：执行此命令时，如果序列中选定的素材剪辑（及其主体）在时间指针当前位置之前，那么将在该素材的开始位置应用默认的视频或音频过渡效果；如果选定的素材剪辑（及其主体）在时间指针当前位置之后，将在该素材的结束位置应用默认的视频或音频过渡效果。
- 提升：在时间轴窗口的时间标尺中标记了入点和出点时，执行此命令，可以删除所有处于关注状态的轨道中的素材剪辑在入点与出点区间内的帧，删除的部分将留空；处于关闭、锁定或非关注状态的轨道将不受影响，如图2-27所示。

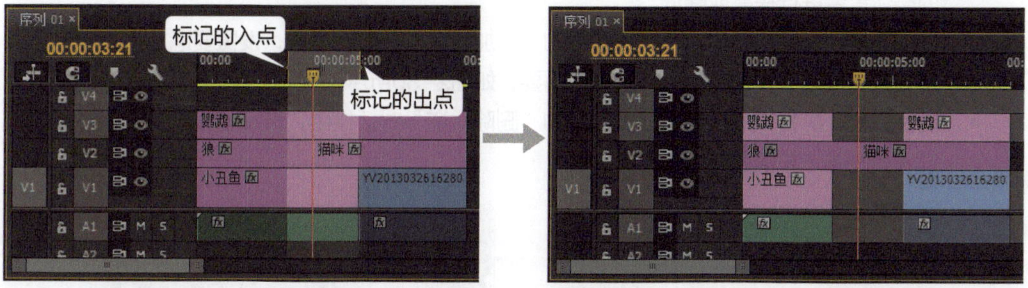

图 2-27 提升标记区间的素材

- 提取：执行此命令，可以删除所有轨道中的素材剪辑在时间标尺中入点与出点时间范围内的帧，素材剪辑后面的部分将自动前移以填补删除部分；只有处于锁定状态的轨道不受影响，如图2-28所示。

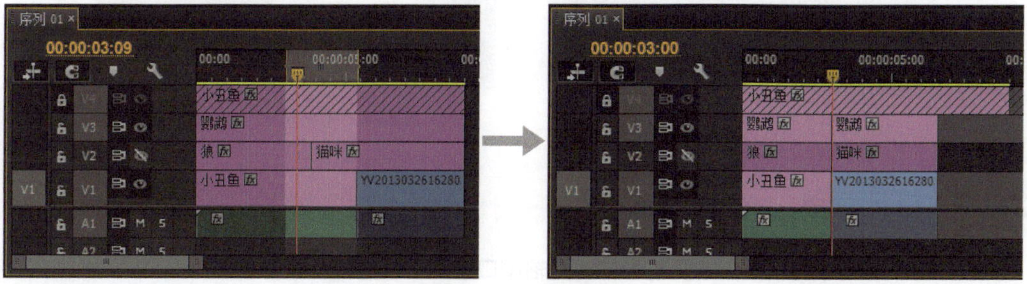

图 2-28 提取标记区间的素材

- 放大和缩小：对当前处于关注状态的时间轴窗口或监视器窗口中的时间显示比例进行放大（快捷键为=）和缩小（快捷键为-），方便进行更精确的时间定位和编辑操作。
- 转到间隔：在该命令的子菜单中选择对应的命令，可以快速将时间轴窗口中的时间指针跳转到对应的位置，如图2-29所示。

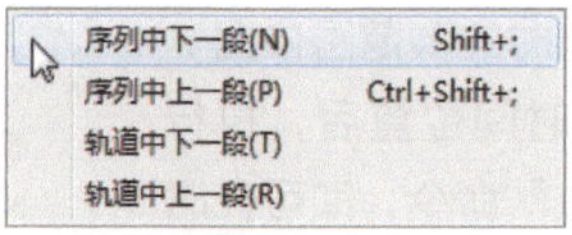

图 2-29 “转到间隔”命令子菜单

提示　序列的分段以当前时间指针所停靠素材群（素材群之间有间隔）的最前端或最末端为参考，轨道的分段以当前所选中轨道中素材的入点或出点为参考。

- 对齐：在选中该命令的状态下，在时间轴窗口中移动或修剪素材到接近靠拢时，被移动或修剪的素材将自动靠拢并对齐前面或后面的素材，以方便准确地将两个素材调整到首尾相连，避免在播放时出现黑屏画面。

- 标准化主轨道：执行该命令，可以为当前序列的主音轨设置标准化音量，对序列中音频内容的整体音量进行提高或降低。
- 添加轨道：执行该命令，可以在弹出的“添加视音轨”对话框中，设置要添加视频或音频轨道的数量与位置，以满足影片编辑的需要，如图2-30所示。
- 删除轨道：执行该命令，可以在弹出的“删除轨道”对话框中，选择要删除的视频或音频轨道将其删除，如图2-31所示。

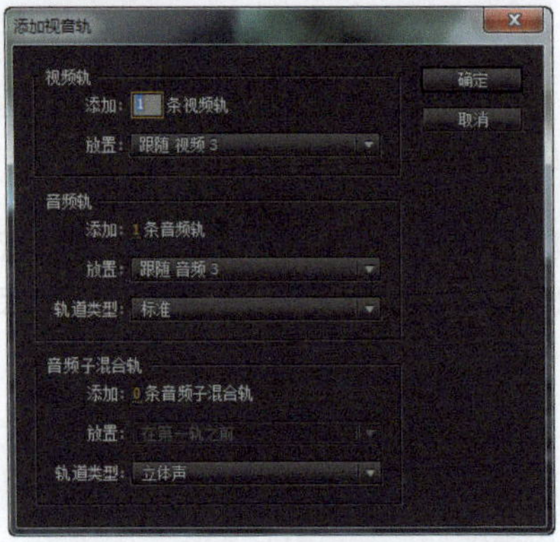

图 2-30 “添加视音轨”对话框

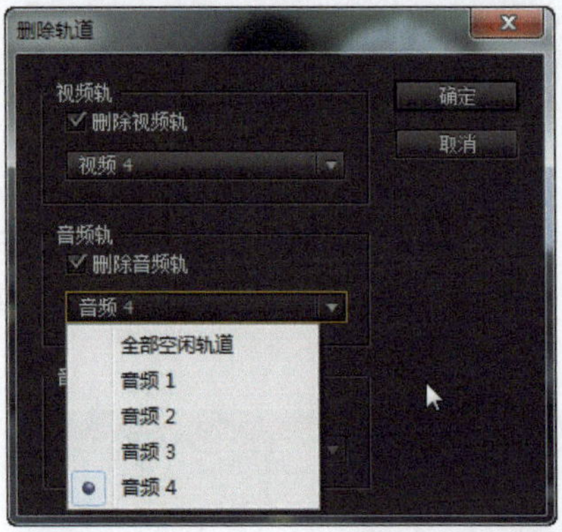

图 2-31 “删除轨道”对话框

2.1.5 标记菜单

“标记”菜单中的命令，主要用于在时间轴窗口的时间标尺中设置序列的入点、出点并引导跳转导航，以及添加位置标记、章节标记等操作，如图2-32所示。

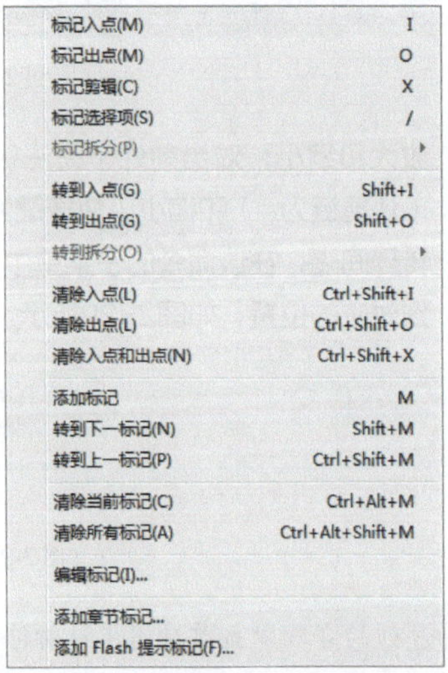

图 2-32 标记菜单

- 标记入点/出点：默认情况下，在没有自定义入点或出点时，序列的入点即开始点（00;00;00;00），出点为时间轴窗口中素材剪辑的最末端点。设置自定义的序列入点、出点，可以作为影片渲染输出时的源范围依据。将时间指针移动到需要的时间位置后，执行“标记入点”或“标记出点”命令，即可在时间标尺中标记出序列的入点或出点，如图2-33所示。将鼠标指针移动到设置的序列入点或出点上，当鼠标指针改变形状后，即可按住并向前或向后拖动，调整当前序列入点或出点的时间位置，如图2-34所示。

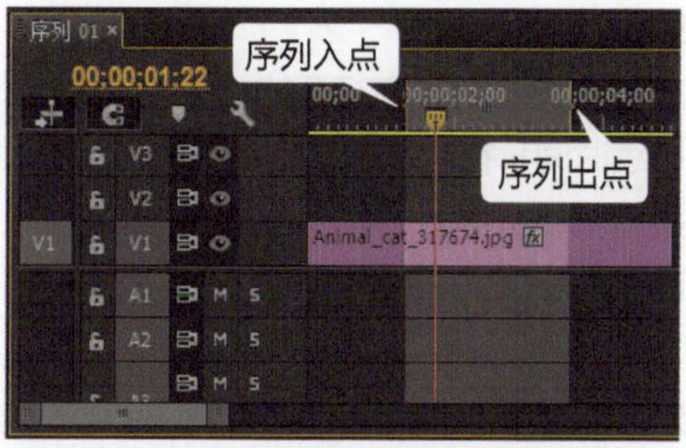

图 2-33 设置的序列入点和出点

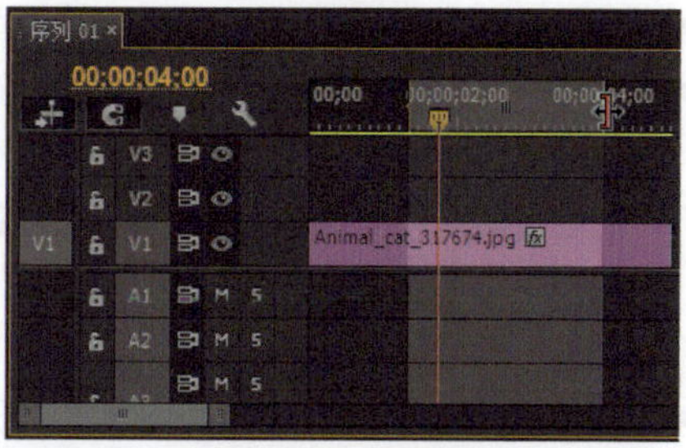

图 2-34 调整序列的出点

提示 在编辑工作中，需要注意区分几个不同的入点、出点概念。序列的入点、出点，是在时间标尺中设置的用以确定影片渲染输出范围的标记；素材剪辑在时间轴窗口中的入点、出点，是指其在轨道中的开始端点和结束端点；图像或视频素材的视频入点、视频出点，是指在其素材自身中设置的内容开始、结束点，可以在项目窗口和素材来源窗口中进行设置修改，用以确定其在加入序列后，从动态内容中间的指定位置开始播放，在指定位置结束，只显示其中间需要的片段，而且还可以通过调整其素材剪辑的入点、出点，进一步修剪需要显示在影片序列中的片段。

- 标记剪辑：以时间轴窗口中，处于关注状态的视频轨道中所有素材剪辑的全部长度设置标记范围。
- 标记选择项：以当前时间轴窗口中被选中的素材剪辑的长度设置标记范围。
- 转到入点/出点：执行对应的命令，可快速将时间指针跳转到时间标尺中的入点或出点位置。
- 清除入点/出点：执行对应的命令，可清除时间标尺中设置的入点或出点。
- 清除入点和出点：执行此命令，同时清除时间标尺中设置的入点和出点。
- 添加标记：执行此命令，可以在时间标尺的上方添加定位标记，除了可以用于快速定位时间指针外，主要用于为影片序列在该时间位置编辑注释信息，方便为其他协同的工作人员或以后打开影片项目时，了解当时的编辑意图或注意事项。可以根据需要在时间标尺上添加多个标记，如图2-35所示。

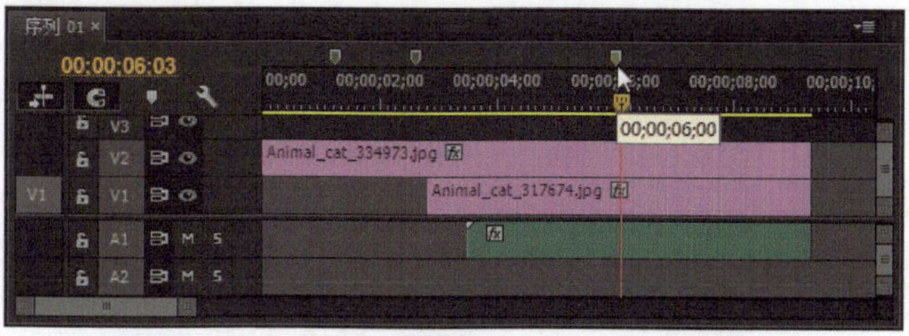

图 2-35 添加的标记

- 转到下/上一标记：执行对应的命令，可快速将时间指针跳转到时间标尺中下一个或上一个标记的开始位置。
- 清除当前标记：执行此命令，可清除时间标尺中时间指针当前位置（或离时间指针最近）的标记。

- 清除所有标记：执行此命令，清除时间标尺中的所有标记。
- 编辑标记：在时间标尺中点选一个标记后，执行此命令，可以在打开的“标记@*”对话框中为该标记命名，以及设置其在时间标尺中的持续时间；在“注释”文本框中可以输入需要的注释信息；在“选项”栏中可以设置标记的类型；单击“上一个”或“下一个”按钮，可以切换时间标尺中前后的其他标记进行查看和编辑；单击“删除”按钮，可以删除当前时间位置的标记。
- 添加章节标记：执行此命令，可以打开“标记@*”对话框并自动选中“章节标记”类型选项，在时间指针的当前位置添加DVD章节标记，作为将影片项目转换输出并刻录成DVD影碟后，在放入影碟播放机时显示的章节段落点，可以用影碟机的遥控器进行点播或跳转到对应的位置开始播放。
- 添加Flash提示标记：执行此命令，可以打开“标记@*”对话框并自动选中“Flash提示点”类型选项，在时间指针的当前位置添加Flash提示标记，将影片项目输出为包含互动功能的影片格式后（如*.MOV），当播放到该位置时，依据设置的Flash响应方式，执行设置的互动事件或跳转导航。

2.1.6 字幕菜单

在未开启字幕设计的编辑窗口时，字幕菜单为不可用状态；只有进行字幕设计编辑后，该菜单中的命令才可用，主要用于设置文字的字体、大小、位置等属性，如图2-36所示。

- 新建字幕：在其子菜单中选择创建的字幕类型（静态字幕、滚动字幕、游动字幕），然后在打开的字幕设计器窗口中，输入文字并设置字体、字号、填充色及其他样式效果，如图2-37所示。

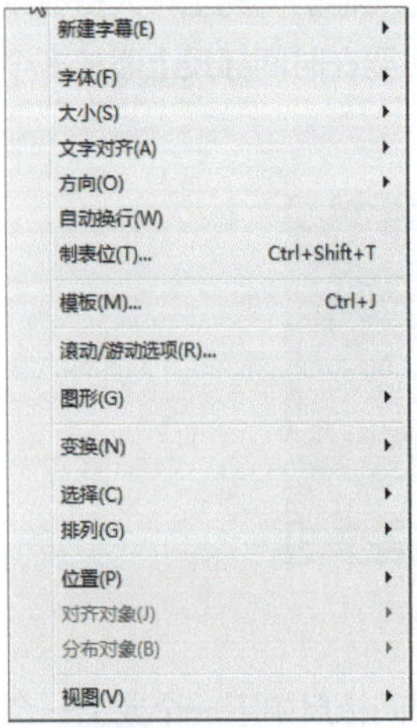

图 2-36 字幕菜单

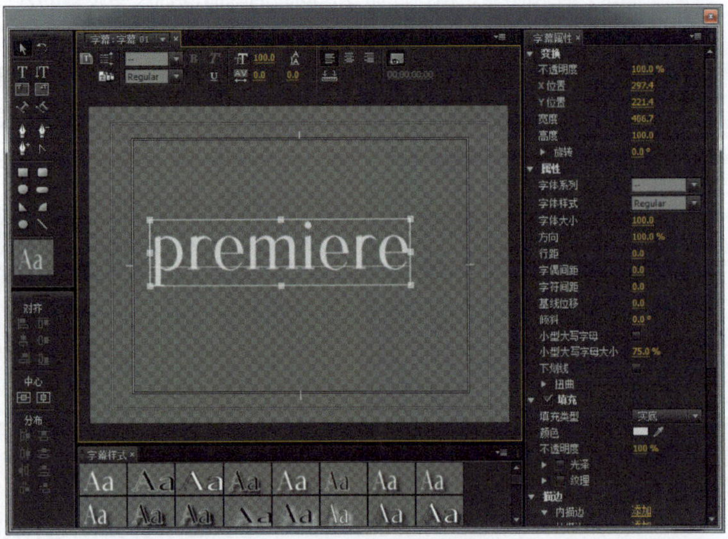

图 2-37 字幕设计器窗口

- 字体：点选输入的文本后，可以在此命令的子菜单中为其选择需要的字体并应用。
- 大小：点选输入的文本后，在此命令的子菜单中为其选择合适的字号大小并应用。

- 文字对齐：当输入的文本内容有多行时，可以为其选择需要的段落对齐方式，包括靠左、居中和右侧对齐。
- 方向：在此命令的子菜单中，可以为所选文本设置排列方向，包括水平方向和垂直方向。
- 自动换行：选中此命令，在字幕设计器窗口中输入文本时，将在文字达到字幕安全框时自动换行。
- 制表位：绘制或选择一个文本框后，执行该命令，可在打开的“制表位”对话框中对文本框中的内容进行排列对齐的格式化设置。
- 模板：执行此命令，可打开“模板”对话框，选择需要的模板并应用到所选择的文本对象上。
- 滚动/游动选项：执行此命令，可以在打开的“滚动/游动选项”对话框中，为当前编辑的字幕选择字幕类型，设置动画效果，如图2-38所示。
- 图形：选择将外部图形文件插入字幕剪辑，以及在对其进行尺寸调整后的恢复操作。
- 变换：选择对应的命令，可以对字幕设计器窗口中所选文本对象进行位置、缩放、旋转及不透明度调整等变换操作。

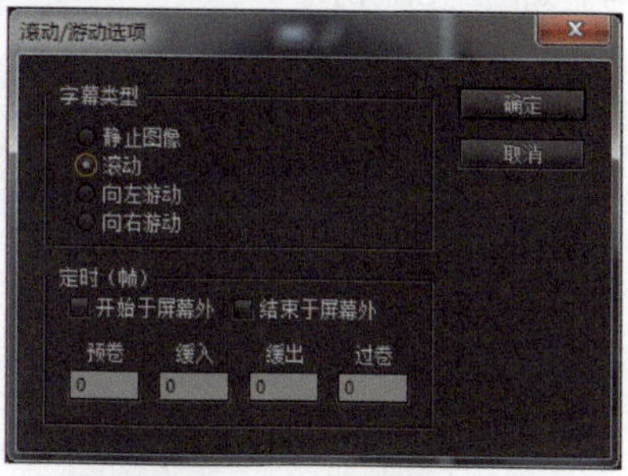

图2-38 “滚动/游动选项”对话框

- 选择：添加多个文本对象后，可以通过此命令的子菜单，选取指定层次的对象进行需要的编辑操作。
- 排列：添加多个文本对象后，可以通过此命令的子菜单，对所选文本对象的层次位置进行对应的调整操作。
- 位置：选择对应的命令，可以将所选文本对象进行水平居中、垂直居中等对齐操作。
- 对齐对象：选取多个文本对象后，可以通过此命令的子菜单，对所选的多个文本对象进行需要的对齐操作。
- 分布对象：选择对应的命令，可以对所选的多个文本对象进行水平或垂直方向的间距分布操作。
- 视图：选择对应的命令，可以在字幕设计器窗口中切换字幕安全框、动作安全框、文本基线等的显示状态。

2.1.7 窗口菜单

“窗口”菜单中的命令，主要用于切换程序窗口工作区的布局，以及其他工作面板的显示。

2.1.8 帮助菜单

通过“帮助”菜单，可以打开软件的在线帮助系统、登录用户的Adobe ID账户或更新程序。

2.2 工作窗口

Premiere Pro CC的工作窗口主要有项目、素材来源、监视器和时间轴四个窗口。

2.2.1 项目窗口

项目窗口用于存放创建的序列、素材和导入的外部素材，可以对素材片段进行插入序列、组织管理等操作，并可以切换以图标或列表来显示所有对象，以及预览播放素材片段、查看素材详细属性等，如图2-39所示。

图2-39 项目窗口

1. 菜单操作

单击窗口右上方的按钮，可以打开项目窗口的扩展菜单，如图2-40所示。

- 浮动面板：选取该命令，可以使当前选中的窗口变为浮动面板，将其自由拖放到窗口中的其他位置。
- 浮动帧：选取该命令，可以使当前选中窗口所在的集合全部变为浮动面板。
- 新建素材箱：建立一个新的素材箱，可以存放素材、时间轴序列等。
- 重命名：可对导入的对象进行重命名，便于在项目中快速、准确地查看需要的内容，但不会改变素材在计算机中的实际名称。
- 删除：在项目窗口中删除导入的素材，不会影响到素材在计算机中的实际存储状况。
- 自动匹配序列：将选中的素材自动加入时间轴窗口的编辑片段。在弹出的“序列自动化”对话框中，可以对素材加入的相关项进行设置，如排列方式、插入位置、插入方式等，如图2-41所示。

图 2-40　项目窗口菜单

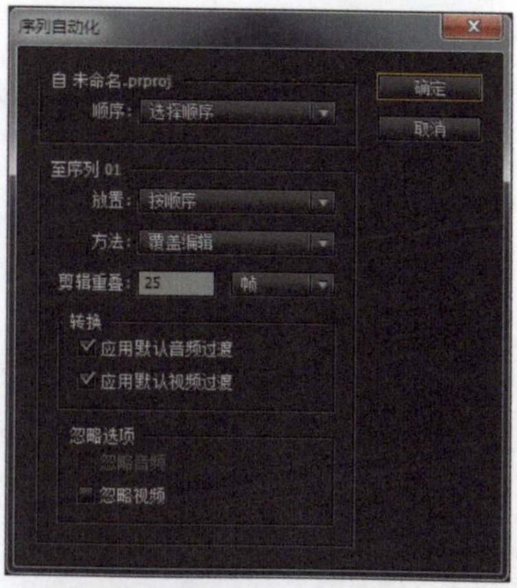

图 2-41 “序列自动化”对话框

- 查找：按照文件名、注解或入点/出点，在项目窗口中寻找素材，如图2-42所示。

图 2-42 “查找”对话框

- 列表、图标：用以选择素材列表框的显示样式，如图2-43所示。

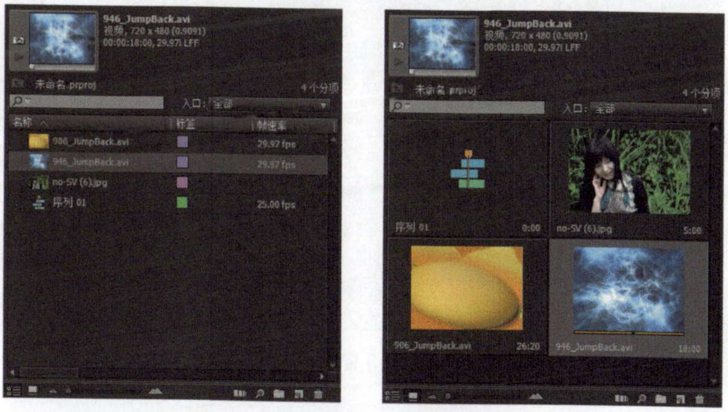

图 2-43　以列表或图标方式查看素材

- 预览区域：通过选择或取消该命令，在项目窗口中显示或隐藏上方的预览区域。
- 缩览图：选择该命令后，素材图标由文件类型图标变成内容缩览图。
- 刷新：选择该命令，可以在列表样式下更新要显示的素材属性。
- 元数据显示：选择该命令，可以在打开的“元数据显示”对话框中添加和排列显示的素材属性，如图2-44所示。

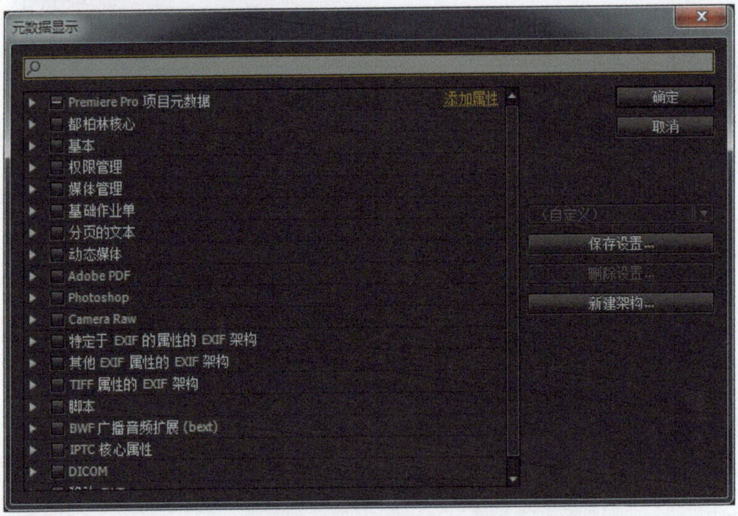

图2-44 “元数据显示”对话框

2. 工具列

在项目窗口的最下方，可以看到项目窗口的工具栏，如图2-45所示。它由8个功能按钮组成，这些按钮的作用与扩展菜单中的命令操作相同，但工具栏的存在为实际的编辑操作提供了方便。

图2-45 项目窗口工具栏

下面介绍项目窗口最下面栏中各按钮的含义。

- 列表视图：用于将素材列表以列表样式显示。
- 图标视图：用于将素材列表框以图标样式显示。
- 缩小和放大：调整素材列表中素材条目、缩览图的大小。
- 自动适配序列：将导入的素材放置到时间轴窗口的编辑片段中。

- 查找：单击该按钮，打开“查找”对话框，查找指定素材。
- 新建素材箱：单击该按钮，新建一个素材箱。
- 新建项：单击该按钮，在弹出的菜单中选择需要的类型，新建一个对应的素材。
- 删除当前所选项目：用于删除选中的项目素材。

3. 新建项

单击“新建项”按钮，弹出“新建分类”菜单，如图2-46所示，选择其中的命令可以建立多种类型的内部素材，这些素材与导入的视频/音频素材综合编辑在一起，能表现出丰富多彩的画面效果。

- 序列：选择该命令，可打开“新建序列”对话框，创建新的序列，如图2-47所示。

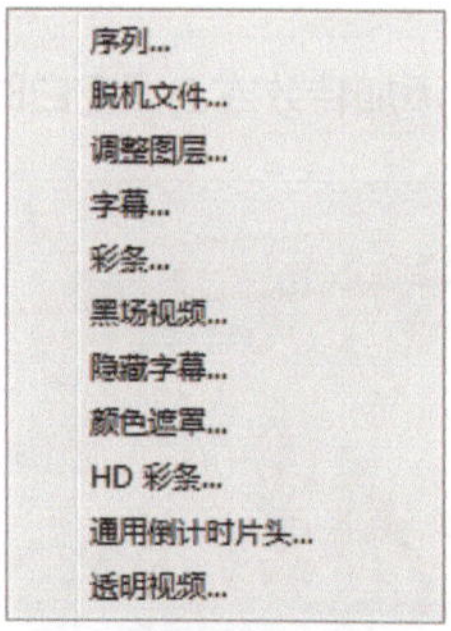

图 2-46 “新建分类”菜单

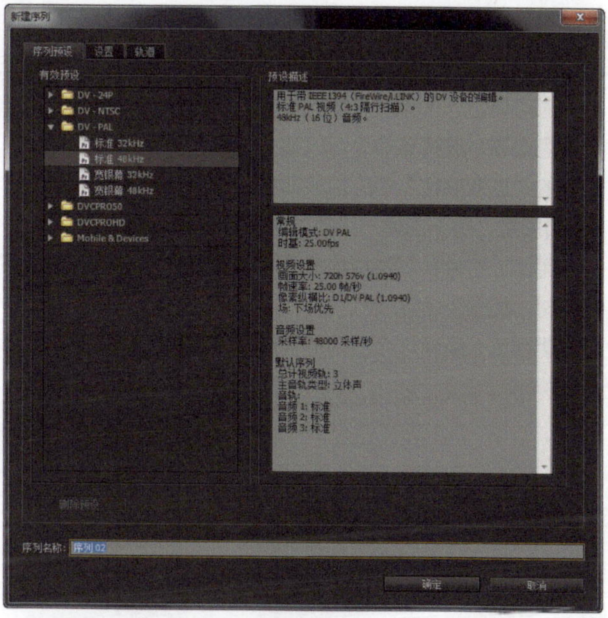

图 2-47 “新建序列”对话框

新建的序列以标签的形式显示在时间轴窗口，单击对应的标签，即可切换到该序列进行编辑，如图2-48所示。

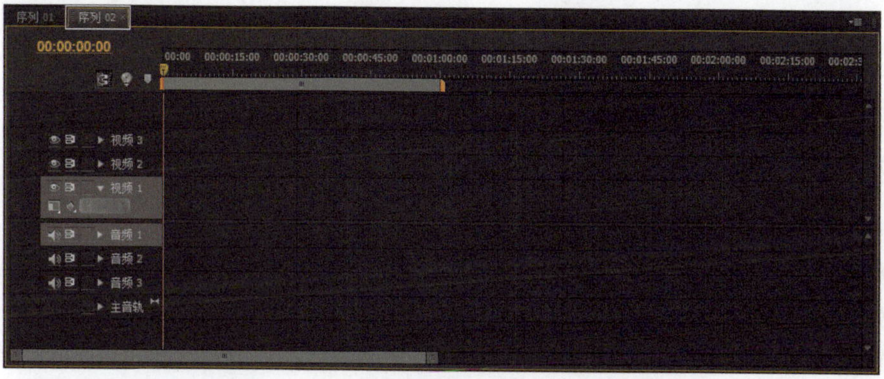

图 2-48 新建的序列

- 脱机文件：用于建立一个链接性质的文件。使用该链接命令，可以找回或代替项目中丢失的素材文件。与选择“文件”→“链接媒体”命令的作用相同，可以使影片项目与一个新的素材文件建立链接，从而导入该素材。
- 调整图层：用于新建一个调整图层，可以叠加到视频轨道中，通过为其添加特效，实现同时对下层所有图像进行效果、色调等方面的调整。
- 字幕：选择该命令可以打开“字幕设计”窗口，建立新的标题字幕。
- 彩条：用于创建一段伴有一定音调的色栅素材，通常用在Demo样片的片头。在打开的“新建彩条”对话框中可以设置视频的相关参数，如图2-49所示。
- 黑场视频：用于创建一段黑屏画面素材。
- 隐藏字幕：选择该命令，可以创建隐藏式字幕素材，用于加入影片中对白、场景声音及配乐等信息，方便有听力障碍的人看懂影片内容。这种字幕在电视上不能显示，但在计算机中播放时可见。
- 颜色遮罩：选择该命令可以建立一个新的色彩背景素材，通常用于制作透明叠加效果。在打开的“选取颜色”色彩拾取器中，可以选取需要的颜色。
- HD彩条：用于创建一段高清画质的色栅素材。
- 通用倒计时片头：选择该命令，可打开“通用倒计时设置”对话框，新建一个倒计时的视频素材，如图2-50所示。
- 透明视频：新建一个透明的视频文件，可以将其应用到影片中，添加特效或占据空白时间。

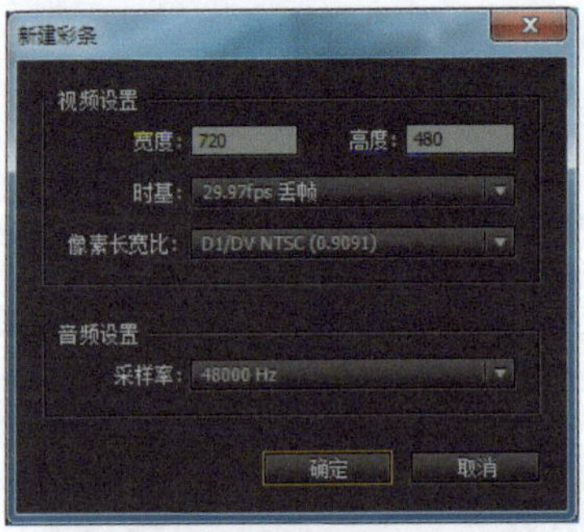

图 2-49 新建彩条视频

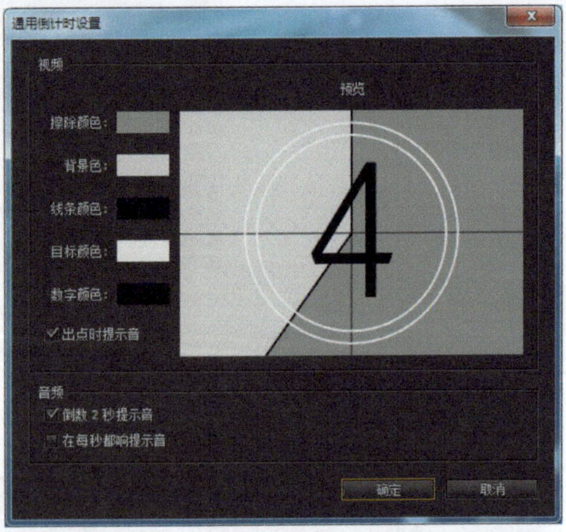

图 2-50 新建倒计时视频

2.2.2 素材来源窗口

素材来源窗口在初始状态下是不显示画面的，如果想在该窗口中显示画面，可以将项目窗口中的素材直接拖动到素材来源窗口中。也可以双击已加入时间轴窗口的剪辑，将该剪辑在素材来源窗口中显示，如图2-51所示。

在素材来源窗口中每次只能显示一个单独的素材，可以通过该窗口左上方的下拉菜单来切换最近在来源窗口中显示过的素材，如图2-52所示。

图2-51 显示素材

图2-52 切换显示其他素材

2.2.3 监视器窗口

Premiere Pro CC通过节目监视器窗口，可以对时间轴窗口中正在编辑的序列进行实时的预览，也可以在窗口中对影片中应用的剪辑进行移动、变形、缩放等操作，如图2-53所示。

在素材来源窗口和监视器窗口的下方，都有一排时间码和用以对内容播放进行控制的按钮。下面以节目预览窗口中的控制按钮为例进行介绍。

- 00:00:12:20 时间码：用于确定每一帧的地址，显示格式为“小时:分钟:秒:帧”。
- 播放：从目前帧开始播放影片。
- 停止：停止播放影片。
- 逐帧后退：每单击此按钮一次，倒退一帧。
- 逐帧前进：每单击此按钮一次，前进一帧。
- 跳转到前一个编辑点：后退到上一个编辑点。
- 跳转到下一个编辑点：前进到下一个编辑点。

除了播放控制按钮外，节目监视器窗口和素材来源窗口各拥有两组工具栏，分别位于播放控制按钮两边，如图2-54所示。

图2-53 节目监视器窗口

图2-54 控制按钮

- 添加标记：用于设置无序号的标记点。
- 标记入点：单击此按钮，可将时间指针的目前位置标记为素材剪辑的视频入点。
- 标记出点：单击此按钮，可将时间指针的目前位置标记为素材剪辑的视频出点。如果是在源监视器窗口中为素材标记视频入点和视频出点，在加入序列时，将只显示标记的视频入点到视频出点之间的范围。将鼠标指针移动到时间标尺的入点或出点上，当鼠标指针改变形状后按住并向前或向后拖动，可以改变其位置。
- 跳转入点：返回到入点处的场景。
- 跳转出点：前进到出点处的场景。
- 提升：将在节目预览窗口中标注的剪辑从时间轴窗口中清除，其他剪辑位置不变。
- 提取：将在节目预览窗口中标注的剪辑从时间轴窗口中清除，后面的剪辑依次前移。
- 导出单帧：单击该按钮打开“导出单帧”对话框，将当前画面输出为单帧图像文件，如图2-55所示。

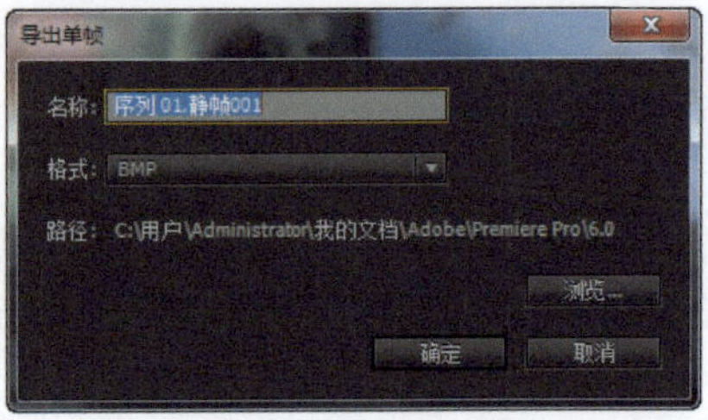

图 2-55 “导出单帧”对话框

以上是节目监视器窗口中的工具按钮，与之相比，源监视器窗口有两个按钮不同，分别是：

- 插入：将素材来源窗口中的素材插入时间轴所指的位置，插入点右边的剪辑都会向后推移。如果插入位置在一个完整的剪辑上，则插入的新剪辑会把原有的剪辑分为两段。
- 覆盖：将素材来源窗口中的素材插入时间轴所指的位置，插入点右边的剪辑会被部分或全部覆盖掉。如果插入位置在一个完整的剪辑上，则插入的新剪辑会将插入点右边的原有剪辑覆盖。

1. 多机位编辑

监视器窗口的默认显示模式为单显模式，在导入了使用多机位摄像机拍摄的视频素材时，可以执行“窗口→多机位”命令或在监视器窗口的扩展菜单中选择“多机位”命令，打开多机位窗口，对多机位拍摄素材编辑效果进行预览，如图2-56所示。

图 2-56 多机位监视器窗口

2. 参考监视器

参考监视器窗口用于辅助编辑内容效果查看，可以通过在其扩展菜单中选择对应的选项，同步查看当前所编辑序列的其他合成属性。执行“窗口→参考监视器”命令，打开参考监视器窗口，如图2-57所示。

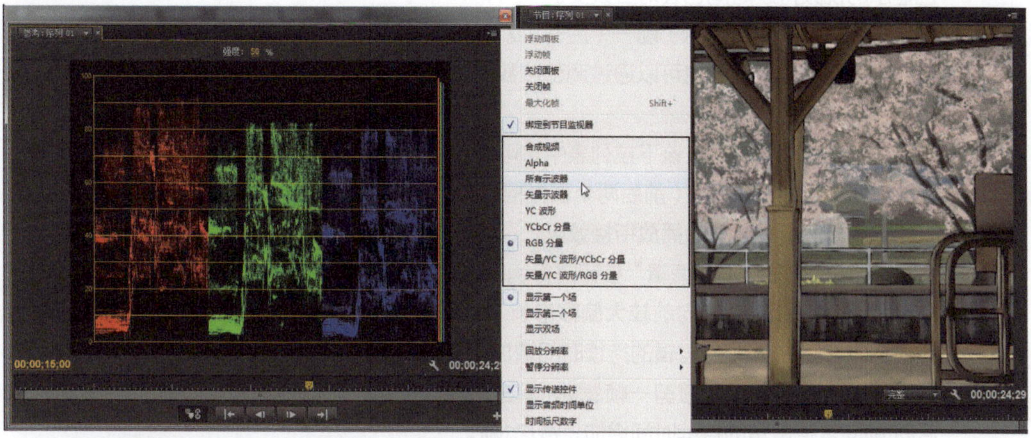

图2-57 参考监视器窗口

3. 修剪监视器

修剪监视器窗口用于对时间轴窗口中的素材剪辑进行持续时间的修剪，并实时查看修剪调整后视频的入点画面内容（或音频的波形）。如果时间轴窗口中的时间指针当前位置在素材剪辑的持续时间范围内，那么打开修剪监视器窗口后，将只显示当前剪辑的画面；如果时间指针在两个素材相接的位置，则打开修剪监视器窗口后，将显示前后两个素材剪辑的画面，并可以同时对两个素材的持续时间进行修剪调整，如图2-58所示。

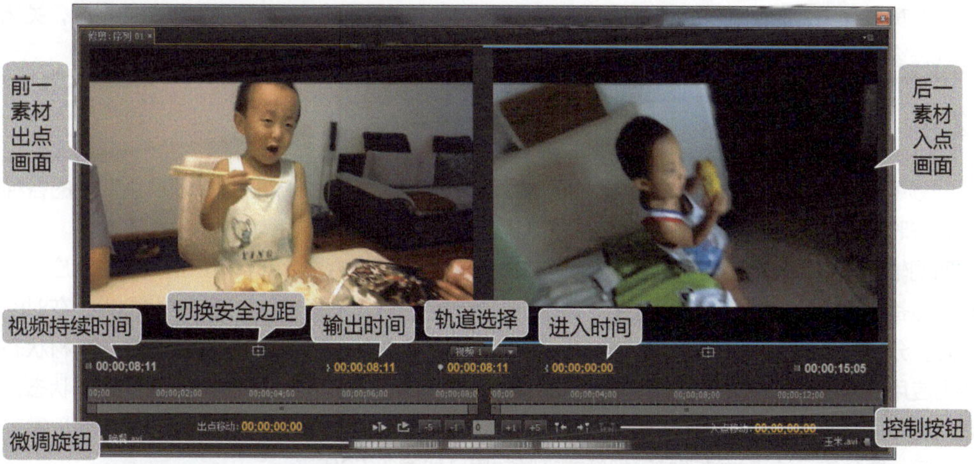

图2-58 修剪监视器窗口

- 切换安全边距 ：单击该按钮，显示出字幕安全框和动作安全框，可在修剪视频内容时作为参考。
- 输出（进入）时间：前（后）一素材剪辑在轨道中的出点（入点）时间，可以通过按住并左右拖动，或输入新的数值，来调整其出点（入点）时间位置。在调整后，前面（后面）以灰色显示的视频持续时间也会对应改变。
- 出点（入点）移动：显示了前一（后一）素材的修剪时间长度与方向（负值为向前修剪，正值为向后修剪），同时也可以通过调整该数值来对前一（后一）素材的出点（入点）进行修剪。
- 选择视频或音频轨道：在该下拉列表中，可以选择修剪窗口中要显示的轨道。
- 播放编辑 ：从编辑点（前后两个素材相接的时间点）之前的2秒播放到之后的2秒，以查看修剪素材后前后素材的播放衔接效果。
- 循环 ：在单击“播放编辑”按钮进行编辑点前后的播放预览时可以循环播放。
- 向后较大偏移修剪 -5 /向前较大偏移修剪 +5 ：单击对应的按钮，可以使编辑点向前/向后移动，使后面/前面素材剪辑的持续时间增加，每次5帧。
- 向后修剪一帧 -1 /向前修剪一帧 +1 ：单击对应的按钮，可以使编辑点向前/向后移动，使后面/前面素材剪辑的持续时间增加，每次1帧。
- 入点移动：在该文本框中输入数值，负值为对前一素材剪辑的出点向前修剪，正值为对后一素材剪辑的入点向后修剪。
- 转到上（下）一个编辑点：单击该按钮，可以将时间指针定位到当前轨道中上（下）一个素材剪辑的入点或出点，同时在修剪监视器窗口中显示该时间位置的素材内容。
- 微调出点（入点）：按住并拖动微调旋钮，可以调整前一（后一）素材剪辑的出点（入点）。
- 微调滚动入点与出点：在调整了前后素材的出点或入点后，按住并拖动该微调旋钮，可以同时滚动两个素材相接的编辑点位置。

在修剪过程中，时间轴窗口中的素材剪辑会同步更新持续时间的修剪结果。修剪完成后，关闭修剪监视器窗口，即可应用调整的修剪操作。

2.2.4 时间轴窗口

视频编辑工作的大部分操作都是在时间轴窗口中进行的，该窗口用于组合项目窗口中的各种片段，是按时间排列片段、制作影视节目的编辑窗口。

时间轴窗口中，在窗口顶部，显示了当前窗口中打开的所有合成序列，可以通过单击对应的序列名称的标签进行切换；在轨道编辑区中，通过不同的颜色，标示不同媒体类型的素材文件；在时间标尺下方，分别用不同的颜色条指示轨道中对应时间位置的素材的状态，其中，黄色为原始素材状态，红色为应用视频或音频效果但还未渲染预览的状态，绿色为添加了效果并已经渲染预览过的状态；每个素材剪辑上显示出的 fx （效果）图标，灰色表示该素材为原始状态，黄色表示该素材已经设置了关键帧动画，紫色表示该素材被添加了视频或音频效果，如图2-59所示。

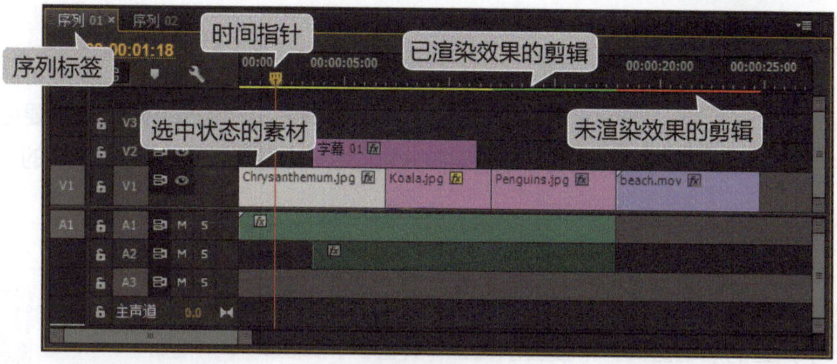

图 2-59 时间轴窗口

- 00;00;03;00 播放指示器位置：显示时间轴窗口中时间指针当前所在的位置，将鼠标指针移动到上面，当鼠标指针变为形状后，按住鼠标左键并左右拖动，可以向前或向后移动时间指针；用鼠标单击该时间码，进入其编辑状态并输入需要的时间码位置，即可将时间指针定位到需要的时间位置。按下键盘上的←或→键，可以将时间指针每次向前或向后移动一帧。
- 将序列作为嵌套或独立剪辑插入并覆盖：将其他序列B加入当前序列A时，如果该按钮处于按下的状态，则序列B将以嵌套方式作为一个单独的素材剪辑被应用；如果该按钮处于未按下的状态，则序列B中所有的素材剪辑将保持相同的轨道设置添加到当前序列A中，如图2-60所示。

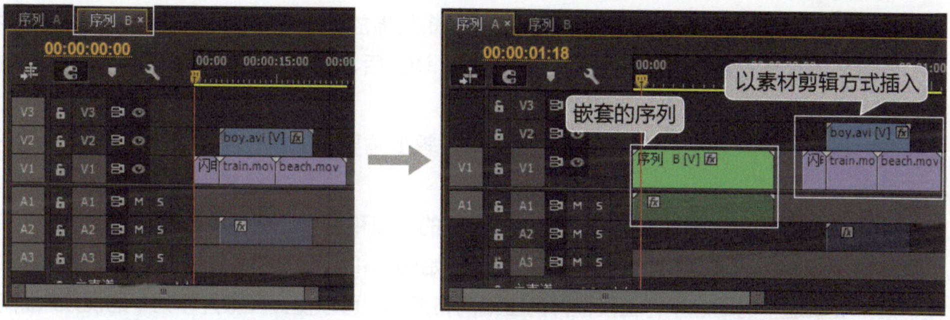

图 2-60 插入序列对象

- 对齐：单击该按钮，在时间轴窗口中移动或修剪素材到接近靠拢时，被移动或修剪的素材将自动靠拢并对齐到时间指针当前的位置，或对齐前面或后面的素材，以方便准确地调整到两个素材的首尾相连。
- 添加标记：在时间标尺上时间指针当前的位置添加标记。
- 时间轴显示设置：单击该按钮，在弹出的菜单中选择对应的命令，可以对时间轴中视频轨道、音频轨道素材剪辑的显示外观，以及各种标记的显示状态进行设置。

提示 如果在编辑过程中关闭了时间轴窗口，在窗口菜单中将不能找到重新开启时间轴窗口命令，这时只需在项目窗口中双击一个序列对象，即可打开该时间轴的窗口。如果正在编辑中的序列在项目窗口中被删除了，该时间轴窗口也会自动关闭。

2.3 工作面板

Premiere Pro CC的工作面板界面整洁有序，操作方便。常用的工作面板主要包括工具、效果、效果控件、混合器、历史记录和信息等，下面分别对它们的选项和功能进行简要的介绍。

2.3.1 工具面板

Premiere Pro CC的工具面板包含了一些在进行视频编辑操作时常用的工具，它是一个独立的活动窗口，单独显示在工作界面上，如图2-61所示。

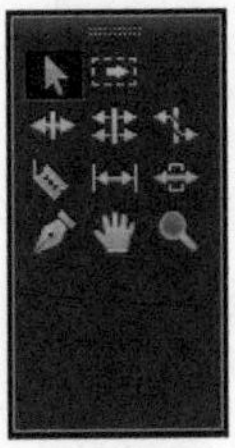

图 2-61 “工具”面板

工具栏中各个工具按钮的功能如下。

- 选择工具：该工具用于对剪辑进行选择、移动，并可以调节剪辑关键帧、为剪辑设置入点和出点。
- 轨道选择工具：使用该工具在时间轴窗口的轨道中单击鼠标左键，可以选中所有轨道中在鼠标单击位置及以后的所有轨道中的素材剪辑。
- 波纹编辑工具：使用该工具，可以拖动素材的出点以改变素材的长度，而相邻素材的长度不变，项目片段的总长度改变。
- 滚动编辑工具：使用该工具在需要修剪的素材边缘拖动，可以将增加到该素材的帧数从相邻的素材中减去，项目片段的总长度不发生改变。
- 比率伸缩工具：使用该工具可以对素材剪辑的播放速率进行相应的调整，以改变素材的长度。该工具主要应用在视频或音频素材上，调整后，轨道中的素材剪辑上将显示新的播放速率百分比。
- 剃刀工具：选择剃刀工具后，在素材剪辑上需要分割的位置单击，可以将素材分为两段。
- 外滑工具：该工具主要用于改变动态素材的入点和出点，保持其在轨道中的长度不变，不影响相邻的其他素材，但其在序列中的开始画面和结束画面发生相应改变。选取该工具后，在轨道中的动态素材上按住并向左或向右拖动，可以使其在影片序列中的视频入点与出点向前或向后调整。同时，在节目监视器窗口中也将同步显示对其入点与出点的修剪变化。
- 内滑工具：使用该工具，可以保持当前所操作素材剪辑的入点与出点不变，改变其在时间轴窗口中的位置，同时调整相邻素材的入点和出点。同时，在节目监视器窗口中也将同步显示对其入点与出点的修剪变化。
- 钢笔工具：该工具用于绘制矢量图形，以及对剪辑中编辑的动画进行关键帧的添加或调整。
- 手形工具：该工具主要用于拖动时间轴窗口中的可视区域，以方便编辑较长的素材或序列；同时，在监视器窗口中的画面显示比例被放大时，也可以使用该工具来调整窗口的显示范围。
- 缩放工具：该工具用来调整时间轴窗口中时间标尺的单位比例。默认为放大模式，在按住Alt键的同时单击，则变为缩小模式。

2.3.2 效果面板

效果面板集合了音频效果、音频过渡、视频效果和视频过渡的功能，可以很方便地为时间轴窗口中的各种剪辑添加特效，如图2-62所示。

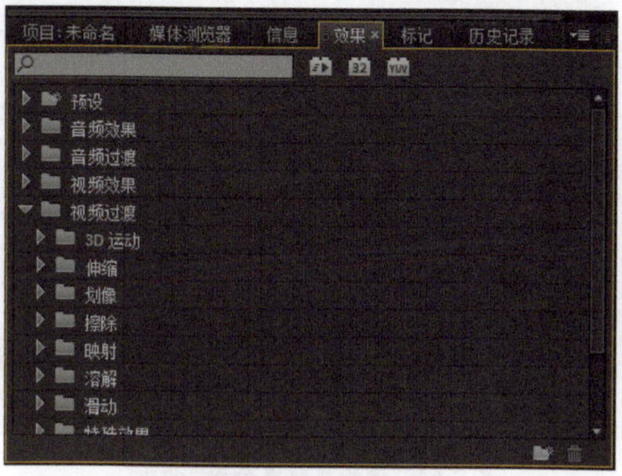

图 2-62 “效果”面板

2.3.3 效果控件面板

效果控件面板用于设置添加到剪辑中的特效，默认状态下，显示了运动和不透明度两个基本属性。在添加了过渡特效、视频/音频特效后，会在其中显示对应的具体设置选项，如图2-63所示。

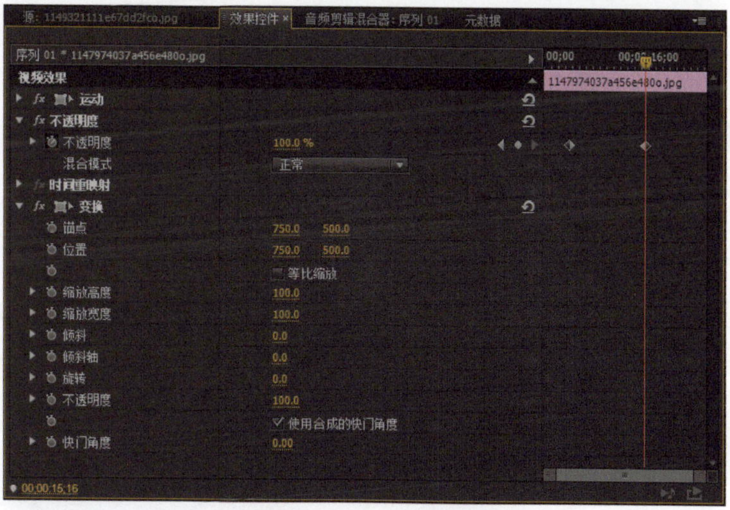

图 2-63 “效果控件”面板

2.3.4 音频剪辑混合器

音频剪辑混合器面板主要是对音频文件进行各项处理，实现混合多个音频、调整增益等多种针对音频的编辑操作，如图2-64所示。

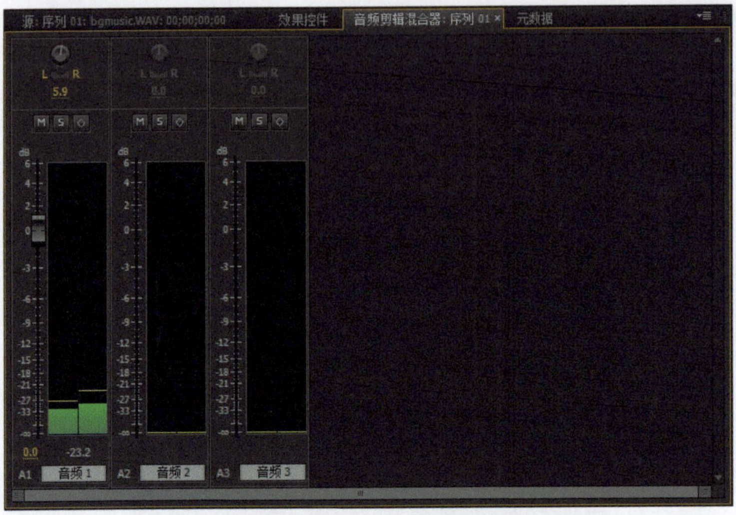

图 2-64 “音频剪辑混合器”面板

2.3.5 历史记录面板

历史记录面板记录了从建立项目以来所进行的所有操作，如图2-65所示。如果在操作中执行了错误的操作，或需要恢复到数个操作之前的状态，就可以单击历史记录面板中记录的相应操作名称，返回到错误操作或多个操作之前的编辑状态。

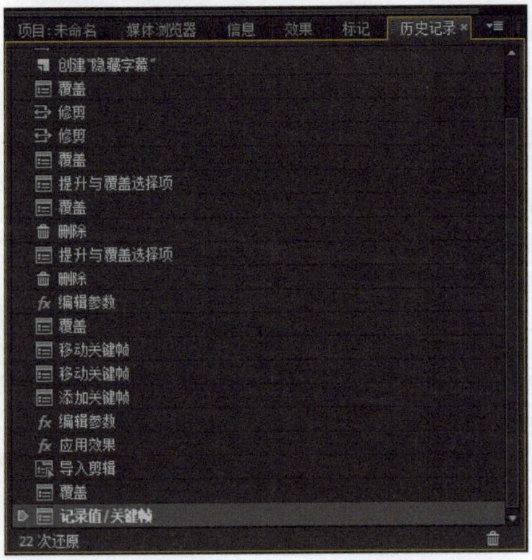

图 2-65 “历史记录”面板

2.3.6 信息面板

信息面板显示了目前所选中对象的文件名、媒体类型、应用位置、持续时间等信息，如图2-66所示。

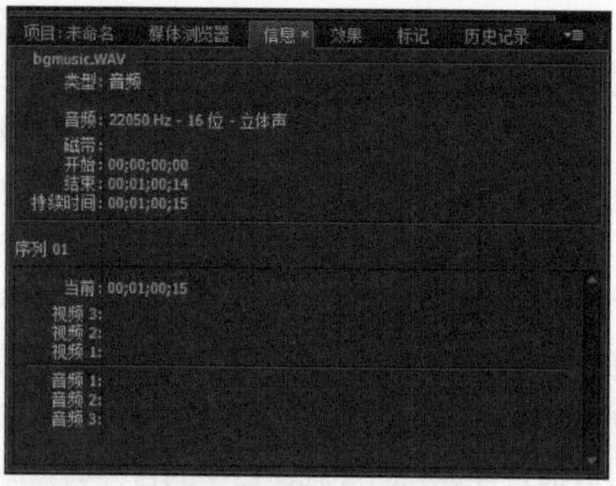

图 2-66 “信息”面板

2.4 本章知识小结

本章详细介绍了Premiere Pro CC的操作界面。本章的目的就是在具体学习之前，使读者熟悉Premiere Pro CC的各个功能组成及用途，这样在后续的视频编辑学习实践中就可以快速、准确地完成需要的操作。

- Premiere Pro CC的主菜单分为文件、编辑、剪辑、序列、标记、字幕、窗口和帮助菜单。文件菜单主要包括新建、打开项目、关闭、保存文件，以及采集、导入、输出、退出等项目文件操作的基本命令。编辑菜单主要包括还原、重做、剪切、复制、粘贴、查找等文件编辑的基本操作命令，以及定制键盘、系统参数设置等对编辑操作的相关应用进行设置的命令。剪辑菜单命令用于对剪辑进行常用的编辑操作，包括重命名、插入、覆盖、群组以及速度的设置等。序列菜单中的命令，主要用于在时间轴窗口中对序列项目进行编辑、管理、设置轨道属性等常用操作。标记菜单主要包括了设置剪辑标记、设置片段标记、移动到入点/出点、删除入点/出点等针对编辑标记的命令。字幕菜单主要用于设置文字的字体、大小、位置等属性；在未开启字幕设计的编辑窗口时，字幕菜单为不可用状态；只有进行字幕设计编辑后，该菜单中的命令才可用。窗口菜单中的命令，主要用于控制编辑界面中各个窗口或面板的显示与关闭。通过帮助菜单，用户可以打开软件的帮助系统，获得需要的帮助信息。
- Premiere Pro CC的工作窗口主要有项目、素材来源、监视器和时间轴四个窗口。项目窗口用于导入和创建素材，并对原始素材的片段进行组织、管理，并且可以用多种显示方式显示每个片段，包含缩览图、名称、注释说明和标签等属性。
- 素材来源窗口在初始状态下是不显示画面的，如果想在该窗口中显示画面，可以直接拖动项目窗口中的素材到素材来源窗口中。也可以双击已加入时间轴窗口的剪辑，将该剪辑在素材来源窗口中显示。在素材来源窗口中每次只能显示一个单独的素材，可以通过该窗口左上方的下拉菜单来选择要显示的素材。
- 通过监视器窗口，可以对编辑的序列进行实时的预览，也可以在窗口中对剪辑进行移动、变形、缩放等操作。
- 视频编辑工作的大部分操作都是在时间轴窗口进行的，该窗口用于组合项目窗口中的各种片段，是按时间排列片段、制作影视节目的编辑窗口。

- 时间轴窗口的顶部，显示了当前窗口中打开的所有合成序列，可以通过单击对应的序列名称的标签进行切换；在轨道编辑区中，通过不同的颜色，标示不同媒体类型的素材文件；在时间标尺下方，分别用不同的颜色条指示轨道中对应时间位置的素材的状态，其中，黄色为原始素材状态，红色为应用视频或音频效果但还未渲染预览的状态，绿色为添加了效果并已经渲染预览过的状态；每个素材剪辑上显示出的fx（效果）图标，灰色表示该素材为原始状态，黄色表示该素材已经设置了关键帧动画，紫色表示该素材被添加了视频或音频效果。
- Premiere Pro CC的工具面板包含了一些在进行视频编辑操作时常用的工具，它是一个独立的活动窗口，单独显示在工作界面上。效果面板集合了音频效果、音频转换、视频效果和视频转换的功能，可以很方便地为时间轴窗口中的各种剪辑添加特效。效果控件面板用于设置添加到剪辑中的特效，默认状态下，显示了运动和不透明度两个基本属性；在添加了过渡切换特效、视频/音频特效后，会在其中显示对应的具体设置选项。混合器面板主要是对音频文件进行各项处理，实现混合多个音频、调整增益等多种针对音频的编辑操作。历史记录面板记录了从建立项目以来所进行的所有操作，如果在操作中执行了错误的操作，或需要恢复到数个操作之前的状态，就可以单击历史记录面板中记录的相应操作名称，返回到错误操作或多个操作之前的编辑状态。信息面板显示的是目前素材的文件名、类型、持续时间等信息。

第3章
影视编辑工作流程

本章知识介绍

本章将通过一个具备各种基本元素、应用多种视频编辑功能的实例制作，讲解在Premiere Pro CC中进行视频编辑的基本工作流程。

本章学习要点

- 了解Premiere Pro CC的工作流程
- 掌握导入素材的方法
- 掌握视频过渡和视频特效的运用方法
- 掌握音频素材的添加方法
- 掌握将编辑完成的项目文件输出成视频影片的方法

在Premiere Pro CC中进行影视编辑的基本工作流程，主要包括以下工作环节：确定主题，计划制作方案→收集整理素材，并对素材进行适合编辑需要的处理→创建影片项目，新建指定格式的合成序列→导入准备好的素材文件→对素材进行编辑处理→在序列的时间轴窗口中编排素材的时间位置、层次关系→为时间轴窗口中的素材添加并设置过渡、特效→编辑影片标题文字、字幕→加入需要的音频素材，并编辑音频效果→预览检查编辑好的影片效果，对需要的部分进行修改调整→渲染输出影片。

下面通过制作一个视频电子相册影片，来对在Premiere Pro CC中进行影片编辑的工作流程进行完整的实践练习。请打开本书配套实例文件中Chapter 3\可爱的动物\Export目录下的“可爱的动物.avi”文件，先欣赏这个影片实例的完成效果，如图3-1所示。

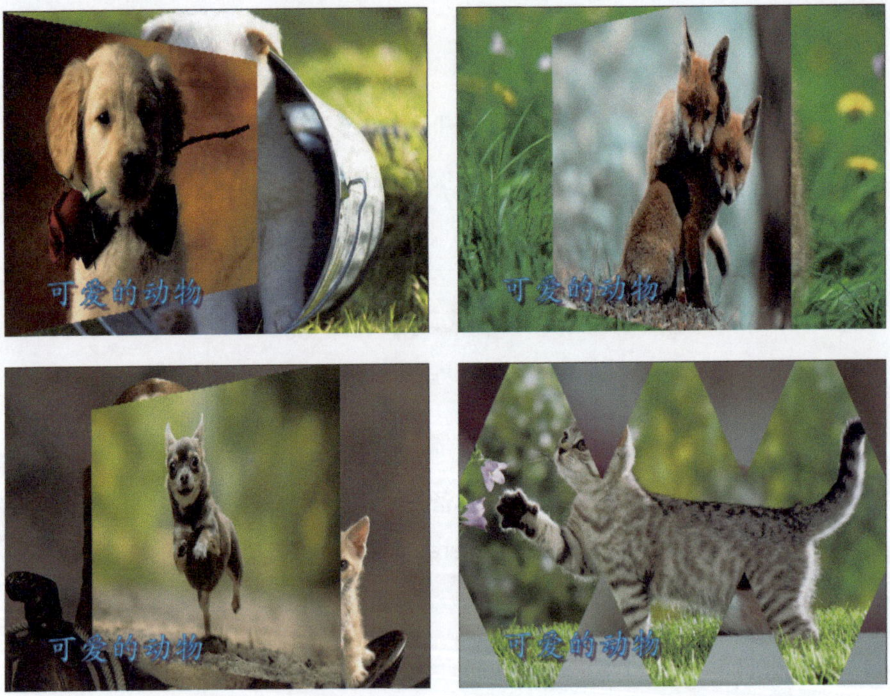

图 3-1 观看影片完成效果

3.1 影片编辑的准备工作

在Premiere Pro CC中进行影视编辑的准备工作，主要包括制定编辑方案和准备素材两个方面。制作方案最好形成文字或草稿，可以罗列出影片的主题、主要的编辑环节、需要实现的目标效果、准备应用的特殊效果、需要准备的素材资源、各种素材文件和项目文件的保存路径设置等，尽量详细地在动手制作前将编辑流程和可能遇到的问题考虑全面，并提前确定实现目标效果和解决问题的办法，作为进行编辑操作时的参考指导，可以为更顺利地完成影片的编辑制作提供帮助。

素材的准备工作，主要包括图片、视频、音频以及其他相关资源的收集，并对需要的素材做好前期处理，以方便适合影片项目的编辑需要。如修改图像文件的尺寸、裁切视频或音频素材中需要的片段、转换素材文件格式以方便导入Premiere Pro CC中使用、在Photoshop中提前制作好需要的图像效果等，并将它们存放到计算机中指定的文件夹，以便管理和使用。

本章实例所需要的素材已准备好，并存放在本书配套实例文件中Chapter 3\可爱的动物\Media目录下，包括所有需要的图像素材和作为背景音乐的音频素材，如图3-2所示。

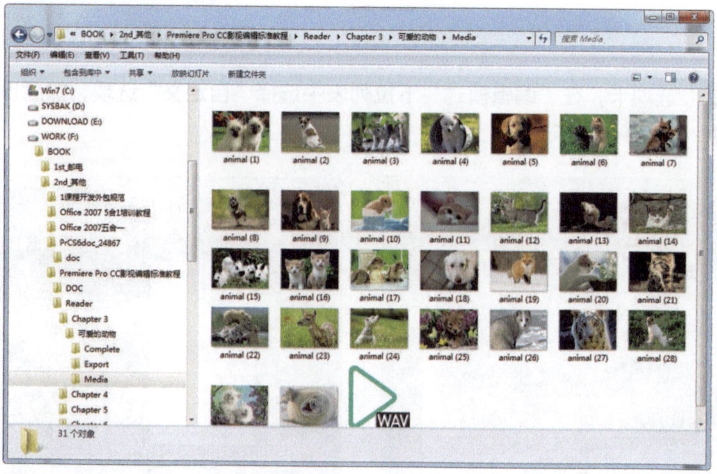

图 3-2 准备好的素材文件

3.2 创建影片项目和序列

准备好需要的素材文件后，接下来就开始在Premiere Pro CC中的编辑操作，首先需要创建项目文件和合成序列。

01 启动Premiere Pro CC，在欢迎屏幕中单击“新建项目”按钮，打开“新建项目”对话框，在“名称”文本框中输入“可爱的动物”，然后单击“位置”后面的“浏览”按钮，在打开的对话框中为新创建的项目选择保存路径，如图3-3所示。

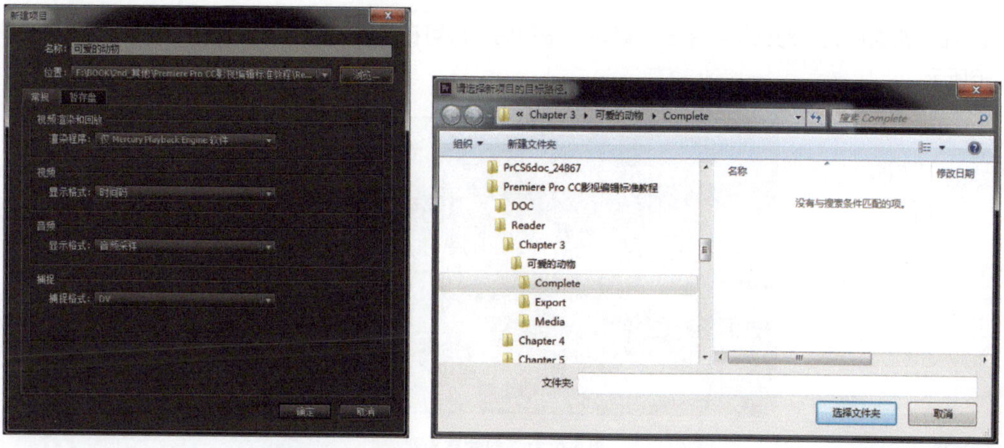

图 3-3 新建项目并保存

02 在“新建项目”对话框中单击“确定”按钮，进入Premiere Pro CC的工作界面。执行“文件→新建→序列”命令或按“Ctrl+N”快捷键，打开“新建序列”对话框，在“可用预设”列表中展开DV-NTSC文件夹并点选“标准 48kHz”类型，如图3-4所示。

提示 在项目窗口中单击鼠标右键并选择“新建项目→序列”命令，也可以打开“新建序列”对话框。

03 展开“设置”选项卡，在“编辑模式”下拉列表中选择“自定义”选项，然后设置“时基”参数为25.00帧/秒，如图3-5所示。

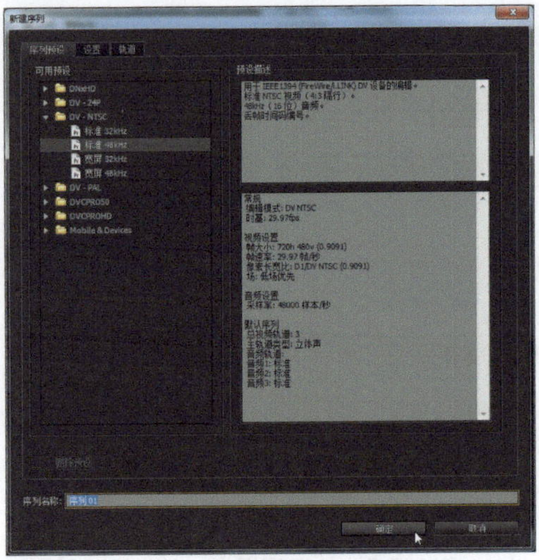

图 3-4 “新建序列”对话框

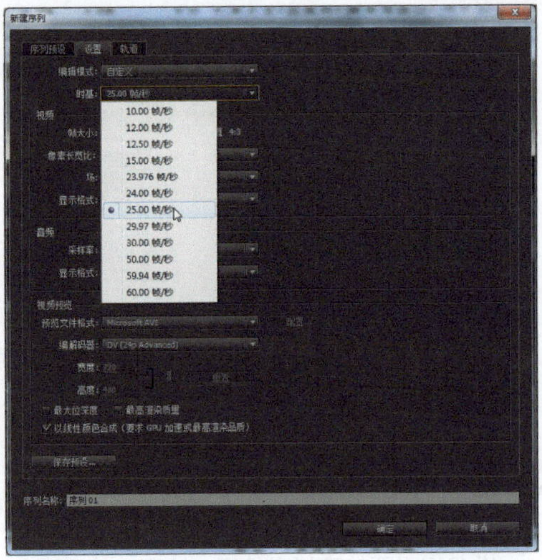

图 3-5 设置序列帧频

提示 本实例中的影像素材全部为图像文件，因为静态图像素材被作为剪辑使用时，其默认的帧速率为25.00帧/秒，所以为了方便编辑操作时的时间长度匹配，在这里为新建的序列设置同样的帧速率。在实际工作中，可根据编辑需要进行设置。

04 在“新建序列”对话框中单击“确定”按钮后，即可在项目窗口查看到新建的序列对象，如图3-6所示。

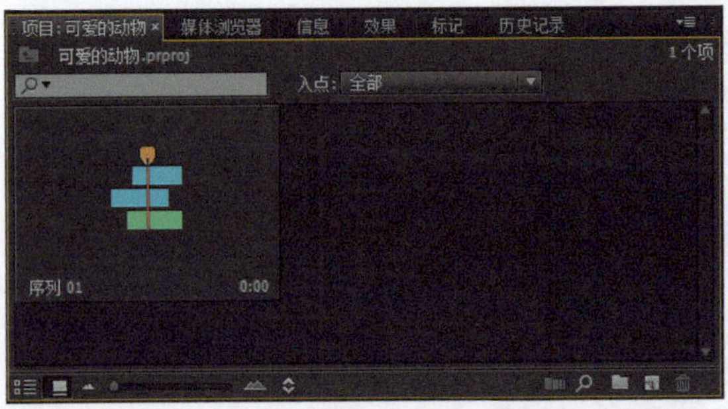

图 3-6 新建的合成序列

3.3 导入准备好的素材

Premiere Pro CC支持图像、视频、音频等多种类型和文件格式的素材导入，它们的导入方法基本相同。将准备好的素材导入项目窗口，可以通过多种操作方法来完成。

方法一：通过命令导入。执行“文件→导入”命令，或在项目窗口中的空白位置单击鼠标右键并选择“导入”命令，在弹出的“导入”对话框中展开素材的保存目录，选取需要导入的素材，然后单击“打开”按钮，即可将所选取的素材导入项目窗口，如图3-7所示。

图 3-7 导入素材文件

提示　在项目窗口文件列表区的空白位置双击鼠标左键，可以快速地打开“导入”对话框，进行文件的导入操作。

方法二：从媒体浏览器导入素材。在媒体浏览器面板中展开素材的保存文件夹，将需要导入的一个或多个文件选中，然后单击鼠标右键并选择“导入”命令，即可完成指定素材的导入，如图3-8所示。

图 3-8 媒体浏览器面板

方法三：拖入外部素材到项目窗口中。在文件夹中将需要导入的一个或多个文件选中，然后按住并拖动到项目窗口中，即可快速地完成指定素材的导入，如图3-9所示。

图 3-9 将素材文件拖入项目窗口

方法四：将外部素材拖入时间轴窗口。在文件夹中将需要导入的一个或多个文件选中，然后按住并拖动到序列的时间轴窗口中，可以直接将素材添加到合成序列中指定的位置，如图3-10所示。不过，这种方式加入的素材不会自动添加到项目窗口中，如果需要多次使用加入的素材，可以将时间轴窗口中的素材剪辑按住并拖入项目窗口中保存。

图 3-10 直接将素材加入时间轴窗口中

将素材导入项目窗口后，可以在其中对素材文件进行预览查看。单击项目窗口左下角的“列表视图”按钮，可以将素材文件以列表方式显示，同时可以方便查看素材的帧速率、持续时间、尺寸大小等信息；单击项目窗口右上角的按钮，在弹出的命令菜单中选择“预览区域”命令，可以在项目窗口的顶部显示出预览区域，方便查看所选素材的内容以及其他信息，如图3-11所示。

图 3-11 在项目窗口中显示预览区域

3.4 对素材进行编辑处理

对于导入项目窗口中的素材，通常需要对其进行一些修改编辑，以达到符合影片制作要求的效果。例如，可以通过修改视频的入点和出点，去掉视频素材开始或结束位置多余的片段，使其在加入序列后刚好显示需要的部分；调整视频素材的播放速度，以及修改视频、音频、图像素材的持续时间等。

静态的图像文件，在加入Premiere Pro CC中时，默认的持续时间为5秒。本实例中需要将所有图像素材的持续时间修改为4秒，可以通过以下操作来完成。

01 在项目窗口中用鼠标选取所有的图像素材，然后执行“剪辑→速度/持续时间”命令，或者单击鼠标右键，在弹出的命令菜单中选择“速度/持续时间”命令，如图3-12所示。

02 在打开的“剪辑速度/持续时间”对话框中，将所选图像素材的持续时间改为“00:00:04: 00”，如图3-13所示。

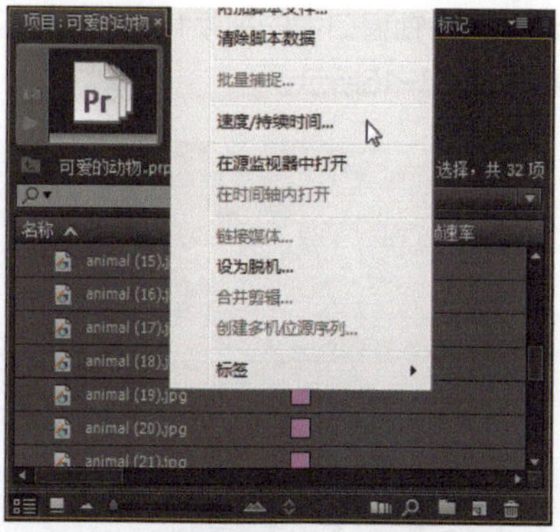

图 3-12 选择“速度/持续时间”命令

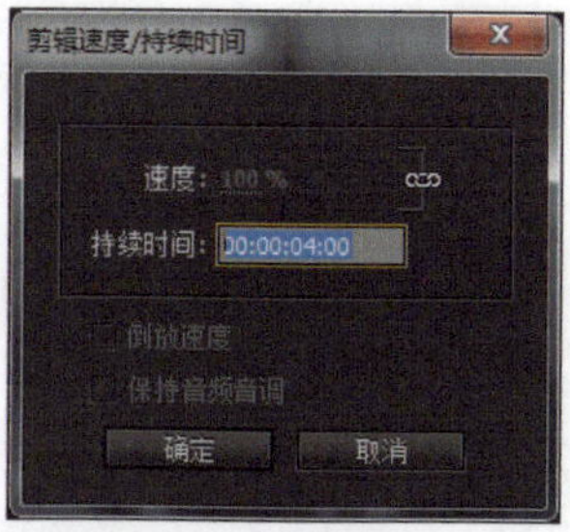

图 3-13 修改持续时间

03 单击“确定”按钮，回到项目窗口中，拖动素材文件列表下面的滑块到显示出“视频持续时间”信息栏，即可查看到所有选取的图像素材持续时间已经变成4秒，如图3-14所示。

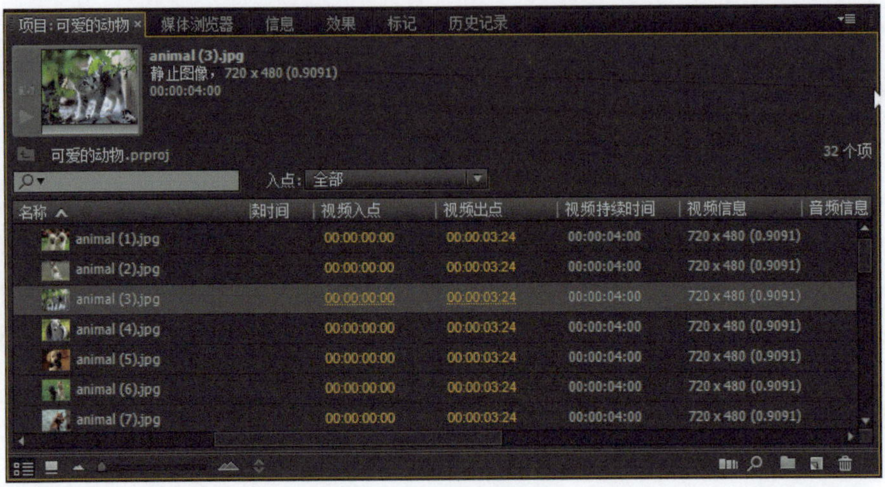

图 3-14 更新的持续时间

04 执行“文件→保存”命令或按“Ctrl+S”快捷键，对编辑项目进行保存。

提示 在影片项目的编辑过程中，完成一个阶段的编辑工作后，应及时保存项目文件，以避免因为误操作、程序故障、突然断电等意外的发生带来的损失。另外，对于操作复杂的大型编辑项目，还应养成阶段性地保存副本的工作习惯，以方便在后续的操作中，查看或恢复到之前的编辑状态。

3.5 在时间轴中编排素材

完成上述准备工作后，接下来开始进行合成序列的内容编辑，将素材加入序列的时间轴窗口，对它们在影片中出现的时间及显示的位置进行编排，这是影片编辑工作的主要环节。

01 在项目窗口中将图像素材animal (1).jpg拖动到时间轴窗口中的视频1轨道上的开始位置，释放鼠标后，即可将其入点对齐在00:00:00:00的位置，如图3-15所示。

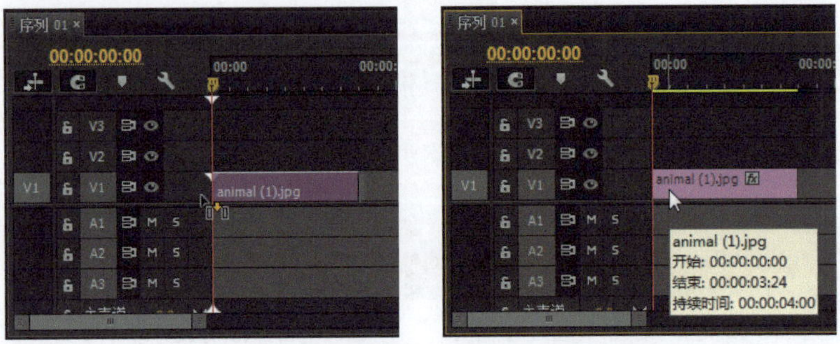

图 3-15 加入素材

提示 素材剪辑在时间轴窗口中的持续时间，是指在轨道中的入点（即开始位置）到出点（即结束位置）之间的长度，但它不完全等同于在项目窗口中素材本身的持续时间。素材在被加入时间轴窗口时，默认的持续时间与在项目中素材本身的持续时间相同。在对时间轴窗口中的素材持续时间进行修剪时，不会影响项目窗口中素材本身的持续时间。对项目窗口中素材的持续时间进行修改后，将在新加入时间轴窗口时应用新的持续时间，并且在修改之前加入时间轴窗口的素材不受影响，在编辑操作中需要注意区别。

02 为方便查看剪辑的内容与持续时间，可以将鼠标指针移动到视频1的轨道头上，向前滑动鼠标中键，即可增加轨道的显示高度，显示出剪辑的预览图像；拖动窗口下边的显示比例滑块头，可以调整时间标尺的显示比例，以方便清楚地显示出详细的时间位置，如图3-16所示。

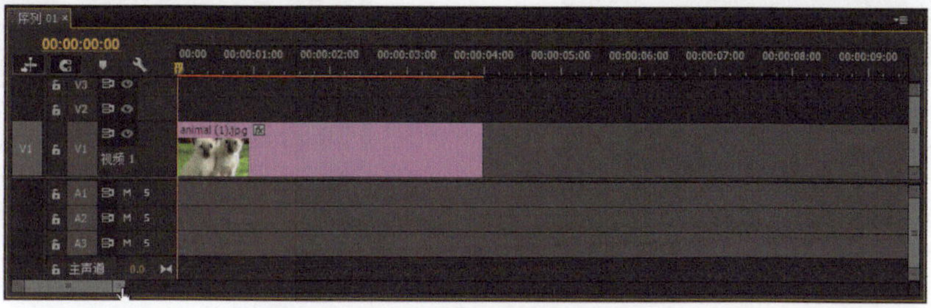

图 3-16 显示预览内容

03 配合使用Shift键，在项目窗口中依次选中animal (2).jpg~animal (30).jpg，然后将它们拖入时间轴窗口的视频1轨道上并对齐到animal (1).jpg的出点，如图3-17所示。

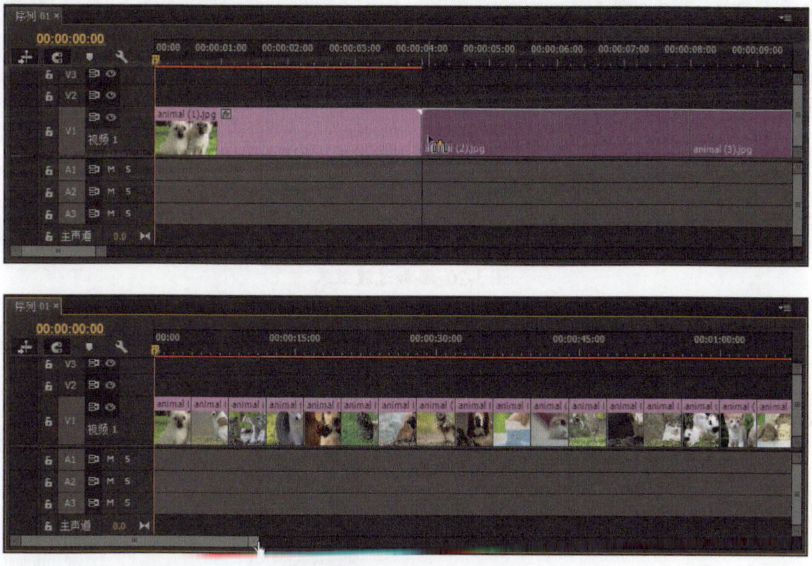

图 3-17 加入所有图像素材

04 执行“文件→保存”命令或按“Ctrl+S”快捷键，对编辑项目进行保存。

3.6 为剪辑应用视频过渡

在序列中的剪辑之间添加视频过渡效果，可以使剪辑间的播放切换更加流畅、自然。在“效果”面板中展开“视频过渡”文件夹并打开需要的视频过渡类型文件夹，然后将选取的视频过渡效果拖动到时间轴窗口中相邻的剪辑之间即可。

01 执行“窗口→效果”命令或按“Shift+7”快捷键，打开“效果”面板，单击“视频过渡”文件夹前面的三角形按钮，将其展开，如图3-18所示。

02 单击“划像”文件夹前的三角形按钮，将其展开并选择“交叉划像”效果，如图3-19所示。

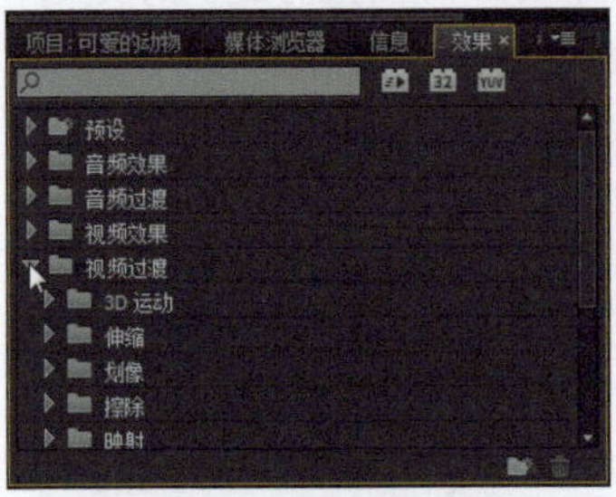

图 3-18 打开“视频过渡”文件夹

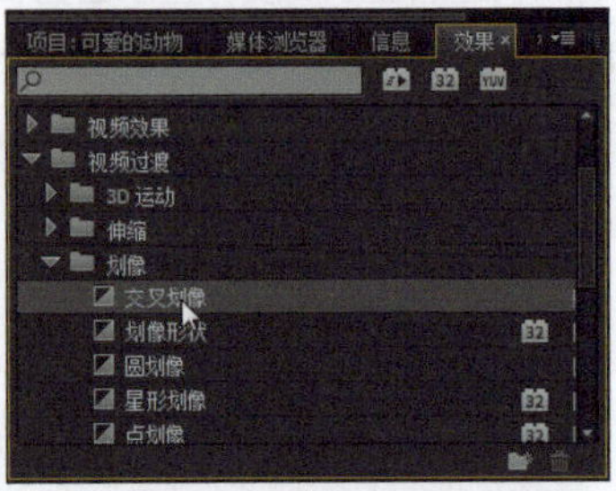

图 3-19 选取过渡效果

03 按“+”键放大时间轴窗口中时间标尺的单位比例，将“交叉划像”过渡效果拖动到时间轴窗口中剪辑animal (1).jpg和animal (2).jpg相交的位置，释放鼠标后，即在它们之间添加过渡效果，如图3-20所示。

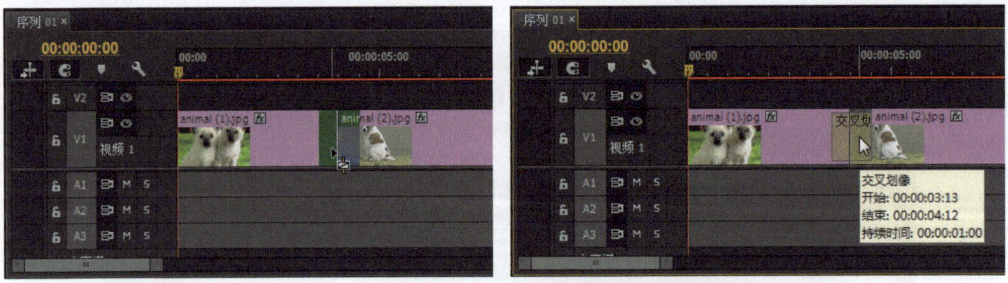

图 3-20 添加过渡效果

04 执行“窗口→效果控件”命令或按“Shift+5”快捷键，打开“效果控件”面板，设置过渡效果发生在剪辑之间的对齐方式为“中心切入”，如图3-21所示。

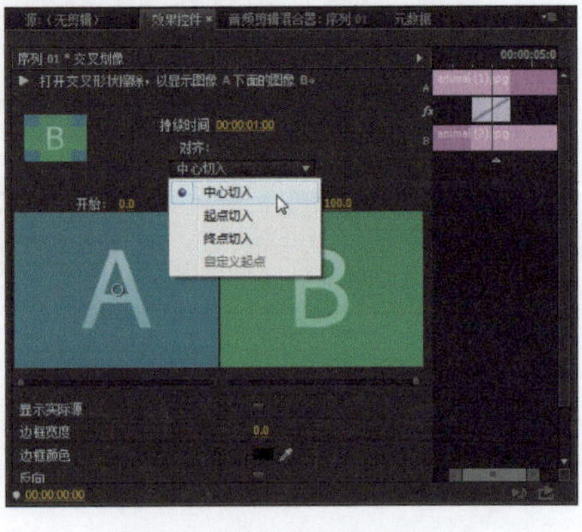

图 3-21 设置过渡效果对齐方式

提示 过渡效果的"中心切入"对齐方式，是指过渡动画的持续时间在两个剪辑之间各占一半；"起点切入"是指在前一剪辑中没有过渡动画，在后一剪辑的入点位置开始；"终点切入"则是过渡动画全部在前一剪辑的末尾。

05 在时间轴窗口中添加了过渡效果的时间位置拖动时间指针，即可在节目监视器窗口中查看到应用的画面过渡切换效果，如图3-22所示。

图 3-22 预览过渡效果

06 使用同样的方法为视频1轨道中的其余素材剪辑的相邻位置添加不同的切换效果，并将所有过渡动画的对齐方式设置为"中心切入"，完成效果如图3-23所示。

图 3-23 完成过渡效果的添加

07 执行"文件→保存"命令或按"Ctrl+S"快捷键，对编辑项目进行保存。

3.7 编辑影片标题字幕

文字是基本的信息表现形式，在Premiere Pro CC中，可以通过创建字幕剪辑，来制作需要添加到影片画面中的文字信息。在本实例中，以为影片添加标题文字的操作，来介绍字幕文字的基本编辑方法。

01 执行“字幕→新建字幕→默认静态字幕”命令，打开“新建字幕”对话框，在该对话框中可以对将要新建的字幕剪辑的视频属性进行设置，默认情况下与当前合成序列保持一致，如图3-24所示。

02 在“名称”文本框中输入需要的字幕剪辑名称，单击“确定”按钮，打开字幕设计器窗口，在窗口左边的工具栏中单击“文字工具”按钮T，在文字编辑区单击并输入文字：可爱的动物，选择合适的字体和字号大小，并将其移动到画面左下角的字幕安全区域内，如图3-25所示。

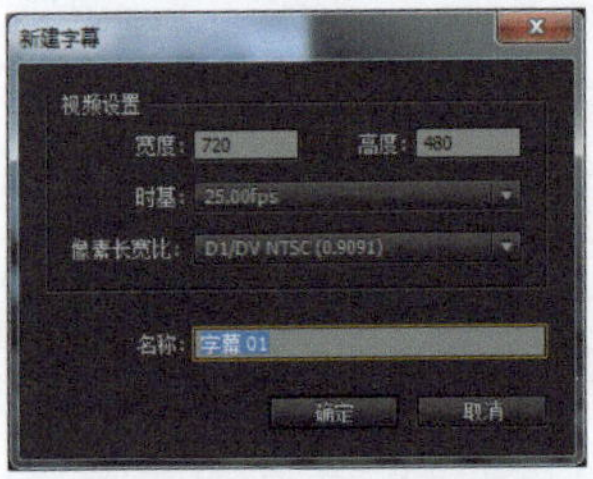

图3-24 “新建字幕”对话框

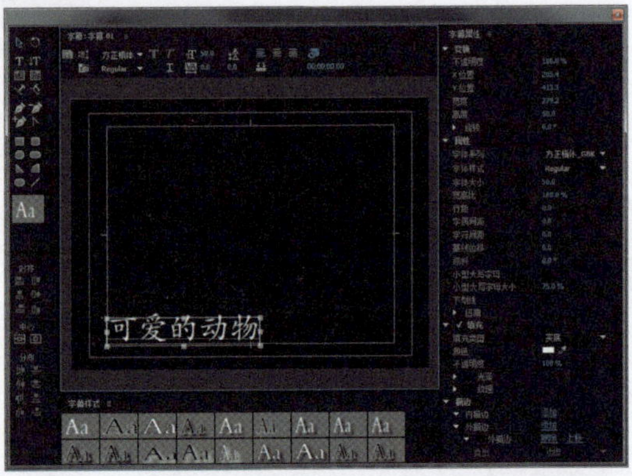

图3-25 编辑字幕文字

提示 在字幕设计器窗口中显示了两个实线框，内部实线框是字幕安全区，外部实线框是动作安全区。早期的显像管电视机屏幕边缘是弯曲的，投射到屏幕上的画面边缘就会模糊甚至看不见，所以设计了安全区域，提示在制作影视内容时，将字幕或人物动作与画面边缘保持一定距离，以确保字幕、动作都可以在屏幕的正面清楚地显示。现在的液晶电视已经不存在这个问题，但安全区域同样可以作为画面构图的参考，避免需要突出表现的内容太靠近边缘。

03 勾选窗口右边“字幕属性”窗格中的“填充”复选框，单击“颜色”选项后面的色块，在弹出的拾色器窗口中，将字幕的颜色设置为浅蓝色，如图3-26所示。

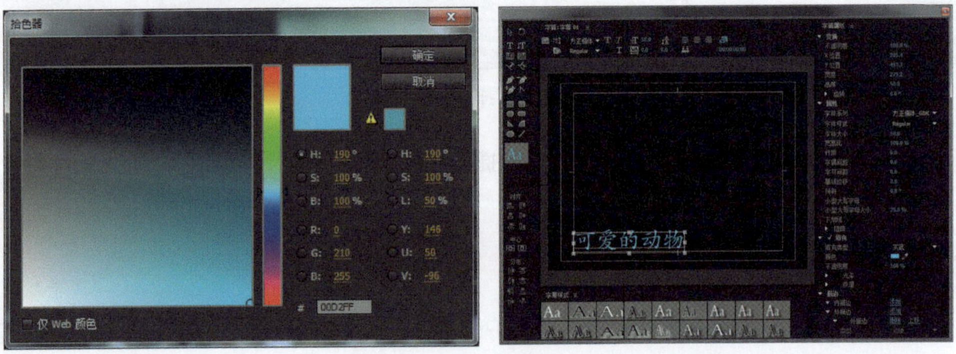

图3-26 设置字幕颜色

04 展开“描边”选项，单击“外描边”后面的“添加”文字按钮，为文字添加一层外描边，设置大小为10.0，描边颜色为深蓝色，如图3-27所示。

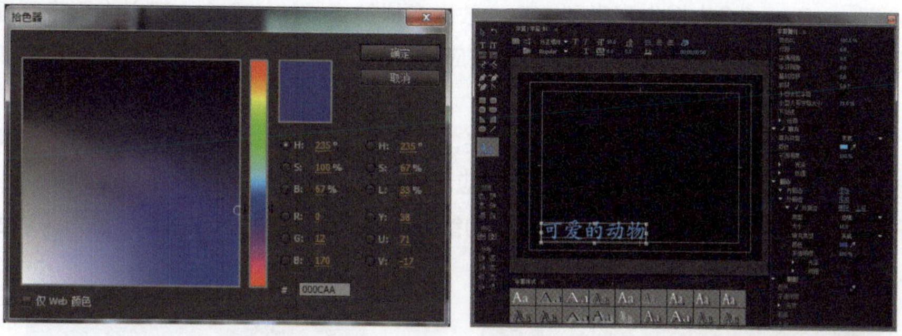

图 3-27 设置文字描边颜色

05 关闭字幕设计器窗口，回到项目窗口中，即可查看到创建完成的字幕剪辑，如图3-28所示。

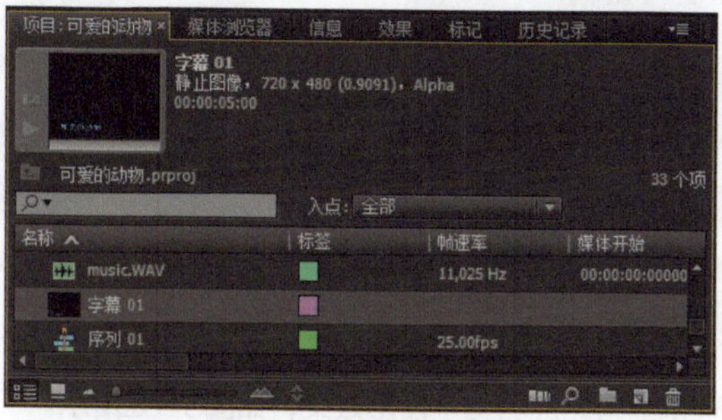

图 3-28 创建的字幕剪辑

06 将字幕剪辑添加到时间轴窗口的视频2轨道中的开始位置，然后将鼠标指针移动到字幕剪辑的后面，当鼠标指针变为形状时，按住鼠标左键并向右拖动，将字幕剪辑的持续时间延长到与视频1轨道中的图像结束位置对齐，如图3-29所示。

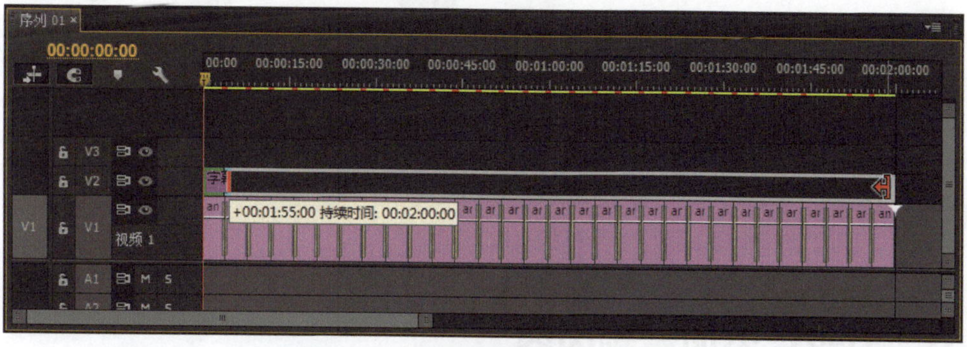

图 3-29 延长剪辑的持续时间

07 执行“文件→保存”命令或按“Ctrl+S”快捷键，对编辑项目进行保存。

3.8 为剪辑应用视频效果

Premiere Pro CC中提供了类别丰富、效果多样的视频特效命令，可以为影像画面编辑出各种变化效果。这里以为添加的影片标题文字应用投影效果为例，讲解视频效果的添加与设置方法。

01 在“效果”面板中展开“视频效果”文件夹，打开“透视”文件夹并点选“投影”效果，将其按住并拖动到时间轴窗口中的字幕剪辑上，为其应用该特效，如图3-30所示。

02 打开“效果控件”面板，在“投影”效果的参数选项中，将“阴影颜色”设置为深紫色，“距离”为6.0，其他参数保持默认，如图3-31所示。

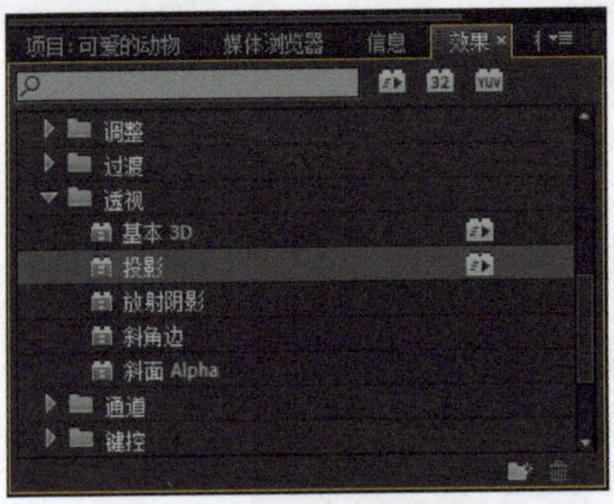

图 3-30 选取“投影”效果

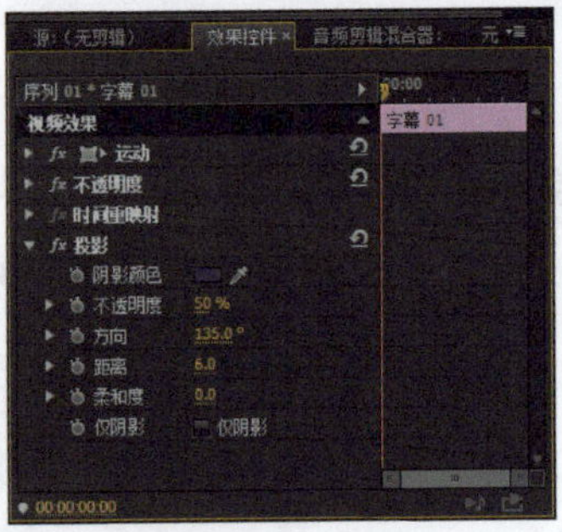

图 3-31 设置效果参数

03 执行“文件→保存”命令或按“Ctrl+S”快捷键，对编辑项目进行保存。在时间轴或节目监视器窗口中拖动时间指针，预览编辑完成的文字投影效果，如图3-32所示。

图 3-32 文字投影效果

3.9 为影片添加音频内容

接下来为影片添加背景音乐，提升影片的整体表现力。音频素材的添加与编辑方法，与图像素材基本相同。

01 在项目窗口中双击导入的音频素材music.WAV，将其在源监视器窗口中打开，如图3-33所示。

02 在源监视器窗口中拖动时间指针，或单击播放控制栏中的“播放-停止切换”按钮，可以播放预览音频的内容，如图3-34所示。

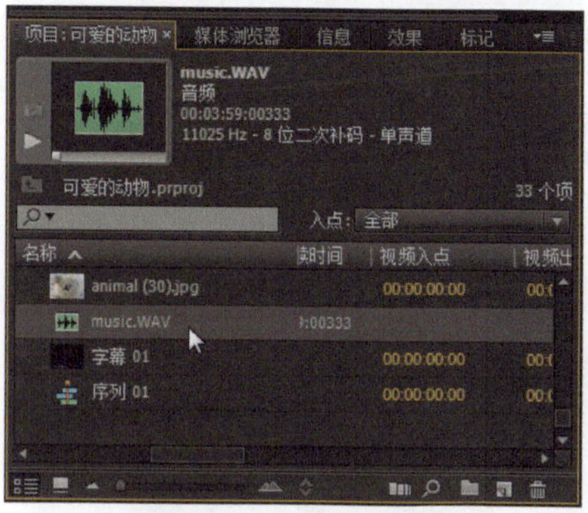

图3-33 双击音频素材

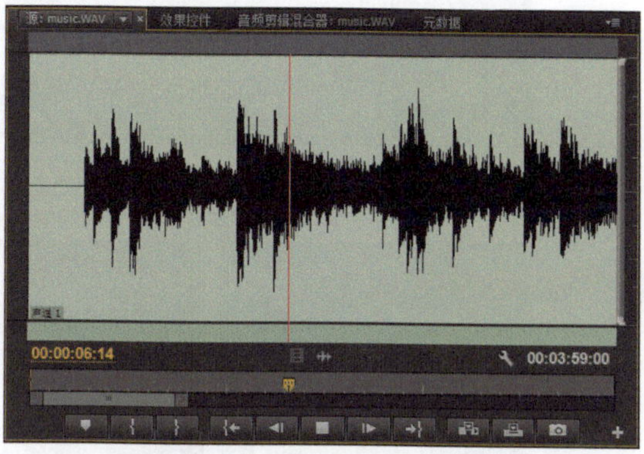

图3-34 预览音频内容

03 在播放预览音频素材时可以发现，音频素材开始的1秒左右的时间里（音频波谱为水平线的部分）是没有音乐的，这里可以调整其入点时间，使其在加入时间轴窗口时，从开始有音乐的位置进行播放：拖动时间指针到00:00:01:09的位置，然后单击播放控制栏中的“标记入点”按钮，将音频素材的入点调整到从该位置开始，如图3-35所示。

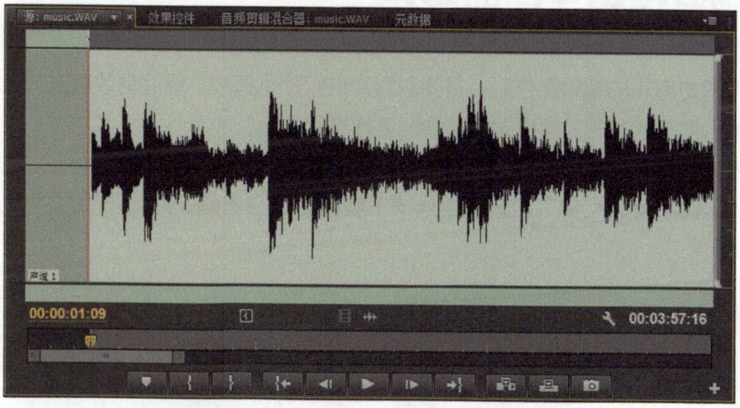

图3-35 设置音频素材的入点

04 将时间轴窗口中的时间指针定位在开始的位置，然后单击源监视器窗口中播放控制栏中的“覆盖”按钮，将其加入时间轴窗口的音频1轨道，或者直接从项目窗口中将处理好的音频素材拖入需要的音频轨道中即可，如图3-36所示。

05 在工具面板中选择“剃刀工具”，在音频轨道上对齐视频轨道中的结束位置单击鼠标左键，将音频素材剪辑切割为两段，然后将后面的多余部分点选并删除，如图3-37所示。

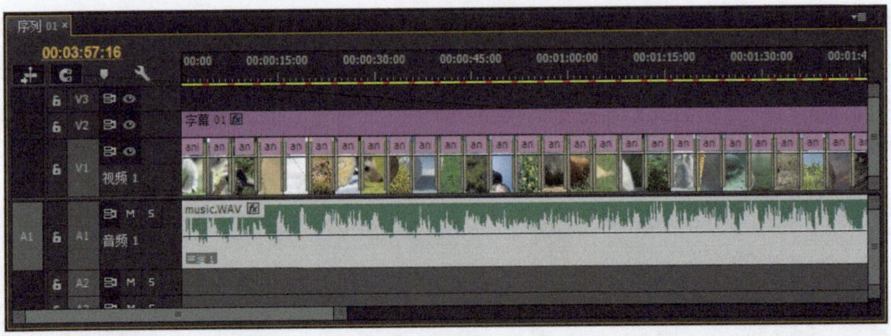

图 3-36 加入音频素材

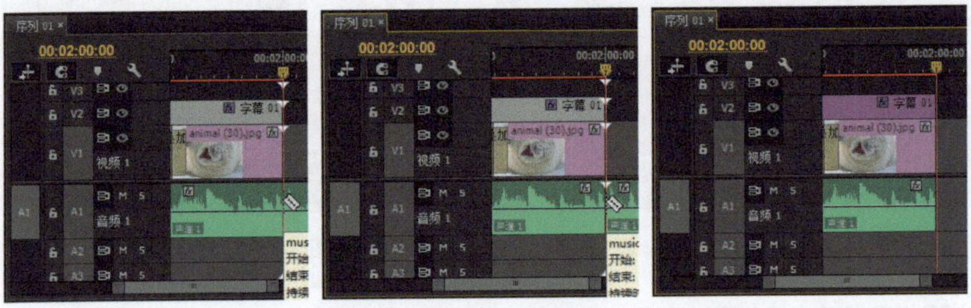

图 3-37 剪除多余的音频部分

06 执行“文件→保存”命令或按“Ctrl+S”快捷键，对编辑项目进行保存。

3.10 预览编辑完成的影片

完成对所有素材剪辑的编辑工作后，需要对影片进行预览播放，对编辑效果进行检查，及时处理发现的问题，或者对不满意的效果根据实际情况进行修改调整。

01 在时间轴窗口或节目监视器窗口中，将时间指针定位在需要开始预览的位置，然后单击节目监视器窗口中的“播放-停止切换”按钮▶或按下键盘上的空格键，对编辑完成的影片进行播放预览，如图3-38所示。

图 3-38 播放预览

02 执行“文件→保存”命令或按“Ctrl+S”快捷键，对编辑好的项目文件进行保存。

3.11 将项目输出为影片文件

影片的输出是指将编辑好的项目文件渲染输出成视频文件的过程。

01 在项目窗口中点选编辑好的序列，执行“文件→导出→媒体”命令，打开“导出设置”对话框，在预览窗口下面的“源范围”下拉列表中选择“整个序列”。

02 在“导出设置”选项中勾选“与序列设置匹配”复选框，应用序列的视频属性输出影片；单击“输出名称”后面的文字按钮，打开“另存为”对话框，在对话框中为输出的影片设置文件名和保存位置，单击“保存”按钮，如图3-39所示。

03 保持其他选项的默认参数，单击“导出”按钮，Premiere Pro CC将打开导出视频的编码进度窗口，开始导出视频内容，如图3-40所示。

04 影片输出完成后，使用视频播放器播放影片的完成效果，如图3-41所示。

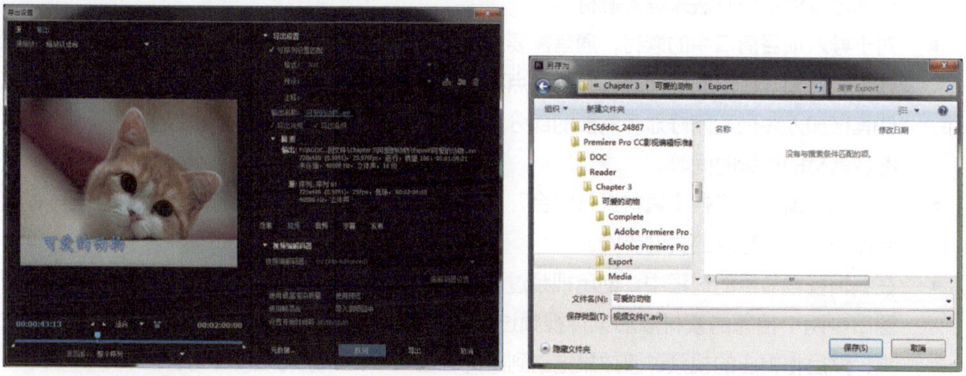

图3-39 设置影片导出选项

图3-40 影片输出进程

图3-41 欣赏影片完成效果

3.12 本章知识小结

本章使用具体的实例介绍了在Premiere Pro CC中进行视频编辑工作的流程，其中主要流程包括导入素材、为素材剪辑添加视频过渡和视频特效、添加音频素材、为素材添加淡入淡出效果以及影片的输出处理。

- 在Premiere Pro CC中进行影视编辑的准备工作，主要包括制定编辑方案和准备素材两个方面。制作方案最好形成文字或草稿，可以罗列出影片的主题、主要的编辑环节、需要实现的目标效果、准备应用的特殊效果、需要准备的素材资源、各种素材文件和项目文件的保存路径设置等，尽量详细地在动手制作前将编辑流程和可能遇到的问题考虑全面，并提前确定实现目标效果和解决问题的办法，作为进行编辑操作时的参考指导。
- 将所需要的素材导入创建的项目窗口，是创建好项目文件后进行视频编辑的第一步工作，可以通过多种操作方法来导入素材。
- 对于导入项目窗口中的素材，通常需要对其进行一些修改编辑，以达到符合影片制作要求的效果。例如，可以通过修改视频的入点和出点，去掉视频素材开始或结束位置多余的片段，使其在加入序列后刚好显示需要的部分；调整视频素材的播放速度，以及修改视频、音频、图像素材的持续时间等。
- 在时间轴窗口中将各个素材进行组合，对它们在影片出现的时间及显示位置进行编排，这是制作一个完整影片的关键步骤。
- 在编辑视频节目的过程中，使用视频过渡效果能使素材间的连接更加和谐、自然。为时间轴窗口中两个相邻的素材添加某种视频过渡效果，可以在“效果”面板中展开该类型的文件夹，然后将相应的视频过渡效果拖动到时间轴窗口中相邻素材之间即可。
- 对素材使用视频特效，可以使一个影视片段的视觉效果更加丰富多彩。为素材添加视频特效的操作方法与添加视频过渡效果的操作方法相同，把所需要的视频特效拖动到时间轴窗口中指定的素材上即可。
- 文字是基本的信息表现形式，在Premiere Pro CC中，可以通过创建字幕剪辑，来制作需要添加到影片画面中的文字信息。
- 在编辑好视频素材后，需要为影片添加音频效果，提升影片的整体表现力。
- 完成对所有素材剪辑的编辑工作后，需要对影片进行预览播放，对编辑效果进行检查，及时处理发现的问题，或者对不满意的效果根据实际情况进行修改调整。
- 输出影片是将编辑好的项目文件以视频的格式输出，输出的效果通常是动态的且带有音频效果。在输出影片时，需要根据实际需要为影片选择一种合适的视频压缩格式。

第 4 章

素材的管理与编辑

本章知识介绍

本章主要介绍在Premiere Pro CC中处理视频时如何导入素材，以及对素材进行编辑的具体操作。通过对本章的学习，读者可以学会根据需要搜集不同的素材来使自己的作品更加完美。

本章学习要点

- 了解并熟练掌握导入各种素材的方法
- 了解查看素材内容的方法，以及掌握使用素材箱管理素材的方法
- 掌握素材在素材来源窗口、时间轴窗口以及节目监视器中的编辑方法

4.1 素材导入设置

使用Premiere Pro CC进行的视频编辑，主要是对已有的素材文件进行重新编辑，所以在进行视频编辑之前，首先要将所需的素材导入Premiere的项目窗口。静态图像、视频文件和音频素材是在Premiere中进行影视编辑所应用的基本素材类型，这些素材的导入方法比较简单。在导入PSD、序列图像等特殊类型的素材文件时，根据素材文件自身的媒体特点，也有不同的对应设置。

4.1.1 导入PSD素材

对于PSD、AI等可以包含多个图层图像的分层文件，在导入Premiere Pro CC中时，可以选择对文件中的多个图层进行不同形式的导入。

01 在项目窗口中双击鼠标左键，在打开的“导入”对话框中，选择本书配套实例文件中Chapter 4\Media目录下的Poster.psd文件，如图4-1所示。

02 单击“打开”按钮后，在弹出的“导入分层文件”对话框中，根据需要设置导入选项，如图4-2所示。

图 4-1 选择PSD文件

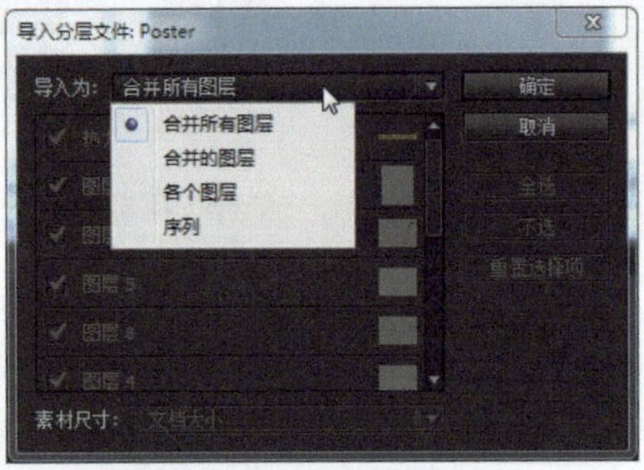

图 4-2 “导入分层文件”对话框

- 合并所有图层：将分层文件中的所有图层合并，以一个单独图像的方式导入文件，导入项目窗口中的效果如图4-3所示。

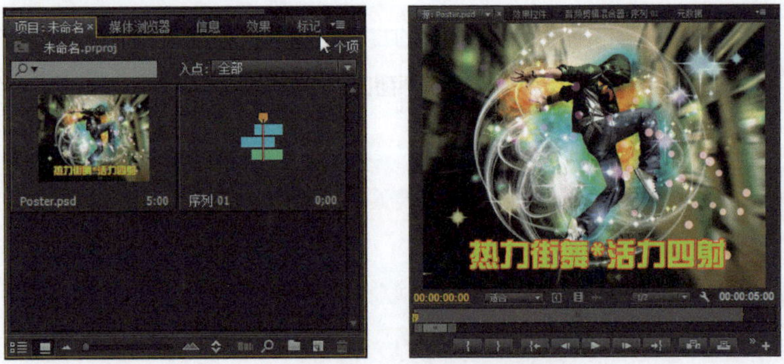

图 4-3 以“合并所有图层”方式导入

- 合并的图层：选择该选项后，下面的图层列表变为可以选择，取消勾选不需要的图层，然后单击“确定”按钮，将勾选保留的图层合并在一起并导入项目窗口中，如图4-4所示。

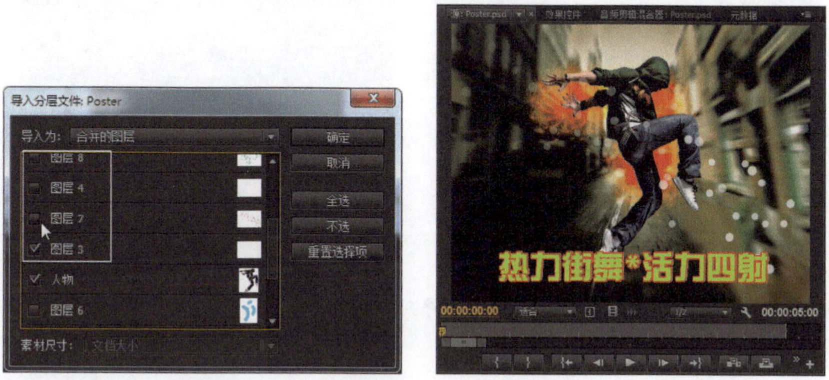

图 4-4 以“合并的图层”方式导入

- 各个图层：选择该选项后，下面的图层列表变为可以选择；保留勾选的每个图层都将作为一个单独素材文件被导入；在下面的“素材尺寸”下拉列表中，可以选择各图层的图像在导入时是保持在原图层中的大小，还是自动调整到适合当前项目的画面大小；导入后的各图层图像，将自动被存放在新建的素材箱中，并以“图层名称/文件名称”的方式命名显示；双击其中一个图层图像，可以单独对其进行查看，如图4-5所示。

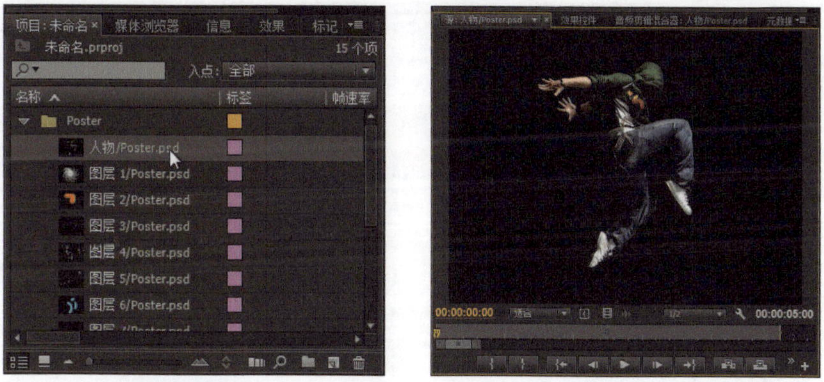

图 4-5 以“各个图层”方式导入

- 序列：选择该选项后，下面的图层列表变为可以选择；保留勾选的每个图层都将作为一个单独素材文件被导入；单击“确定”按钮后，将以该分层文件的图像属性创建一个相同尺寸大小的序列合成，并按照各图层在分层文件中的图层顺序生成对应内容的视频轨道，如图4-6所示。

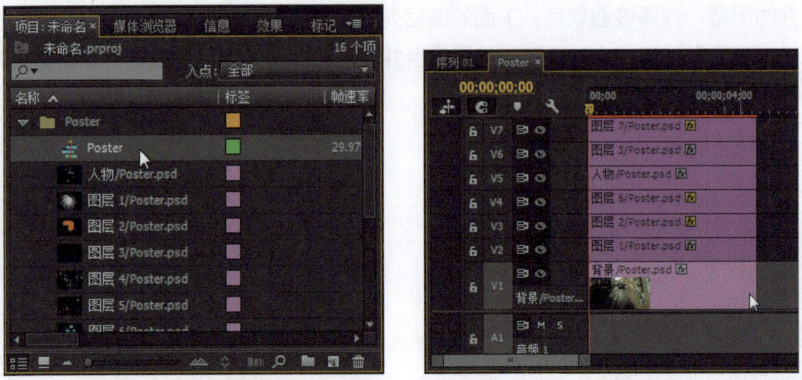

图 4-6 以“序列”方式导入

4.1.2 导入序列图像

序列图像通常是指一系列在画面内容上有连续的单帧图像文件，并且需要以连续数字序号的文件名才能被识别为序列图像。在以序列图像的方式将其导入时，可以作为一段动态图像素材使用。

01 在项目窗口中双击鼠标左键，在打开的“导入”对话框中，打开本书配套实例文件中Chapter 4\Media\绿底序列图像，点选其中的第一个图像文件并勾选对话框下面的“图像序列”选项，如图4-7所示。

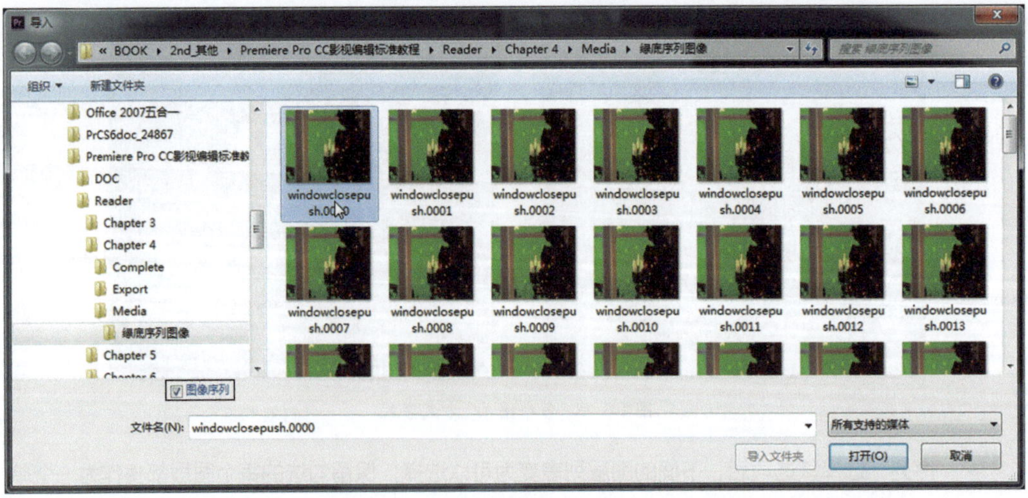

图 4-7 导入图像序列

02 单击“打开”按钮，将序列图像文件导入项目窗口，即可看到导入的素材以视频素材的形式被加入项目窗口，如图4-8所示。

03 在项目窗口中双击导入的序列图像素材，可以在打开的源监视器窗口中预览播放其动画内容，如图4-9所示。

图 4-8 导入的序列图像素材

图 4-9 预览素材内容

提示 有时候准备的素材文件是以连续的数字序号命名，在选择其中一个进行导入时，将会被自动作为序列图像导入；如果不想以序列图像的方式将其导入，或者只需要导入序列图像中的一个或多个图像，可以在“导入”对话框中取消对“图像序列”复选框的勾选，再执行导入即可。

4.2 素材的管理

对素材的管理操作，主要在项目窗口中进行，包括对素材文件进行重命名、自定义素材标签色、创建文件夹进行分类管理等。

4.2.1 查看素材属性

查看素材的属性可以通过多种方法来完成，不同的方法可以查看到的信息也不同。

方法一：在项目窗口中的素材上单击鼠标右键并选择“属性”命令，可以弹出“属性”面板，显示出当前所选素材的详细文件信息与媒体属性，如图4-10所示。

图 4-10 “属性”面板

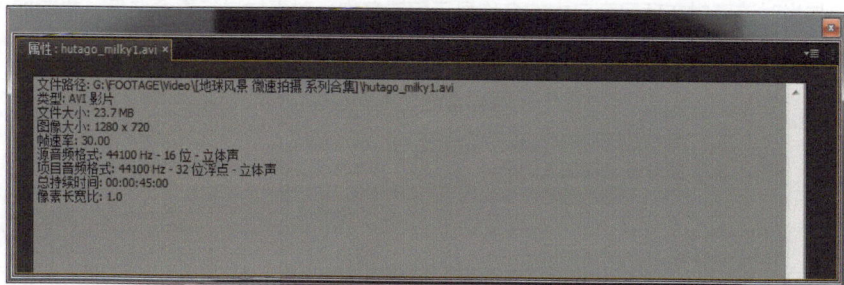

方法二：在项目窗口中将素材文件以列表视图方式显示，用鼠标拉宽窗口，可以显示出素材的其他信息，如素材的帧速率、持续时间、入点与出点、尺寸大小等媒体属性，如图4-11所示。

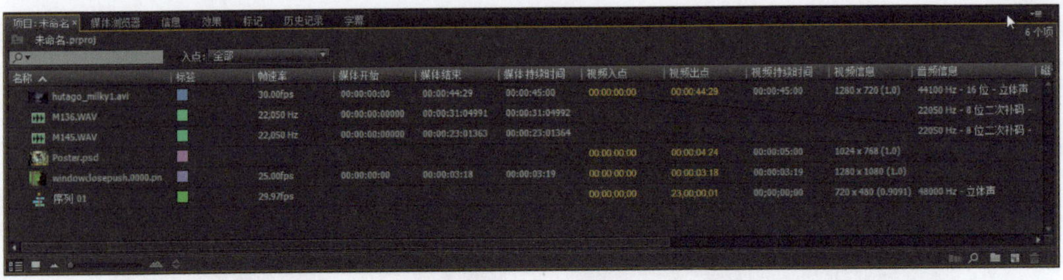

图 4-11 查看素材元数据

4.2.2 对素材重命名

导入项目窗口中的素材文件，只是与其源文件建立了链接关系；对项目窗口中的素材进行重命名，可以方便在操作管理中进行识别，不会影响素材原本的文件名称。点选项目窗口中的素材对象后，执行“剪辑→重命名”命令或按下Enter键，当素材名称变为可编辑状态时，输入新的名称即可，如图4-12所示。

图 4-12 对素材进行重命名

加入序列的素材，即成为一个素材剪辑，也是与项目窗口中的素材处于链接关系；加入序列的素材剪辑，将与当时该素材在项目窗口中的名称显示剪辑名称；对素材进行重命名后，之前加入序列的素材剪辑不会因为素材名称的修改而自动更新，如图4-13所示。

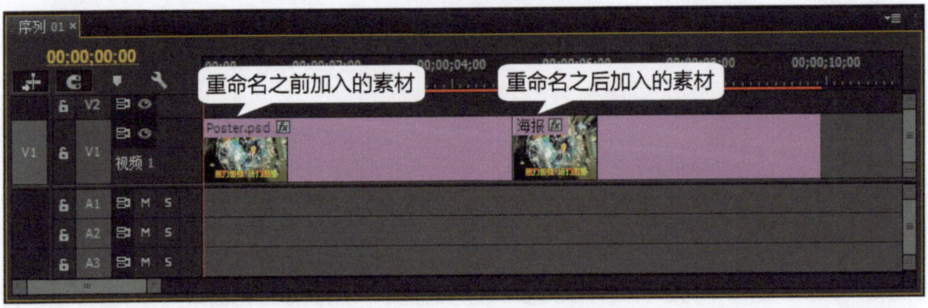

图 4-13 重命名后加入的素材剪辑

点选时间轴窗口中的素材剪辑后，执行“剪辑→重命名”命令，在弹出的“重命名剪辑”对话框中，可以为该素材剪辑进行单独的重命名，可以更方便在进行序列内容编辑时的对象区分；同样，对素材剪辑的重命名也不会对项目窗口中的源素材产生影响，如图4-14所示。

图 4-14 “重命名剪辑”对话框

4.2.3 自定义标签颜色

默认情况下，程序会根据素材的媒体类型在项目窗口中为其应用对应的标签颜色，以方便直观地区别素材类型。不过，程序也允许用户根据实际需要重新指定素材的标签颜色。在素材对象上单击鼠标右键，在弹出的命令菜单中展开“标签”子菜单并选择需要的颜色，即可为所选素材应用新的标签颜色，如图4-15所示。

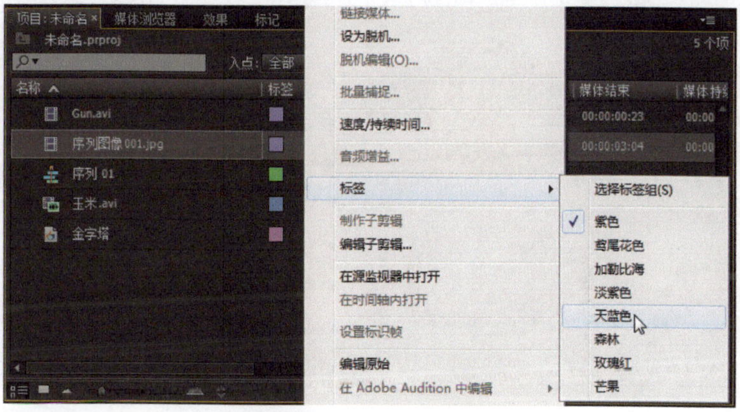

图 4-15 修改素材的标签颜色

4.2.4 新建素材箱对素材进行分类存放

当导入使用了大量的素材文件时，通过新建素材箱并按照一定的规则为素材箱进行命名，如按素材类型、按所应用的序列等方式，将素材科学合理地进行分类存放，可以更方便编辑工作的选取使用。

单击项目窗口下方工具栏中的“新建素材箱”按钮，在项目窗口中创建素材箱；为素材箱设置合适的名称后，将需要移入其中的素材按住并拖动到素材箱图标上即可，如图4-16所示。

双击素材箱对象，打开其内容窗口，可以在其中执行新建项目、导入或创建新素材箱的操作；在素材箱的工作窗口中单击搜索栏上方的按钮，可以返回到上一级文件夹，如图4-17所示。

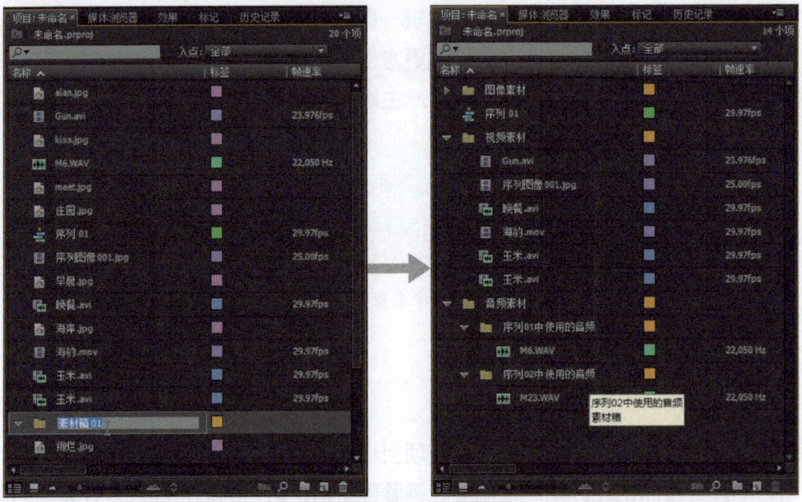

图 4-16 通过新建素材箱管理素材

图 4-17 打开的素材箱

4.3 素材的编辑处理

将所需要的素材导入项目窗口以后，接下来的工作就是对素材进行编辑了。下面介绍对影片项目中的素材进行编辑处理的各种操作。

4.3.1 设置素材的速度及持续时间

在Premiere中导入的图像素材，当加入时间轴窗口时，默认的持续时间长度为5秒。要对项目窗口中的图像素材进行持续时间长度的修改，可以先选中该素材，然后单击鼠标右键，在弹出的菜单中选择“速度/持续时间”命令，即可在打开的“素材速度/持续时间”对话框中对素材的持续时间长度进行设置，如图4-18所示。

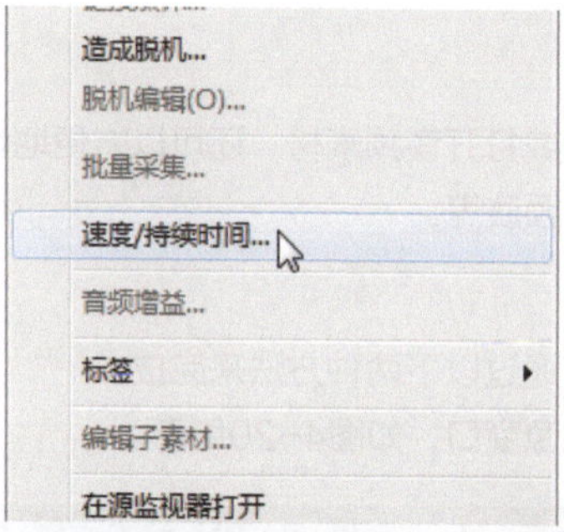

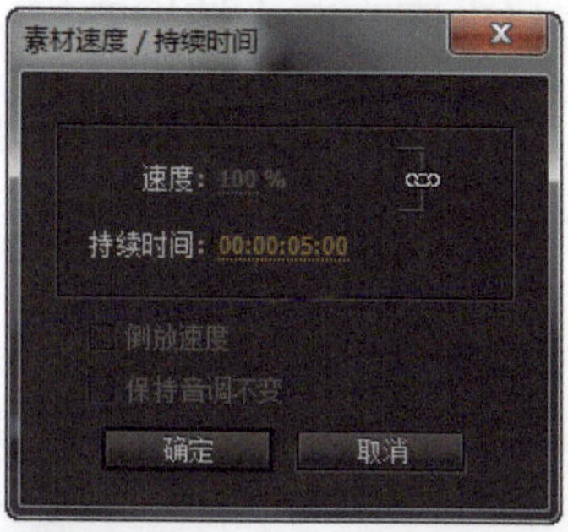

图 4-18 “素材速度 / 持续时间”对话框

提示　素材文件在修改播放速度与持续时间之前加入序列的素材剪辑不受影响，修改后加入序列的素材剪辑将应用新的播放速度与持续时间；轨道中的素材剪辑上也将显示新的播放速率百分比。

在进行需要应用大量图像素材的项目编辑时，可以先对要导入图像素材的持续时间进行修改设置，这样可以使这些图像素材在导入后就获得需要的持续时间，不用在加入时间轴时再逐个调整。其操作步骤如下。

01 执行“编辑→首选项→常规”命令，打开“首选项”对话框，如图4-19所示。

02 在“常规”选项中，重新设置所需要的时间长度值。例如，目前项目的速率为每秒25帧，如果需要将素材的默认持续时间改为10秒，那么只需要把“静止图像默认持续时间”数值改为250即可。

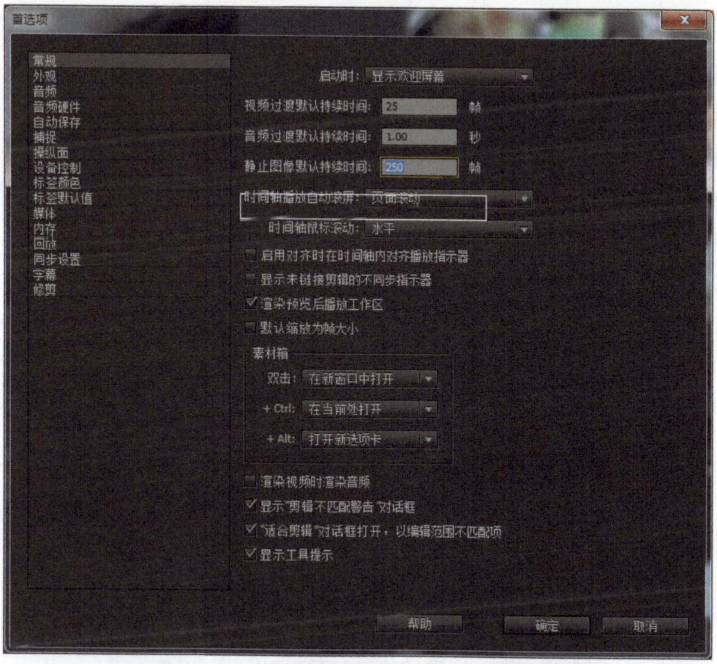

图 4-19 “首选项”对话框

4.3.2 在素材来源窗口中编辑素材

在监视器窗口中，不但可以按原始效果播放视频或打开音频素材，还可以方便地设置素材的入点和出点，改变静止图像的持续时间，设置标记、快速预演等。

1. 将素材加入素材来源窗口

要在素材来源窗口中查看素材的图像内容，可以通过以下两种方法来完成。

- 双击项目窗口中的素材，将素材加入素材来源窗口，如图4-20所示。

图 4-20 双击素材会在素材来源窗口显示

- 直接将项目窗口中的素材拖动到素材来源窗口中。

2. 查看素材的某一帧

在素材来源窗口中，可以精确地查找素材的每一帧。具体的查找方法如下。

- 直接拖动时间指针到想要查看的位置。
- 在素材来源窗口中的时间码区域中单击，将其激活为可编辑状态，直接输入需要跳转的数值，即准确的时间，按下Enter键确认，如图4-21所示。

图 4-21 素材来源窗口

- 单击“逐帧进”按钮，可以使画面向前移动一帧。在按住Shift键的同时单击该按钮，可以使画面向前移动5帧。单击“逐帧退”按钮，可以使画面向后移动一帧。如果按住Shift键的同时单击该按钮，可以使画面向后移动5帧。

3. 在素材来源窗口中设置入点与出点

使用在素材来源窗口中素材设置入点与出点的方法，可以预先为素材设置好需要的显示范围，这样在每次被加入时间轴窗口以后，该素材都只显示从入点到出点之间的内容。

在项目窗口中导入一个视频素材，在素材来源窗口中显示该素材后，可以先对素材的内容进行播放预览，找到需要选取的时间范围。拖动时间指针到需要截取的开始位置，单击标记入点按钮，确定素材的入点；拖动时间指针到需要截取的结束位置，单击标记出点按钮，确定素材的出点。标尺中的深色区域即是设置好的入点与出点之间的素材，如图4-22所示。

图4-22 设置入点与出点

4.3.3 在时间轴窗口中编辑素材剪辑

在Premiere的编辑过程中，素材的编辑操作大多数都是在时间轴窗口中进行的，下面介绍在时间轴窗口中编辑素材的具体方法。

1. 将素材加入时间轴窗口

在进行视频效果的编辑之前，需要先将素材加入时间轴窗口，然后才能对素材进行编辑操作，具体操作步骤如下。

01 在Premiere Pro CC的项目窗口中，选择要加入时间轴的文件，按住鼠标并将其拖动到时间轴窗口的视频轨道上，此时视频轨道上会出现一个矩形块，如图4-23所示。

02 移动鼠标到视频轨道中需要的位置后释放鼠标，素材就被放置在该位置了。矩形块在时间轴上的长度代表了这个素材剪辑的持续时间，如图4-24所示。

03 此时监视器窗口中将显示素材的第一帧，如图4-25所示。可以通过重复步骤02，将其他素材文件拖入时间轴窗口的其他轨道上。

04 如果目前的轨道不够用，可以执行“序列→添加轨道”命令，打开“添加轨道”对话框，在添加轨道对话框中根据需要设置添加轨道的数量，如图4-26所示。

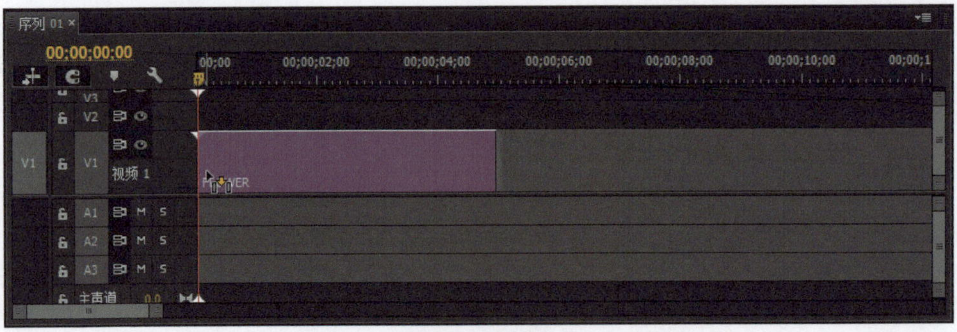

图 4-23 拖动素材

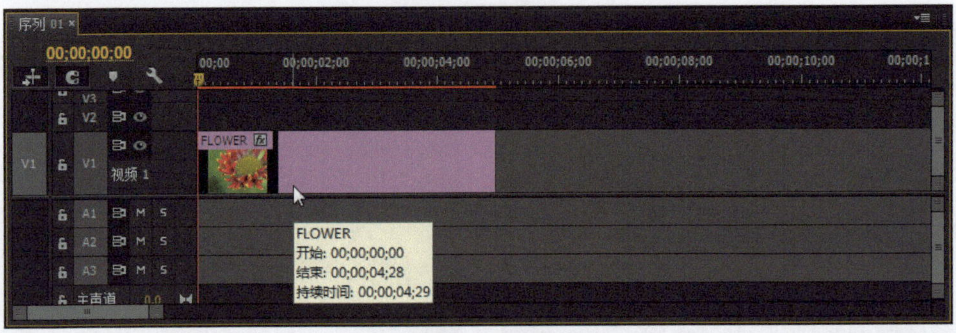

图 4-24 放置素材

图 4-25 预览素材

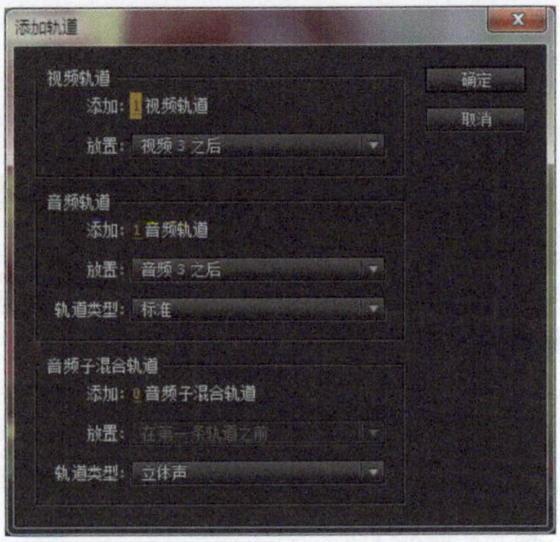

图 4-26 设置添加轨道的数量

2. 插入素材

在编辑素材的过程中，如果需要临时在时间轴窗口的某段位置加入一些素材，可以通过以下操作来实现。

01 在素材来源窗口中打开一个素材，然后在时间轴窗口中定位需要插入素材的时间指针位置，可以通过预览监视器窗口中的画面调整时间指针的位置，如图4-27所示。

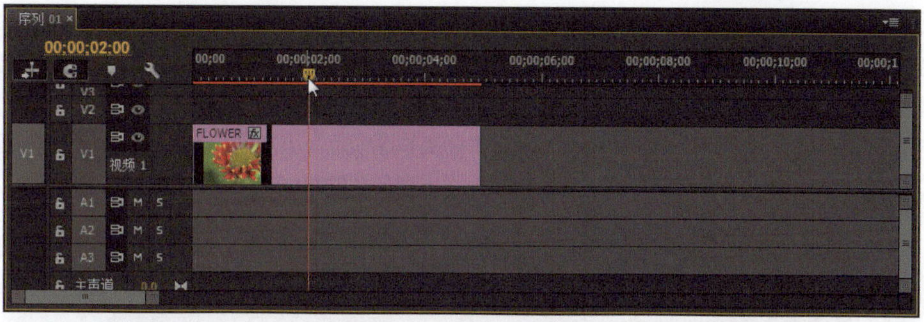

图4-27 设置时间指针位置

02 单击素材来源窗口中的“插入”按钮，素材来源窗口中的素材便可插入时间轴窗口时间指针目前的位置了，如图4-28所示。

图4-28 插入素材

提示 在插入素材的操作过程中，如果使用的是素材来源窗口中的“覆盖”按钮，则素材在插入时间轴窗口以后，该时间指针位置后面原本的素材将被新插入的素材覆盖，如图4-29所示。

图4-29 覆盖素材

3. 轨道的锁定与解锁

在时间轴窗口中，为避免对完成编辑的轨道内容误操作，可以通过锁定轨道的方法，使指定轨道中的素材内容暂时不能被编辑。

将鼠标指针移动到目标轨道的面板上，单击“切换轨道锁定”小方框，当出现一个锁定轨道标记后，即表示该轨道已经被锁定，锁定后的轨道上将出现灰色的斜线来标示，如图4-30所示。

图 4-30 锁定视频轨道

在轨道面板中单击被锁定轨道的标记，解除该轨道锁定状态后，即可恢复对该轨道的编辑操作。

4. 设置入点与出点

对于很多导入项目中的视频或音频素材，在制作影片时并不一定要完整地使用，往往只需用到其中的部分素材，这时就需要对素材进行相应的剪辑。

将素材加入时间轴以后，可以为其设置入点与出点，使该段素材在播放时只显示需要的素材，达到仅使用素材某一部分内容的效果。其操作步骤如下。

01 将时间指针移动到需要设置素材的入点位置，然后将鼠标指针移动到素材的开头，当鼠标指针变为一个红色箭头标记时，按住鼠标左键向右拖动素材到时间指针的位置，即可完成素材入点的设置，如图4-31所示。

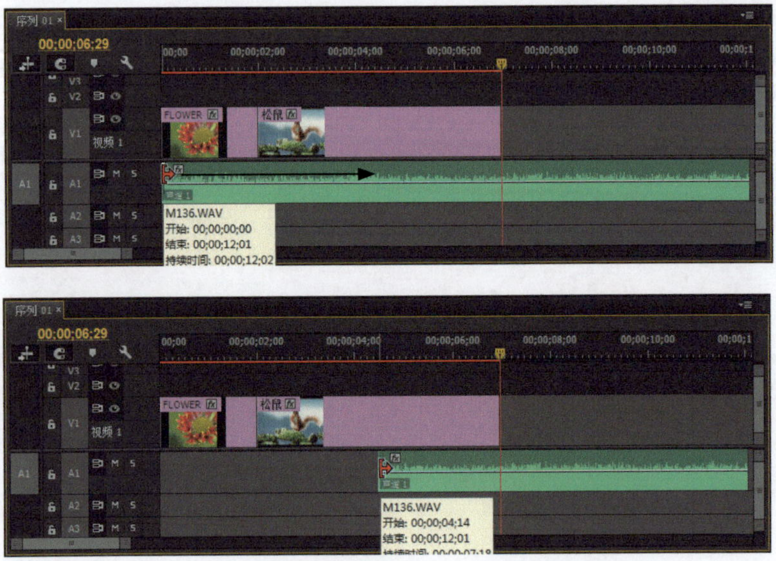

图 4-31 设置素材的入点

02 使用同样的方法，将时间指针移动到需要设置素材的出点位置，再将素材的结束处向左侧拖动，即可完成素材出点的设置，如图4-32所示。

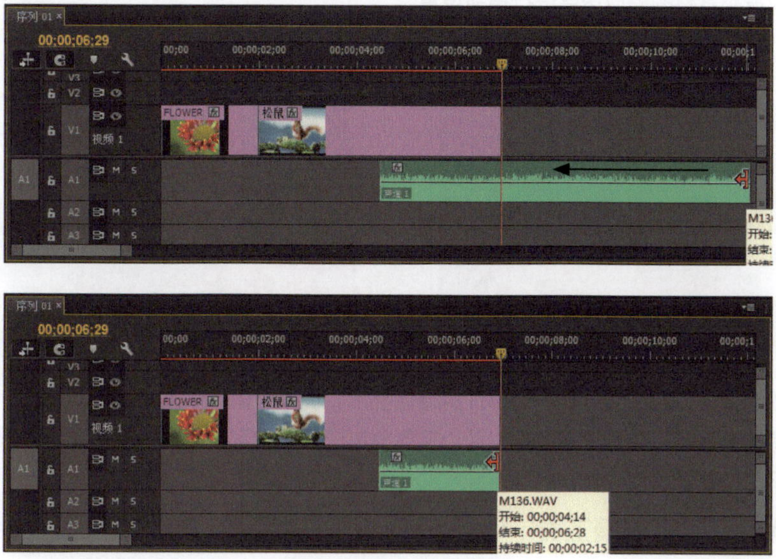

图4-32 设置素材的出点

5. 修改素材播放速率

对视频或音频素材的播放速率进行修改，可以使素材产生快速或慢速播放的效果。在时间轴窗口中选择需要修改播放速率的素材，然后单击工具栏中的“比率拉伸工具”，将鼠标指针移动到素材剪辑的开头或末尾，按住鼠标左键向左或向右拖动，即可在不改变素材内容的状态下，改变素材播放的时间长度，以达到改变素材播放速度的效果（拉长则放慢速度，缩短则加快速度），如图4-33所示。

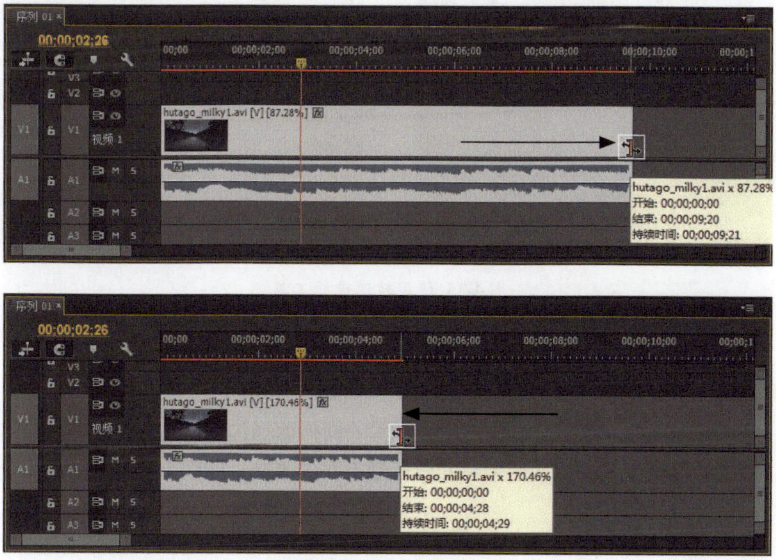

图4-33 改变素材的播放速度

如果需要精确修改素材的播放速度，可以在选择目标素材后，选择“素材→速度/持续时间”命令，打开“剪辑速度/持续时间”对话框，如图4-34所示。修改其中的速度比例或持续时间的数值，即可对视频或音频素材的播放速度进行重新设置。

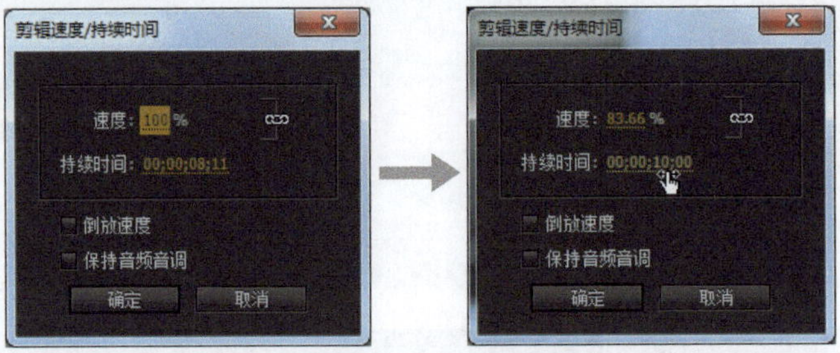

图 4-34 修改素材的速度与持续时间

- 倒放速度：勾选该复选框，可以在执行调整后，使素材剪辑反向播放。
- 保持音频音调：勾选该复选框，可以使素材中的音频内容在播放速度改变后，只改变速度，而不改变音调。

6. 其他素材剪辑编辑工具

在工具面板中，提供了多个专门用于对时间轴窗口中的素材剪辑进行编辑调整的工具，尤其是在轨道中有多个相邻素材剪辑时，使用对应的工具来进行位置和持续时间的调整会更加方便。

- 轨道选择工具：使用“选择工具”，可以通过按住Shift键的同时点选轨道中的素材剪辑，来选取多个不同位置的剪辑对象；选取“轨道选择工具”后在时间轴窗口的轨道中单击鼠标左键，可以选中所有轨道中在鼠标单击位置及以后的所有轨道中的素材剪辑，如图4-35所示。

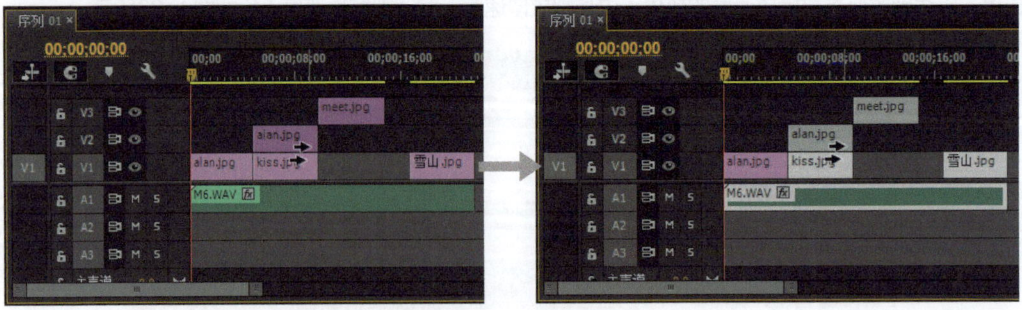

图 4-35 使用轨道选择工具

- 波纹编辑工具：使用该工具，可以拖动素材剪辑的出点以改变剪辑的长度，使相邻素材剪辑的长度不变，项目素材的总长度改变，如图4-36所示。
- 滚动编辑工具：使用该工具在需要修剪的素材剪辑边缘拖动，可以将增加到该剪辑的帧数从相邻的素材中减去，项目素材的总长度不发生改变，如图4-37所示。

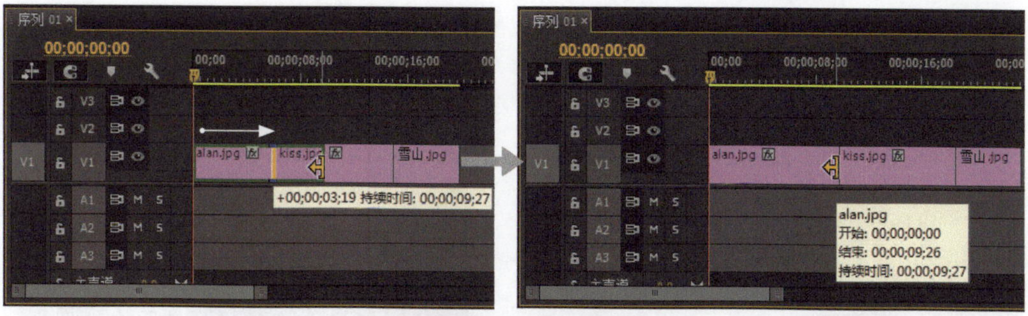

图 4-36 使用波纹编辑工具

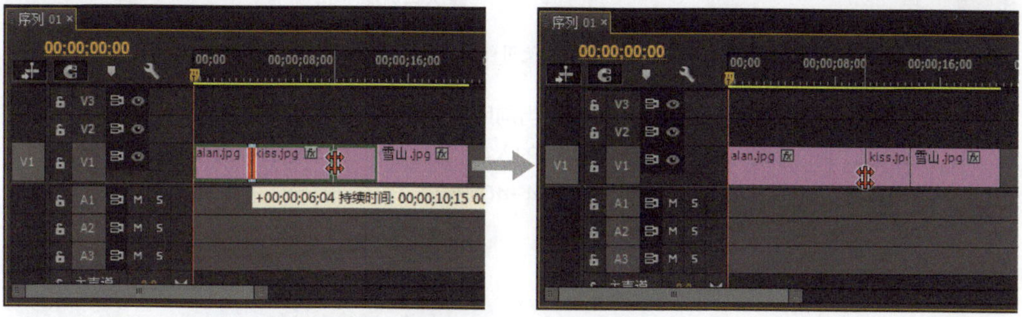

图 4-37 使用滚动编辑工具

- 剃刀工具：选择剃刀工具后，在素材剪辑上需要分割的位置单击，可以将素材分为两段，然后根据需要对分割出来的剪辑进行移动、修剪或删除等操作，如图4-38所示。

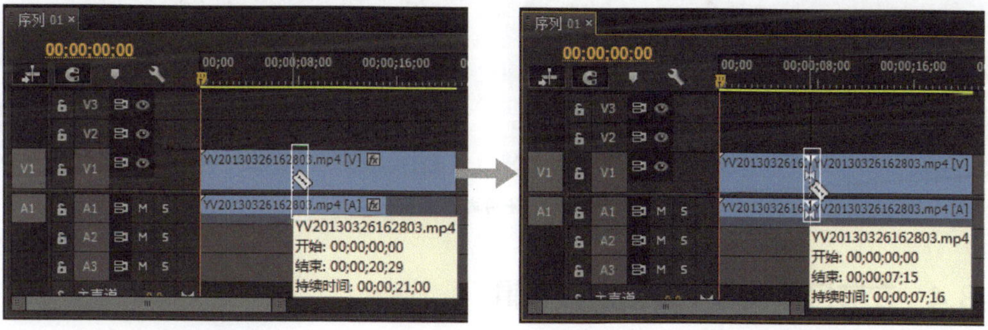

图 4-38 使用剃刀工具

- 外滑工具：该工具主要用于改变动态素材剪辑的入点和出点，保持其在轨道中的长度不变，不影响相邻的其他素材，但其在序列中的开始画面和结束画面发生相应改变。选取该工具后，在轨道中的动态素材上按住并向左或向右拖动，可以使其在影片序列中的视频入点与出点向前或向后调整。同时，在节目监视器窗口中也将同步显示对其入点与出点的修剪变化，如图4-39所示。

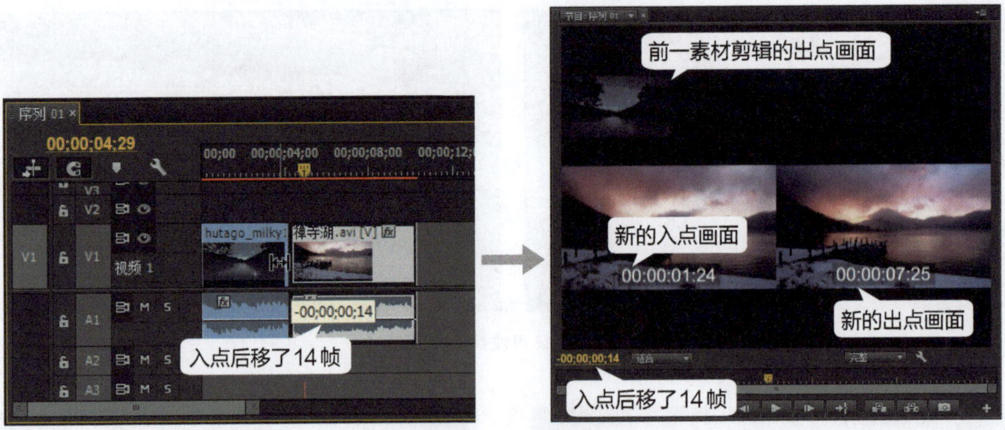

图 4-39 使用外滑工具

- 内滑工具：使用该工具，可以保持当前所操作素材剪辑的入点与出点不变，改变其在时间线窗口中的位置，同时调整相邻素材的入点和出点。同时，在节目监视器窗口中也将同步显示对其入点与出点的修剪变化，如图4-40所示。

图 4-40 使用内滑工具

4.3.4 在节目监视器中编辑素材剪辑

在节目监视器窗口中，可以使用鼠标直接对素材剪辑的图像进行移动位置、缩放大小以及旋转角度的编辑操作，与在效果控件面板中对素材剪辑的“运动”选项进行调整的效果相同。

01 将导入的图像素材加入时间轴窗口的视频轨道后，在节目监视器窗口中单击“选择缩放级别”下拉按钮，设置监视器窗口的图像显示比例为可以完整显示出图像原本大小的比例，如图4-41所示。

02 在节目监视器窗口中双击素材图像，进入其对象编辑状态，图像边缘将显示控制边框，如图4-42所示。

图 4-41 选择显示比例

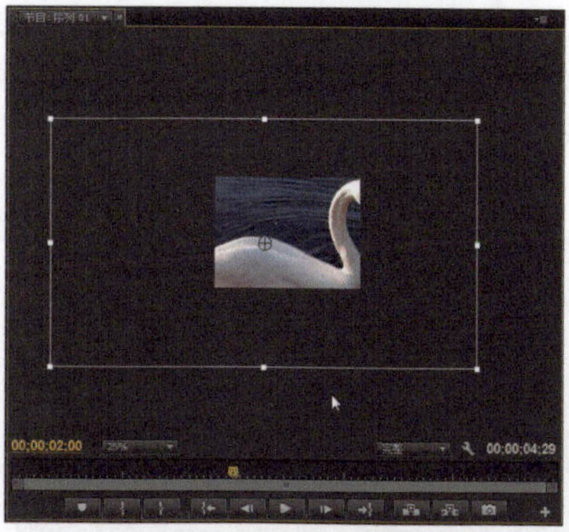

图 4-42 开启对象编辑状态

03 在素材剪辑的控制框范围内按住鼠标左键并拖动，即可将素材图像移动到需要的位置，如图4-43所示。

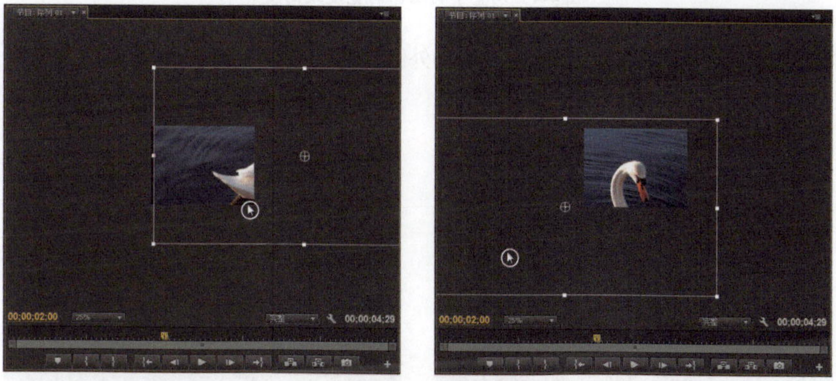

图 4-43 移动素材剪辑的位置

04 将鼠标指针移动到素材图像边框的控制点上，当鼠标指针改变形状后按住并拖动，即可对素材图像的尺寸进行缩放，如图4-44所示。

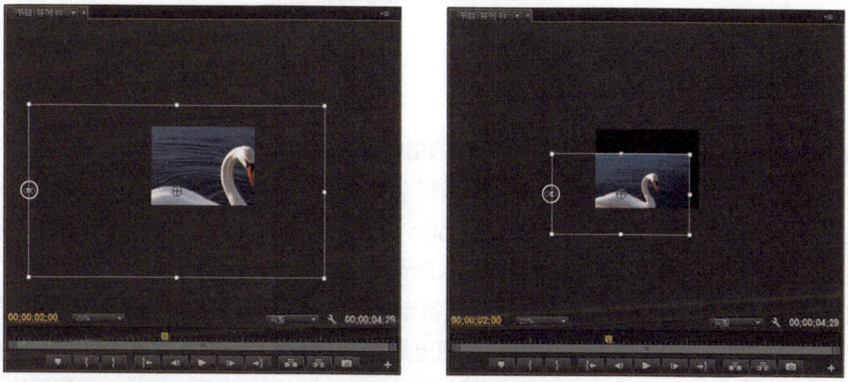

图 4-44 缩放图像大小

05 在效果控件面板中展开该素材剪辑的“运动”选项组，取消对“缩放”选项中“等比缩放”复选框的勾选后，在节目监视器窗口中可以用鼠标对素材图像的宽度或高度进行单独的调整，如图4-45所示。

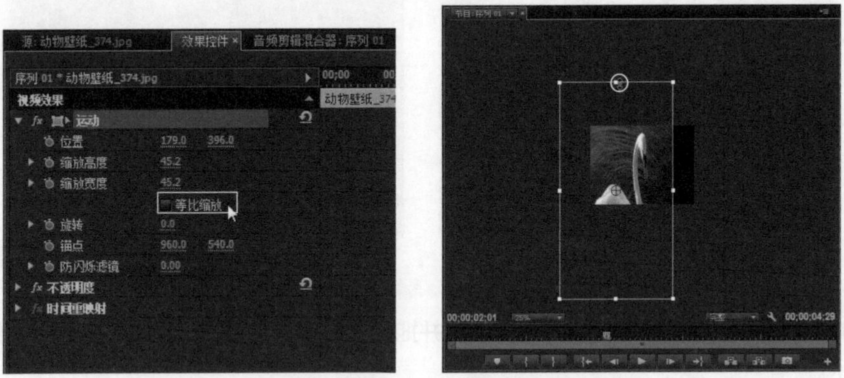

图 4-45 调整素材图像的宽度或高度

06 将鼠标指针移动到素材图像边框上控制点的外侧，当鼠标指针改变形状后按住并拖动，可以对素材图像进行旋转调整，如图4-46所示。

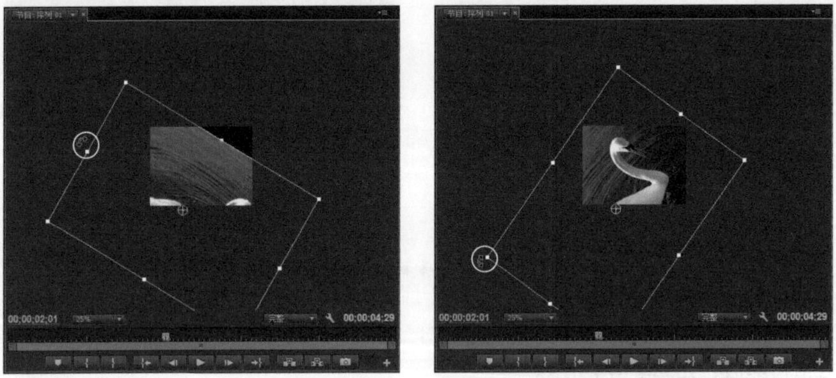

图 4-46 旋转素材图像的角度

4.3.5 编辑原始素材

Premiere Pro CC是一款专业的影视后期编辑软件，并不具备各种媒体素材原本属性的专业处理功能。例如，虽然可以在Premiere Pro中编辑字幕效果，但只能应用一些基本的效果样式，不能进行变形、引用滤镜等图像处理，而使用Adobe Photoshop则可以编辑出效果多样、造型美观的文字效果，生成的PSD图像文件可以直接导入Premiere Pro使用，Photoshop也就成了制作影片标题文字的得力助手；Premiere Pro也不具备专业的矢量图形编辑功能，同样也可以与Adobe Illustrator这款专业的矢量绘图软件相配合，编辑出美观的矢量造型图像导入Premiere Pro使用。在影片编辑过程中，如果需要对这些素材剪辑进行修改处理，可以通过执行“编辑→编辑原始”命令，启动系统中与该类型文件相关联的默认程序进行编辑，随时根据需要调整素材剪辑的图像效果。例如，对于PSD图像素材剪辑，在对其执行“编辑原始”命令后，即可启动Photoshop程序来进行修改编辑，调整好需要的效果后执行保存并退出，即可在影片项目中应用新的图像效果，如图4-47和图4-48所示。

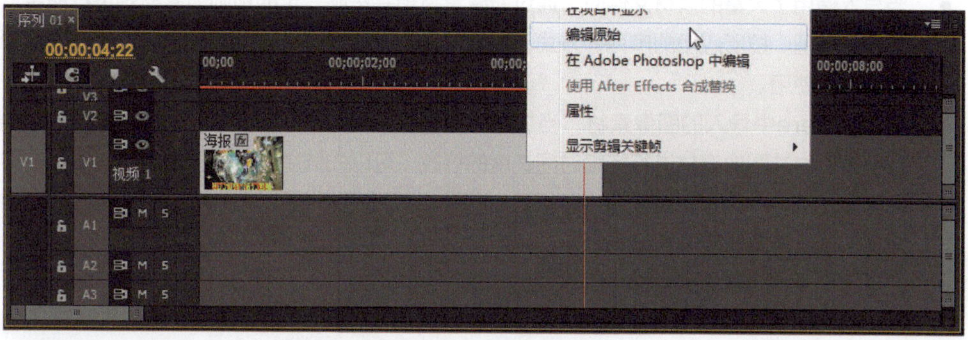

图 4-47 选择“编辑原始”命令

图 4-48 编辑PSD原始图像

4.4 本章知识小结

本章介绍了有关素材的导入、管理、编辑的方法。读者在学习的过程中，应重点掌握在时间轴窗口中对素材剪辑的编辑方法，因为使用Premiere Pro CC进行视频编辑的大部分操作都是在时间轴窗口中进行的。在学习了本章之后，后面的编辑操作将会更加方便和顺利。

- 使用Premiere Pro CC进行的视频编辑，主要是对已有的素材文件进行重新编辑，所以在进行视频编辑之前，首先要将所需的素材导入Premiere的项目窗口中。静态图像、视频文件和音频素材是在Premiere中进行影视编辑所应用的基本素材类型，这些素材的导入方法比较简单。在导入PSD、序列图像等特殊类型的素材文件时，根据素材文件自身的媒体特点，也有不同的对应设置。

- 当导入使用了大量的素材文件时，通过新建素材箱并按照一定的规则为素材箱进行命名，如按素材类型、按所应用的序列等方式，将素材科学合理地进行分类存放，可以更方便编辑工作的选取使用。
- 在Premiere中导入的图像素材，当加入时间轴窗口时，默认的持续时间长度为5秒。要对项目窗口中的图像素材进行持续时间长度的修改，可以先选中该素材，然后单击鼠标右键，在弹出的菜单中选择“速度/持续时间”命令，即可在打开的“速度/持续时间”对话框中对素材的持续时间长度进行设置。
- 在进行需要应用大量图像素材的项目编辑时，可以先对要导入图像素材的持续时间进行修改设置，这样可以使这些图像素材在导入后就获得需要的持续时间，不用在加入时间轴后再逐个调整。执行“编辑→首选项→常规”命令，打开“首选项”对话框，在“常规”选项中，重新设置所需要的时间长度值。例如，目前项目的速率为每秒25帧，如果需要将素材的默认持续时间改为10秒，那么只需要把这里的“静止图像默认持续时间”数值改为250即可。
- 在素材来源窗口中打开一个素材，然后在时间轴窗口中定位需要插入素材的时间指针的位置，可以通过预览监视器窗口中的画面进行调整时间指针的位置；单击素材来源窗口中的插入按钮，此时，素材来源窗口中的素材便可插入时间轴窗口时间指针目前的位置了。
- 在时间轴窗口中，为避免对完成编辑的轨道内容误操作，可以通过锁定轨道的方法，使指定轨道中的素材内容暂时不能被编辑。将鼠标指针移动到目标轨道的面板上，单击“切换轨道锁定”小方框，当出现一个锁定轨道标记后，即表示该轨道已经被锁定了，锁定后的轨道上将出现灰色的斜线来标示。再次单击该标记，即可解除对该轨道的锁定状态，恢复对该轨道的编辑操作。
- 将素材加入时间轴以后，可以为其设置入点与出点，使该段素材在播放时只显示需要的素材。将时间指针移动到需要设置素材的入点位置，然后将鼠标指针移动到素材的开头，当鼠标指针变为一个红色箭头标记时，按住鼠标左键向右拖动素材到时间指针位置，即可完成素材入点的设置；将时间指针移动到需要设置素材的出点位置，再将素材的结束处向左侧拖动，即可完成素材出点的设置。
- 对视频或音频素材的播放速率进行修改，可以使素材产生快速或慢速播放的效果。在时间轴窗口中选择需要修改播放速率的素材，然后单击工具栏中的“比率拉伸工具”，将指针移动到素材剪辑的开头或末尾，按住鼠标左键向左或向右拖动，即可在不改变素材内容长度的状态下，改变素材播放的时间长度，以达到改变素材播放速率的目的。

第 5 章

捕捉 DV 视频素材

本章知识介绍

本章主要介绍视频捕捉的方法以及相关知识。通过学习本章内容，读者可以学会进行视频素材的捕捉。

本章学习要点

- 了解视频捕捉的基础知识，如一般模拟视频的捕捉过程
- 掌握从 DV 进行视频捕捉的设置和操作
- 掌握通过 DV 进行批量视频捕捉的方法

5.1 连接DV到计算机

视频素材的捕捉是指将DV录像带中的模拟视频信号捕捉，转换成数字视频文件的过程。将拍摄了影视内容的DV录像带正确安装到摄像机中以后，通过专用数据线连接到计算机中安装的视频捕捉卡上并打开录像机，然后在Premiere Pro CC中对视频捕捉进行需要的设置。现在视频内容的拍摄基本上都使用数码摄像机了，使用DV录像带拍摄视频已经非常少见。本章将对使用DV录像带拍摄内容的采集捕捉进行简要的讲解，以方便读者在需要时参考使用。

对于数码摄像机拍摄的内容，可以通过读取摄像机的存储卡或者使用USB数据线连接到计算机，即可很方便地查看、复制所拍摄的内容。而使用DV摄像机拍摄的内容，则需要用专用的IEEE1394数据线连接DV摄像机和计算机上所安装的视频捕捉卡上的对应传输接口，然后就可以进行视频内容的采集捕捉了。

5.2 从DV捕捉视频

连接好了DV摄像机，在进行素材捕捉之前，还需要先在Premiere中设置好进行DV捕捉的参数选项，以更好地进行捕捉处理，得到理想的捕捉效果。

5.2.1 设置捕捉参数

1. “设置”选项卡

执行“文件→捕捉”命令，打开“捕捉”对话框，如图5-1所示。选择对话框右边的“设置”选项卡。

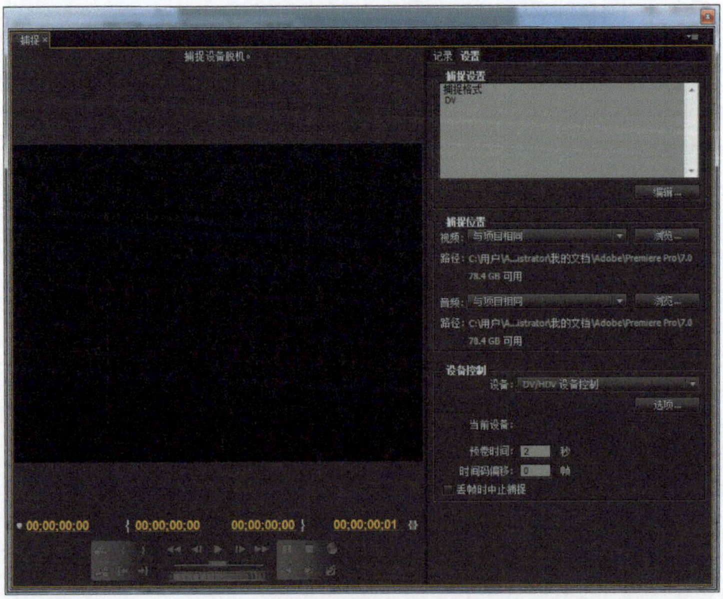

图5-1 “捕捉”对话框

（1）捕捉设置

单击上方的“编辑”按钮，在打开的“捕捉设置”对话框中展开“捕捉格式”列表项，根据所使用的具体硬件来选择对应的捕捉格式，如图5-2所示。

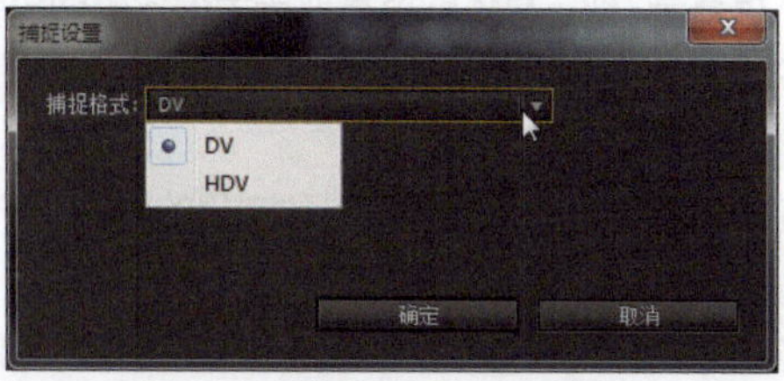

图 5-2 “捕捉设置”对话框

在“捕捉格式”下拉列表中选择捕捉的视频类型，这里只有DV和HDV格式。如果机器上安装了视频捕捉卡，还会出现如下参数选项。

- 捕捉视频：用来启用视频捕捉。
- 设备：用来设置捕捉设备的一些参数。
- 倒带时间：在控制设备的时候，制定视频捕捉在入点之前保留的时间，使设备倒带速度达到同步。该参数的默认设置是5秒，具体的设置取决于具体摄像机的类型。
- 时间码偏移：在控制设备的时候，调整视频上的时间标记（单位是1/4帧），使之符合原始录像带中正确的帧。
- 日志使用卷名：在控制设备的时候，该参数应用在批量捕捉中，用来选择使用的原始录像的名称。
- 捕捉音频：捕捉视频时包含音频。
- 丢失帧报告：捕捉结束时Premiere Pro CC将会显示一个消息框，报告丢失的帧。
- 有丢失帧，中断捕捉：在将视频资料数字化的时候，一旦出现丢失帧的情况，捕捉过程将会自动停止。
- 捕捉限制：在秒前面输入一次捕捉的最长时间，该时间限制参数应该和硬盘空间结合起来。

（2）捕捉位置

用于设置捕捉获取的视频、音频文件在计算机中的存放位置。在“捕捉位置”栏中有2个选项：视频和音频的存储位置的选择，如图5-3所示。可以通过单击“浏览”按钮更改存储路径。

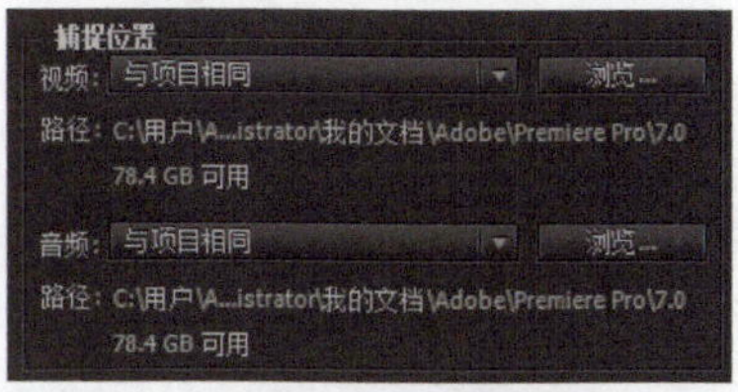

图 5-3 “捕捉位置”栏

（3）设备控制

该对话框位于“设置”选项卡的下方，在其中可以对捕捉的设置选项进行手动设置，如图5-4所示。下面介绍其中的各项参数。

- 设备：控制捕捉设备的参数。
- 当前设备：当前选中的设置。
- 预卷时间：在控制设备的时候，制定视频捕捉在入点之前保留的时间，使设备倒带速度达到同步。该参数的默认设置是2秒，具体的设置取决于摄像机的类型。
- 时间码偏移：在控制设备的时候，调整视频上的时间标记（单位是1/4帧），使之符合原始录像带中正确的帧。
- 丢帧时中止捕捉：勾选该选项，在将视频资料数字化的时候，一旦出现丢失帧的情况，捕捉过程将会自动停止。

在“设备”下拉列表中选择“无”，则使用程序进行捕捉过程的控制；选择“DV/HDV设备控制”，则可以使用连接的摄像机或其他相关设备进行捕捉过程的控制。单击“选项”按钮，可以在弹出的对话框中对所连接的设备进行指定与设置，如图5-5所示。

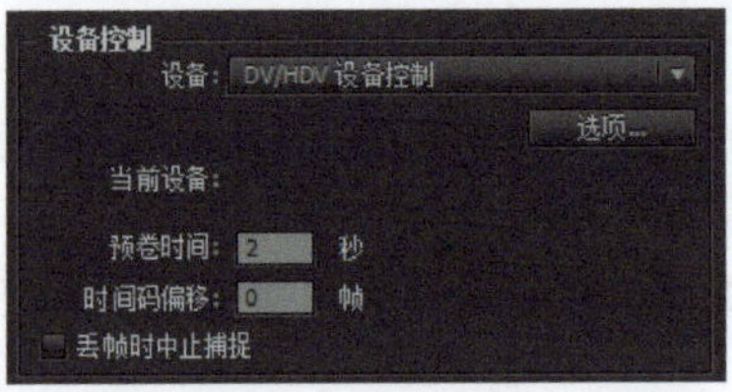

图5-4“设备控制”栏

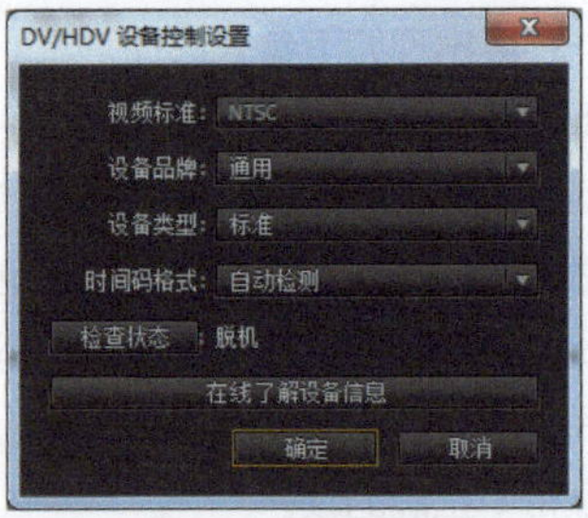

图5-5 打开“DV/HDV设备控制设置”对话框

2.“记录”选项卡

“记录”选项卡中的选项，用于对所捕捉生成的素材进行相关信息的设置，如图5-6所示。

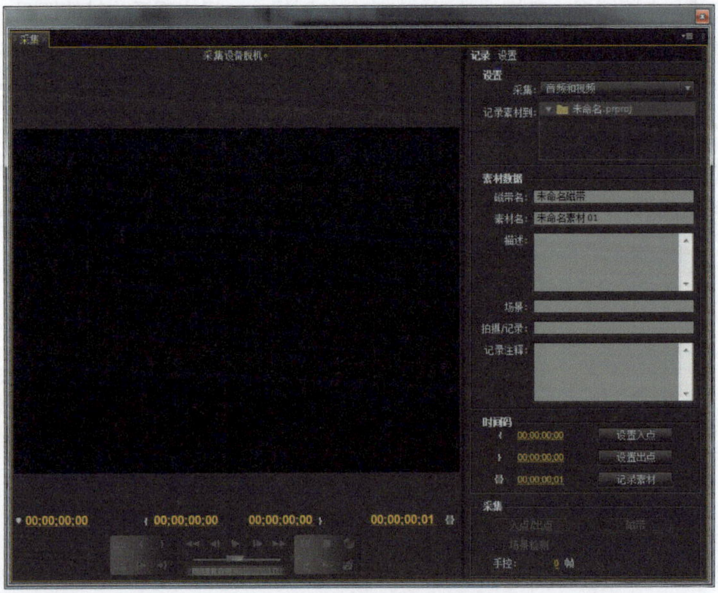

图5-6“记录”选项卡

- 采集：在该下拉列表中设置要捕捉的内容，包括“音频”“视频”“音频和视频”。
- 记录素材到：设置捕捉得到的媒体文件在保存到当前项目文件中的保存位置。如果在项目窗口中创建了素材箱，则可以在此选择将其保存到需要的素材箱中。
- 素材数据：为捕捉得到的媒体文件进行文件名、注释等信息的设置。
- 时间码：设置要从录像带中进行捕捉采集的时间范围，在设置好入点和出点后，单击“记录剪辑”按钮，存入要进行捕捉的范围。
- 采集：单击其中的“入点/出点”按钮，则开始捕捉采集上面设置的时间范围；单击“磁带”按钮，则捕捉整个磁带中的内容。
- 场景检测：勾选该选项，在捕捉过程中将自动侦测场景变化。如果录像带中拍摄的内容包含不同的场景，则会自动按场景的改变来分开采集。
- 手控：设置在指定的入点、出点范围之外采集的帧长度。

5.2.2 捕捉视频与音频

如果DV与IEEE 1394接口都已经连接好，就可以开始捕捉文件了，具体的操作步骤如下。

（1）将DV与IEEE 1394卡相连，具体的连接请参考硬件附带的说明书，在连接时要注意IEEE 1394卡的接口标准，有些是3针，有些是6针，如果接口不合适，要配备一个转接头。

（2）在Premiere Pro CC中单击“编辑”菜单，选择“参数选择”子菜单中的“设备控制”。

（3）如果1394接口与计算机连接完好，则在设备下拉菜单中可以检测到1394接口，并可以看到该视频捕捉卡的型号，如图5-7所示。

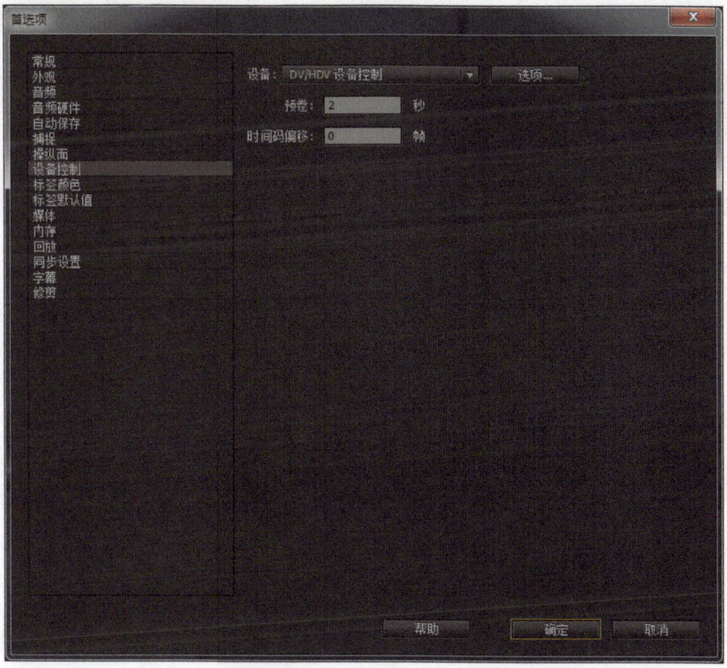

图5-7 “设备控制”选项

（4）单击“选项”按钮，打开“DV/HDV设备控制设置”对话框，如图5-8所示，在该处可以看到DV的品牌与型号设置。进行选择后，“检查状态”选项中的“脱机”将变成“设备已连接”。下面就可以进行捕捉工作了。

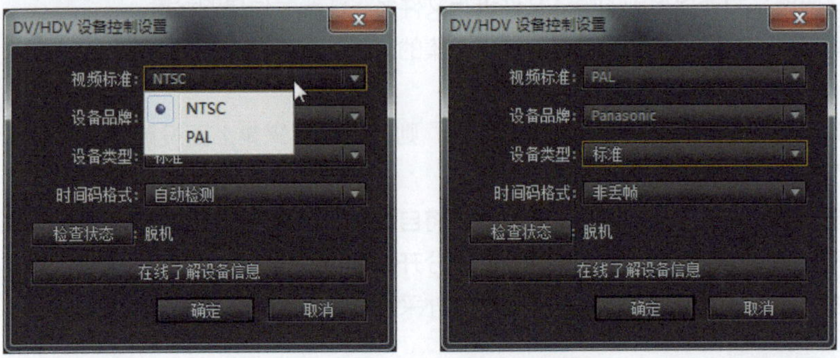

图 5-8 “DV/HDV 设备控制设置”对话框

（5）执行“文件→捕捉”命令，打开“捕捉”对话框，如图5-9所示。对话框的左边显示影像内容，影像下方有捕捉控制按钮，与家用录像机的相似；右边显示影带名称、长度等相关数据信息。

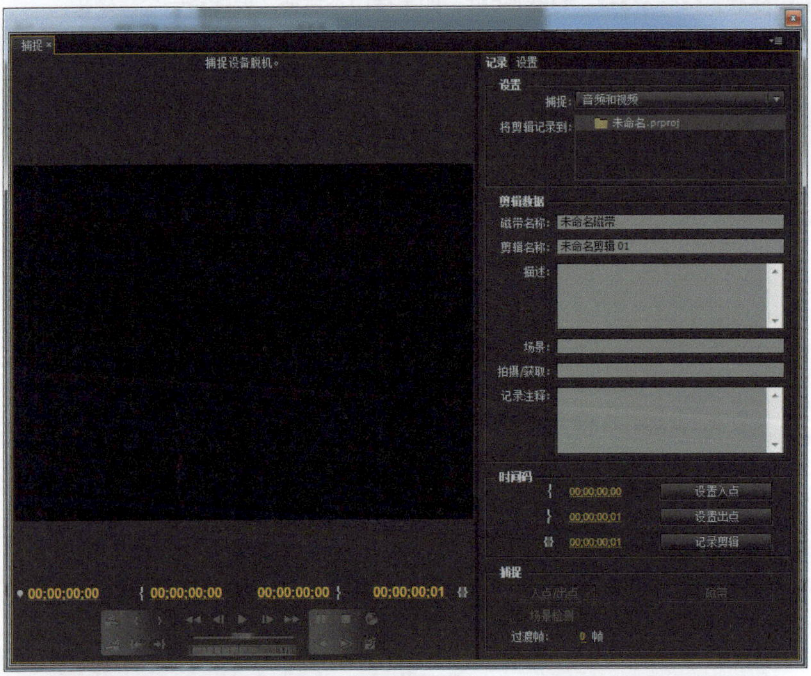

图 5-9 “捕捉”对话框

（6）在“时间码”栏中，设置好要捕捉的入点、出点后，分别单击“设置入点”“设置出点”按钮，然后单击“记录剪辑”按钮存入捕捉点，接着在“剪辑数据”栏中输入文件名就可以开始捕捉了，如图5-10所示。

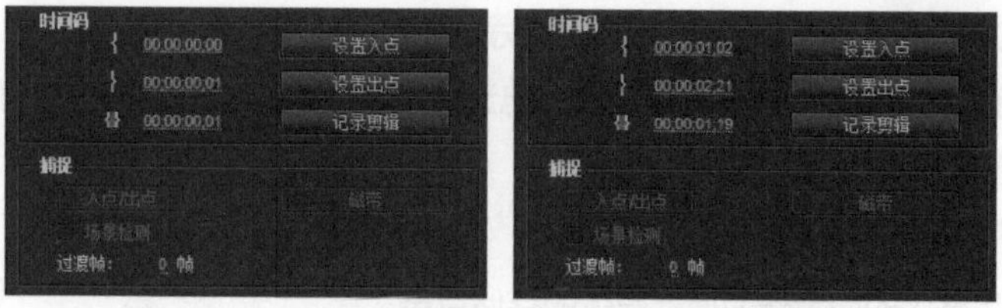

图 5-10 设置“时间码”

为了保证能够捕捉到良好的画质，建议在捕捉的过程中关掉其他正在运行的程序。到此，视频的捕捉就完成了。

5.2.3　批量捕捉DV视频

用户常常会被AVI文件的2G或者4G限制所困扰。其实，如果使用1394卡捕捉DV格式的AVI，并使用Premiere Pro CC中的“批量捕捉”命令，就可以很好地解决这个问题。也就是说不是捕捉一个大的 AVI，而是可以无缝捕捉若干个小的AVI。

批量捕捉的具体操作步骤如下。

（1）连接好DV摄像机，通电并将摄像机设置为VCR状态，运行Premiere Pro CC，设置好捕捉目录，选择菜单“文件→批量捕捉”命令。

（2）在系统弹出的窗口中，选择下面的新建按钮，系统将会弹出下一级的设置窗口。由于设备有限，所以只能列出各项参数。

- Reel Name：DV带的编号（卷名），同一卷DV带应该用同一个编号，如007。
- File Name：第1个AVI的文件名。
- Log Comment：说明性的描述，可以忽略。
- In Time：起始时间，格式为“小时:分钟:秒:帧”。这里要强调的是，由于摄像机机械运转反应有延迟，所以，第1段的起始时间不能为0秒0帧，比如可以设置为从DV带开头的5秒起捕捉。
- Out Time：结束时间。根据个人情况而定，比如可以设置为每段15分钟，这样一个文件大约有3G多。一盘DV带的批捕捉设置，共有5个文件，文件名为01～05。由于每个DV带的拍摄时间不一样，所以，拍摄完一盘DV带后，不要急于倒带，先在DV上看一下结尾部分，准确地记录下它的结束时间，比如1小时2分34秒03帧，那么最后一个AVI也可以设定为从45分00秒01帧到1小时00分00帧。双击某一行，可以修改捕捉的时间设定、文件名等。

（3）设置好之后，选择下面红色的录制按钮，再选择确定即可。

（4）录制到第1个文件结束，程序会自动存盘，并控制DV机倒带若干秒，然后控制DV机播放，再从设定的入点开始录制下一段。录制好的文件名前面的小黑色方块变为一个对钩，如果捕捉失败，则显示红色的叉。

5.2.4　视频捕捉中的注意事项

视频捕捉对计算机来说是一项相当耗费资源的工作，要在现有的计算机硬件条件下最大限度地发挥计算机的效能，需要注意如下事项。

1. 退出其他程序，保证最大化内存支持

退出其他正在运行的程序，包括防毒程序、电源管理程序等，释放内存，尽可能地为Premiere Pro提供足够的内存支持。

2. 准备足够的磁盘空间

选取剩余空间足够大的磁盘作为捕捉媒体的存储目录。

3. 保持磁盘良好的工作状态

如果近期没有进行过磁盘碎片整理，建议先运行磁盘碎片整理程序和磁盘清理程序，如图5-11所示，使作为存储目录的磁盘保持良好的工作状态，优化捕捉视频的存取速度。

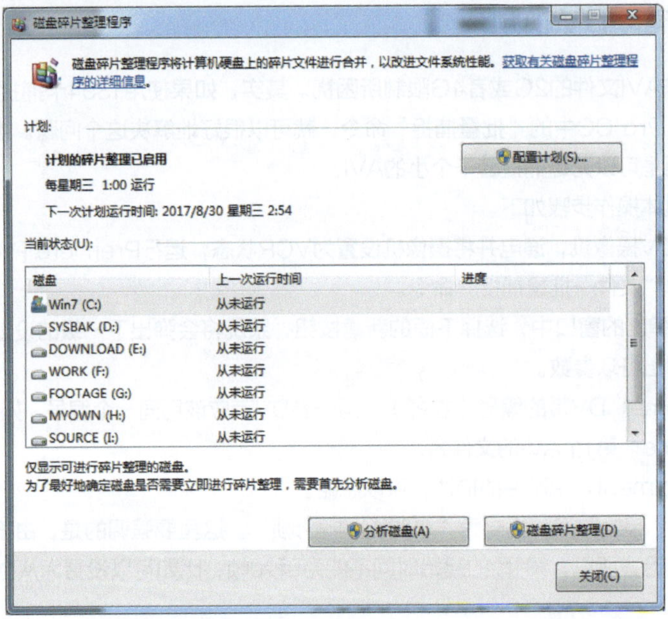

图5-11 磁盘碎片整理程序

捕捉时需要选中一个剩余空间较大的磁盘盘符，单击“磁盘碎片整理”按钮，系统就开始整理磁盘碎片了。磁盘碎片整理可以释放一定的硬盘空间，优化影片的存取速度，在对硬盘存取文件速度要求很高的视频捕获工作中，对硬盘进行优化是很有必要的。

4. 对时间码进行校正

如果要更好地捕捉影片和更顺畅地控制设备，应校正DV录像带的时间码。而要获取校正时间码，则必须在拍摄视频前先使用标准的播放模式从头到尾不中断地录制视频，也可以采用在拍摄时用不透明的纸或布来盖住摄像机的方法。

5. 关闭屏幕保护程序

在此还有一点是需要用户特别注意的，就是一定要停止屏幕保护。因为如果打开它，在启动的时候往往可能会终止捕捉工作，前功尽弃。

5.3 本章知识小结

本章讲解了视频捕捉的理论知识、捕捉的参数设置和具体的操作方法。需要重点掌握的是从DV捕捉视频的方法以及批量捕捉。通过学习本章内容，读者应该熟练掌握这两个要点，从而可以保证DV捕捉到的视频文件符合编辑的需要。

- 视频素材的捕捉，是指将DV录像带中的模拟视频信号捕捉，转换成数字视频文件的过程。将拍摄了影视内容的DV录像带正确安装到摄像机中以后，通过专用数据线连接到计算机中安装的视频捕捉卡上并打开录像机，然后在Premiere Pro CC中对视频捕捉进行需要的设置。
- 连接好了数码摄像机，在进行素材捕捉之前，还需要先在Premiere中设置好进行DV捕捉的参数选项，以更好地进行捕捉处理，得到理想的捕捉效果。选择“文件→捕捉”命令，打开“捕捉”对话框，根据实际需要和DV磁带中的视频内容进行各项参数的设置。
- 采用批量捕捉的方式，可以让 Premiere对DV磁带中的视频内容进行分段连续捕捉并保存，这样既可以解决捕捉文件单个尺寸大小限制的问题，又可以准确地捕捉到前后连续的视频内容。
- 视频捕捉是花费大量系统资源的操作。为了更好地保证视频捕捉工作的顺利完成，除了计算机系统的硬件和软件要达到必要的配置条件外，还需要注意对系统进行优化，为视频捕捉准备足够的系统可用资源、磁盘空间等。

第6章 视频过渡的应用

本章知识介绍

本章主要介绍Premiere Pro CC视频编辑处理中，为素材片段添加视频过渡效果的操作。通过学习本章内容，读者将熟悉并掌握各个视频过渡效果的应用方法，使影片中画面的切换更加美观。

本章学习要点

- 掌握视频过渡效果的添加、设置以及替换与删除的方法
- 了解各种视频过渡效果的设置方法
- 熟悉各种视频过渡的应用效果

6.1 视频过渡效果的应用

视频过渡效果是添加在序列中素材剪辑的开始、结束位置，或素材剪辑之间的特效动画，使素材剪辑在影片中的出现或消失、素材影像间的切换变得平滑流畅。

6.1.1 视频过渡效果的添加

在“效果”面板中展开“视频过渡”文件夹并打开需要的视频过渡类型文件夹，然后将选取的视频过渡效果拖动到时间轴窗口中素材的头尾或相邻素材间相接的位置即可，如图6-1所示。

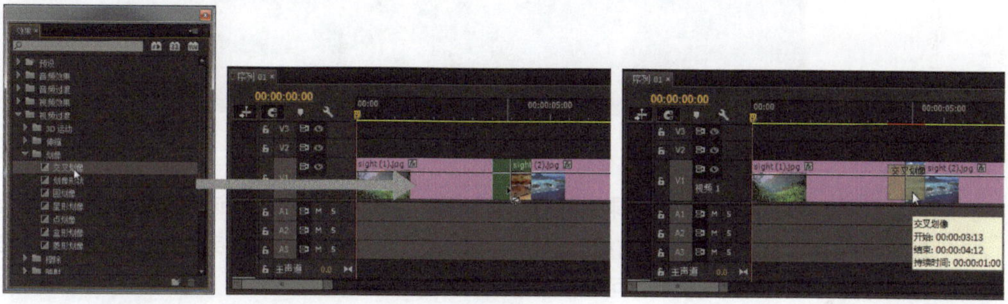

图 6-1 添加视频过渡效果

6.1.2 视频过渡效果的设置

在对时间轴窗口中的素材剪辑添加了过渡效果后，会在该素材剪辑上显示过渡效果图标。点选该效果图标，可以打开“效果控件”面板，对过渡效果进行预览和设置，如图6-2所示。

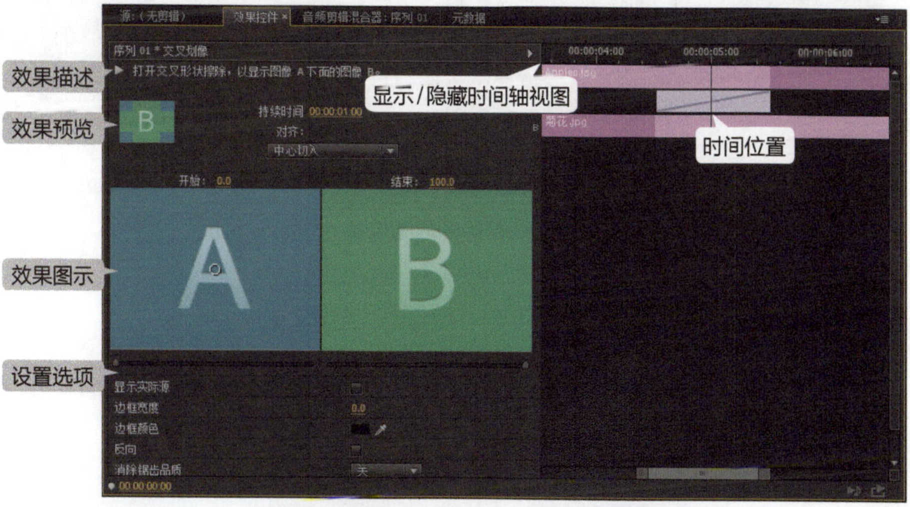

图 6-2 视频过渡效果设置

- 播放过渡 ：单击该按钮，可以在下面的效果预览窗格中播放该过渡效果的动画效果。

- 显示/隐藏时间轴视图 ：单击该按钮，可以在“效果控件”面板右边切换时间轴视图的显示，如图6-3所示。

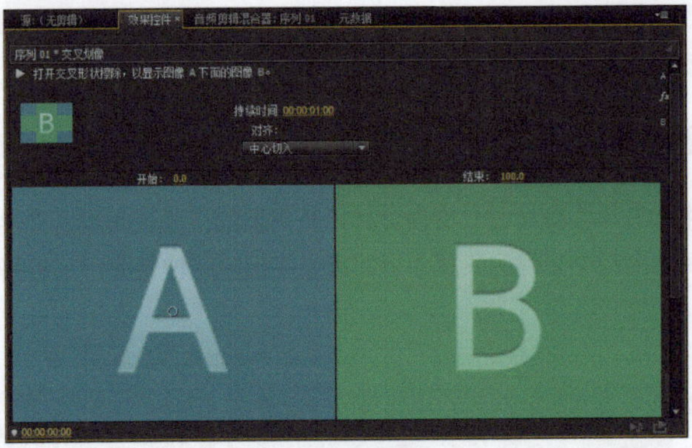

图 6-3 隐藏时间轴视图

- 持续时间：显示了视频过渡效果当前的持续时间。将鼠标指针移动到该时间码上，当鼠标指针变成 样式后，按住并左右拖动鼠标，可以对过渡动画的持续时间进行缩短或延长。单击该时间码进入其编辑状态，可以直接输入需要的持续时间。

提示 在素材剪辑的过渡效果图标上双击鼠标左键，或者单击鼠标右键并选择“设置过渡持续时间”命令，可以在打开的对话框中快速设置需要的过渡动画持续时间，如图6-4所示。

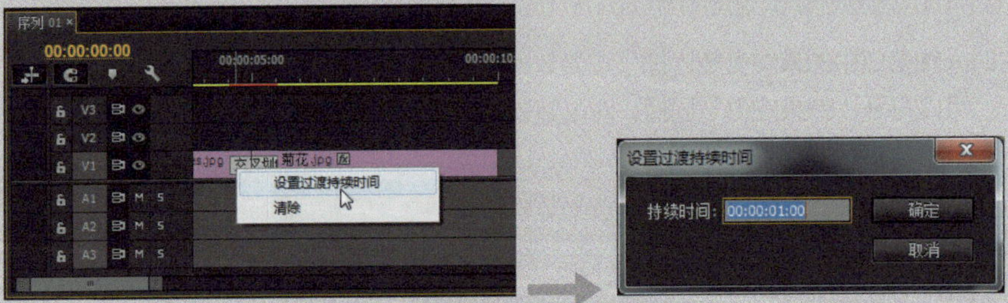

图 6-4 设置过渡持续时间

- 对齐：在该下拉列表中选择过渡动画开始的时间位置，如图6-5所示。

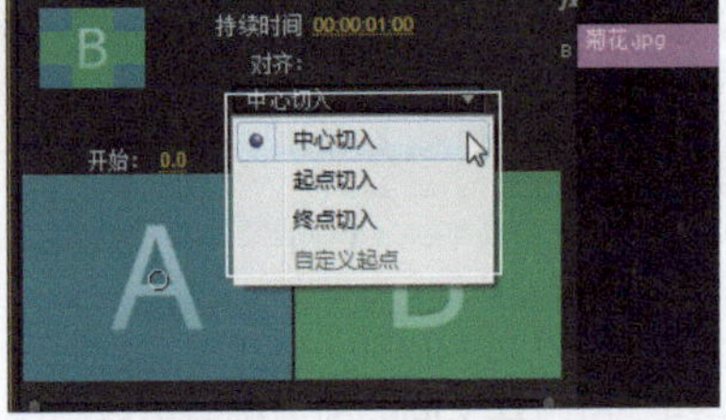

图 6-5 设置对齐方式

◎ 中心切入：过渡动画的持续时间在两个素材之间各占一半。
◎ 起点切入：在前一素材中没有过渡动画，在后一素材的入点位置开始。
◎ 终点切入：过渡动画全部在前一素材的末尾。
◎ 自定义起点：将鼠标指针移动到时间轴视图中视频过渡效果持续时间的开始或结束位置，当鼠标指针改变形状后，按住并左右拖动鼠标，即可对视频过渡效果的持续时间进行自定义设置，如图6-6所示。将鼠标指针移动到视频过渡效果持续时间的中间位置，当鼠标指针改变形状后，按住并左右拖动鼠标，可以整体移动视频过渡效果的时间位置，如图6-7所示。

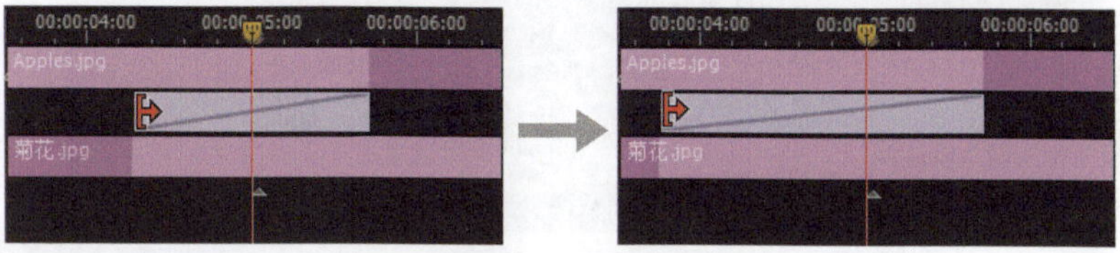

图6-6 自定义视频过渡持续时间

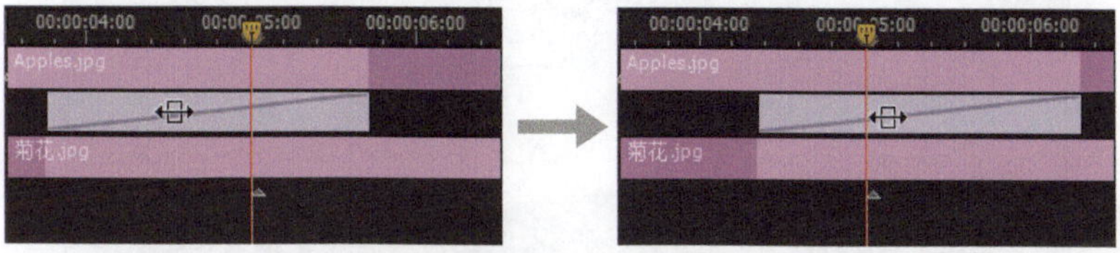

图6-7 移动视频过渡的时间位置

- 开始/结束：设置过渡效果动画进程的开始或结束位置，默认为从0开始，结束于100%的完整过程；修改数值后，可以在效果图示中查看过渡动画的开始或结束位置。拖动效果图示下方的滑块，可以预览当前过渡效果的动画效果；其停靠位置也可以对动画进程的开始或结束百分比位置进行定位，如图6-8所示。

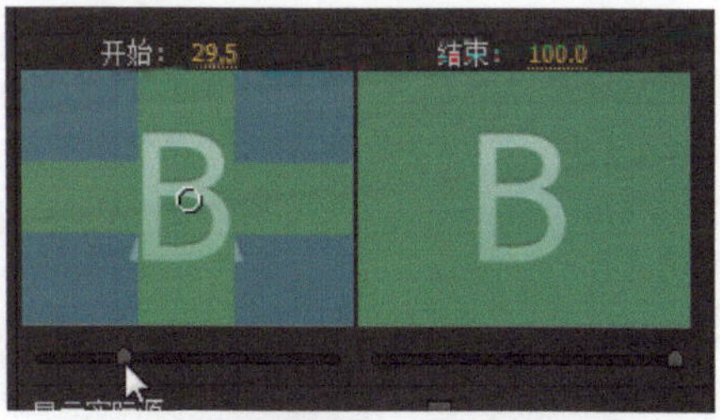

图6-8 设置过渡动画进程的开始或结束位置

- 显示实际源：勾选该选项，可以在效果预览、效果图示中查看应用该过渡效果的实际素材画面，如图6-9所示。
- 边框宽度：用于设置过渡形状边缘的边框宽度，如图6-10所示。
- 边框颜色：单击该选项后面的颜色块，在弹出的拾色器窗口中可以对过渡形状的边框颜色进行设置；单击颜色块后面的吸管图标，可以点选吸取界面中的任意颜色作为边框颜色，如图6-11所示。

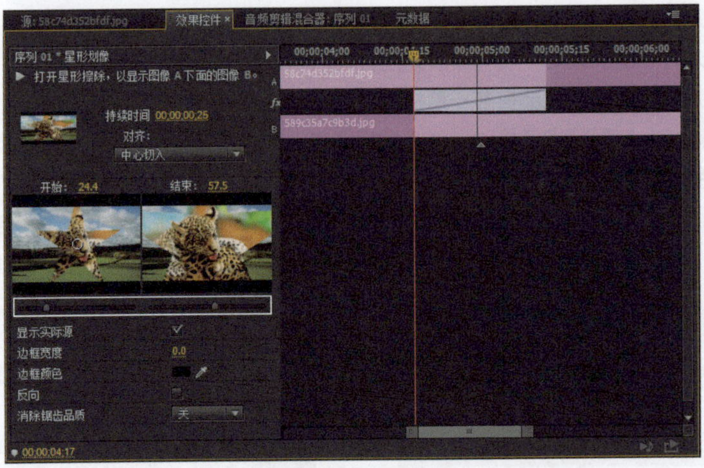

图 6-9 显示实际源

图 6-10 设置边框宽度

图 6-11 设置边框颜色

- 反向：对视频过渡的动画过程进行反转，例如，将原本的由内向外展开，变成由外向内关闭。
- 消除锯齿品质：在该选项的下拉列表中，对过渡动画的形状边缘消除锯齿的品质级别进行选择。

6.1.3 视频过渡效果的替换与删除

对于素材剪辑上不再需要的视频过渡效果，可以在素材剪辑上添加的过渡效果图标上单击鼠标右键并选择“清除”命令，或直接按下Delete键，即可删除对其的应用，如图6-12所示。

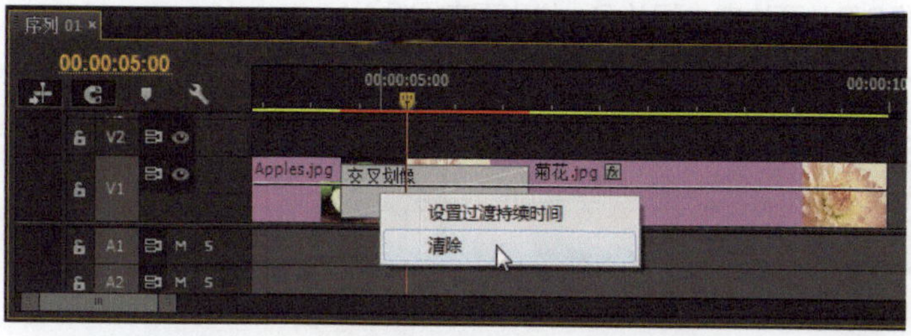

图 6-12 清除视频过渡效果

如果要将已经添加的一个视频过渡效果替换为其他效果，无须将原来的过渡效果删除再添加，只需要在“效果”面板中点选新的视频过渡效果后，按住并拖动到时间轴窗口中，覆盖掉素材剪辑上原来的视频过渡效果即可，如图6-13所示。

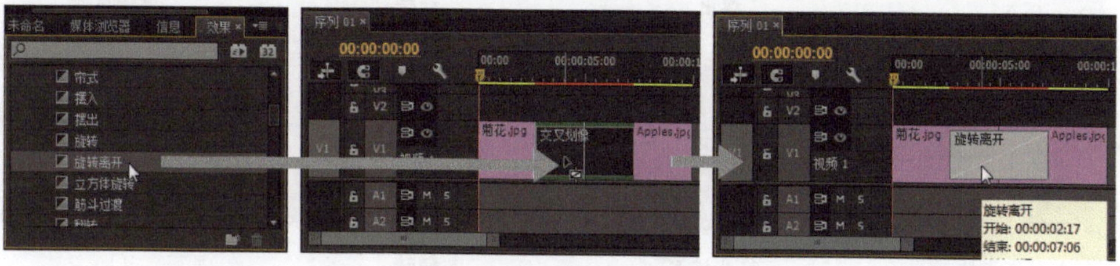

图 6-13 替换视频过渡效果

6.2 视频过渡的分类详解

Premiere Pro CC在“效果”面板中提供了10个大类共70多个过渡效果，下面分别对这些视频过渡效果的应用效果进行介绍。

6.2.1 3D运动

3D运动类过渡包含10个特效，主要是使最终展现的图像B以类似在三维空间中运动的形式出现并覆盖原图像A，如图6-14所示。

- 向上折叠：图像A像纸张一样反复折叠，逐渐变小，显示出图像B。
- 帘式：图像A呈掀起的门帘状态时，图像B随之出现。
- 摆入：图像B像钟摆一样摆入，逐渐遮盖住图像A。
- 摆出：图像B以单边缩放的方式，逐渐遮盖图像A。
- 旋转：图像B旋转出现在图像A上，从而盖住图像A。
- 旋转离开：类似“旋转”效果，在视觉上呈现由远到近或由近到远的效果。

- 立方体旋转：将图像B和图像A作为立方体的两个相邻面，像一个立方体逐渐从一个面旋转到另一面。
- 筋斗过渡：图像A水平翻转并逐渐缩小、消失，图像B随之出现。
- 翻转：图像A翻转到图像B，通过旋转的方式实现空翻的效果。
- 门：图像B像从两边向中间关门一样出现在图像A上。

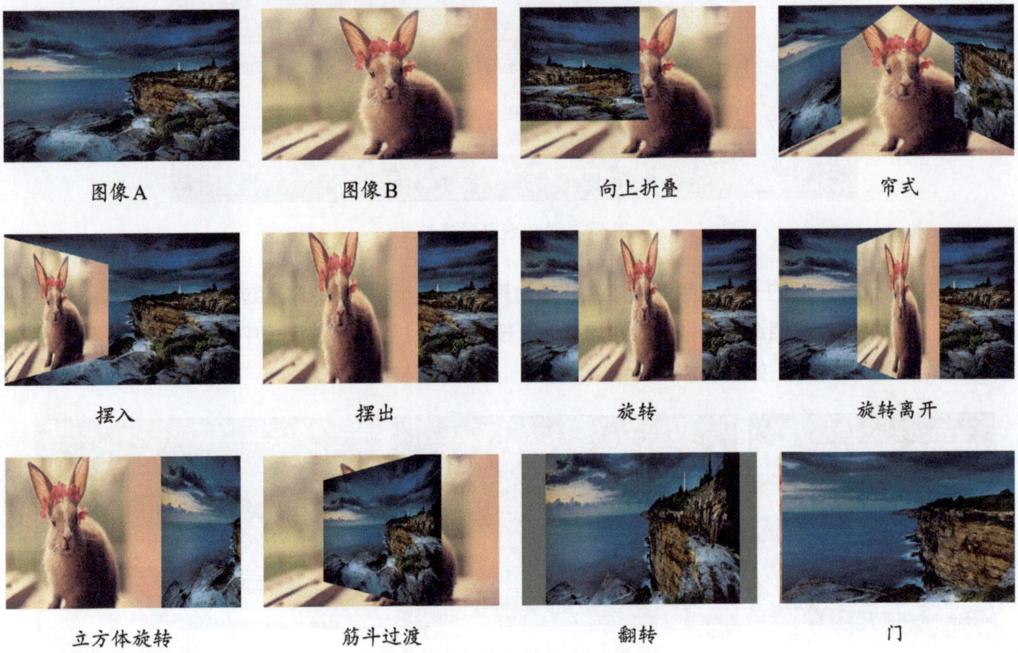

图6-14 3D运动类过渡效果

6.2.2 伸缩

伸缩类过渡效果，主要是将图像B以多种形状展开，最后覆盖图像A，如图6-15所示。

- 交叉伸展：图像B从一边延展进入，同时图像A向另一边收缩消失。
- 伸展：图像A保持不动，图像B延展覆盖图像A。
- 伸展覆盖：图像B从图像A中心线性放大，覆盖图像A。
- 伸展进入：图像B从完全透明开始，以被放大的状态，逐渐缩小并变成不透明，覆盖图像A。

图6-15 伸缩类过渡效果

伸展

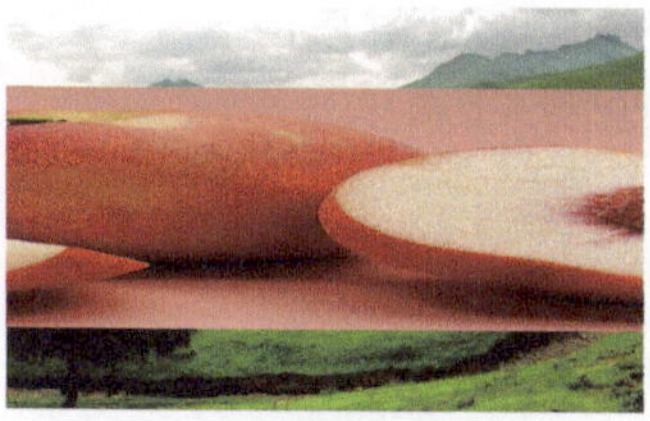

伸展覆盖

伸展进入

图 6-15 伸缩类过渡效果(续)

6.2.3 划像

划像类过渡效果，主要是将图像B按照不同的形状（如圆形、方形、菱形等）在图像A上展开，最后覆盖图像A，如图6-16所示。

图像A

图像B

交叉划像

划像形状

圆划像

星形划像

点划像

盒形划像

菱形划像

图 6-16 划像类过渡效果

- 交叉划像：图像B以十字形在图像A上展开。
- 划像形状：图像B以锯齿形状在图像A上展开。
- 圆划像：图像B以圆形在图像A上展开。
- 星形划像：图像B以星形在图像A上展开。
- 点划像：图像B以字母X字形在图像A上收缩覆盖。

- 盒形划像：图像B以正方形在图像A上展开。
- 菱形划像：图像B以菱形在图像A上展开。

6.2.4 擦除

擦除类过渡效果主要是将图像B以不同的形状、样式以及方向，通过类似像皮擦一样的方式将图像A擦除来展现出图像B，如图6-17所示。

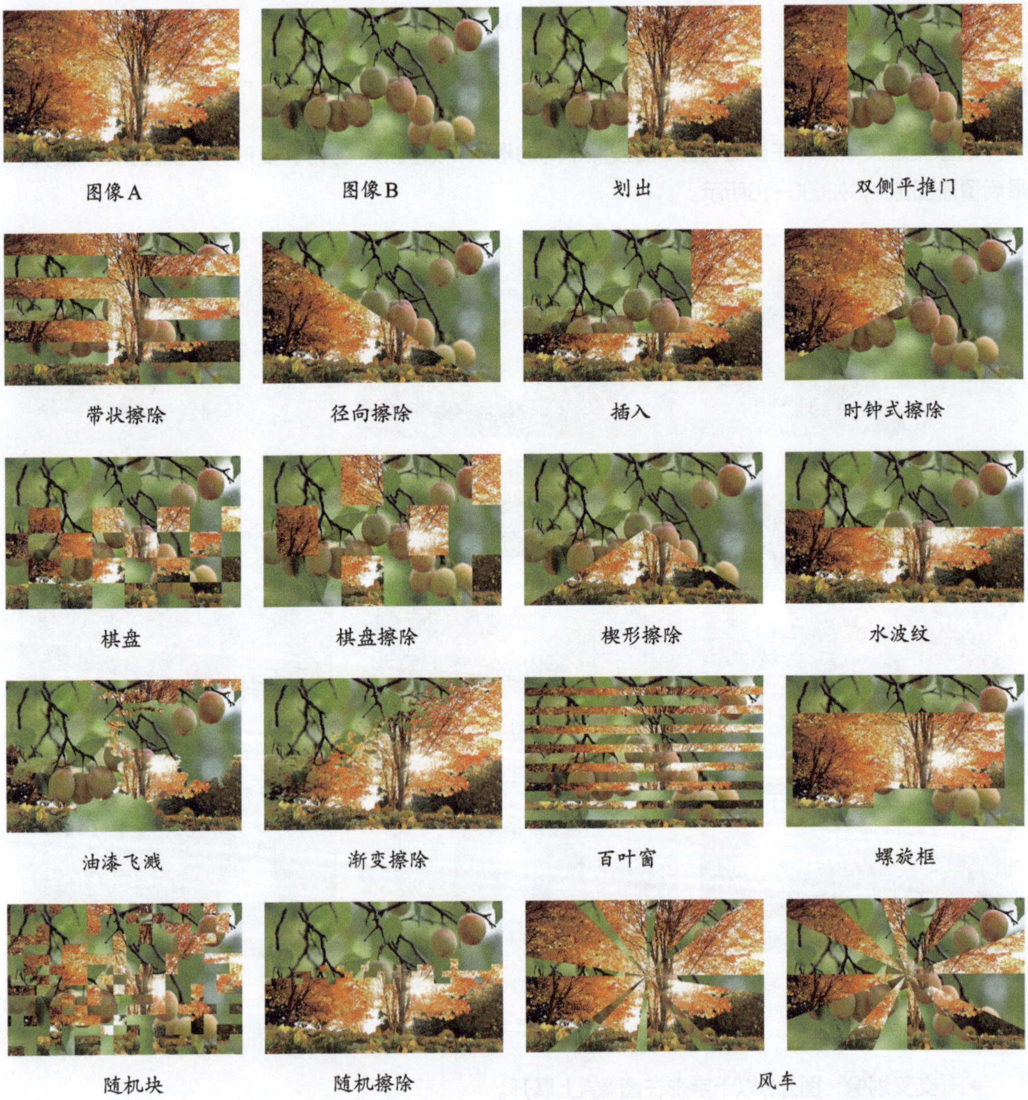

图6-17 擦除类过渡效果

- 划出：图像B逐渐擦除图像A。

- 双侧平推门：图像A以类似开门的方式切换到图像B。
- 带状擦除：图像B以水平、垂直或对角线呈条状逐渐擦除图像A。
- 径向擦除：图像B以斜线旋转的方式擦除图像A。
- 插入：图像B呈方形从图像A的一角插入。
- 时钟式擦除：图像B以时钟转动方式逐渐擦除图像A。
- 棋盘：图像B以方格棋盘状逐渐显示。
- 棋盘擦除：图像B呈方块形逐渐显示并擦除图像A。
- 楔形擦除：图像B从图像A的中心以楔形旋转划入。
- 水波纹：图像B以来回往复换行推进的方式擦除图像A。
- 油漆飞溅：图像B以类似油漆泼洒飞溅的方式逐块显示。
- 渐变擦除：图像B以默认的灰度渐变形式，或依据所选择的渐变图像中的灰度变化作为渐变过渡来擦除图像A。
- 百叶窗：图像B以百叶窗的方式逐渐展开。
- 螺旋框：图像B以从外向内螺旋推进的方式出现。
- 随机块：图像B以块状随机出现擦除图像A。
- 随机擦除：图像B沿选择的方向呈随机块擦除图像A。
- 风车：图像A以风车旋转的方式被擦除，显露出图像B。

6.2.5 映射

映射类过渡效果主要是将图像的亮度或者通道映射到另一幅图像，产生两个图像中的亮度或色彩混合的静态图像效果。

- 通道映射：从图像A中选择通道并映射到图像B，得到两个图像中色彩通道混合的效果。在将该过渡效果添加到两个素材剪辑之间后，在弹出的“通道映射设置”对话框中，分别选择图像A中要映射到图像B中来进行运算的色彩通道；勾选“反转”选项，可以对该通道的擦除方式进行反转，如图6-18所示。

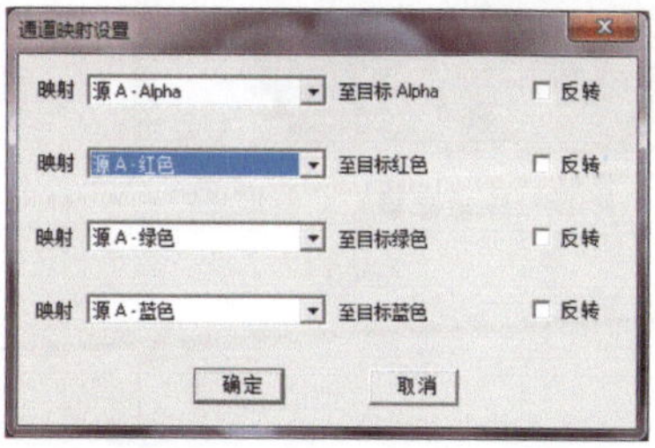

图 6-18 “通道映射设置”对话框

设置好需要的通道映射方式后，单击“确定”按钮，即可对所应用的素材剪辑执行过渡效果，如图6-19所示。

图 6-19 通道映射

- 明亮度映射：将图像A中像素的亮度值映射到图像B，产生像素的亮度混合效果，如图6-20所示。

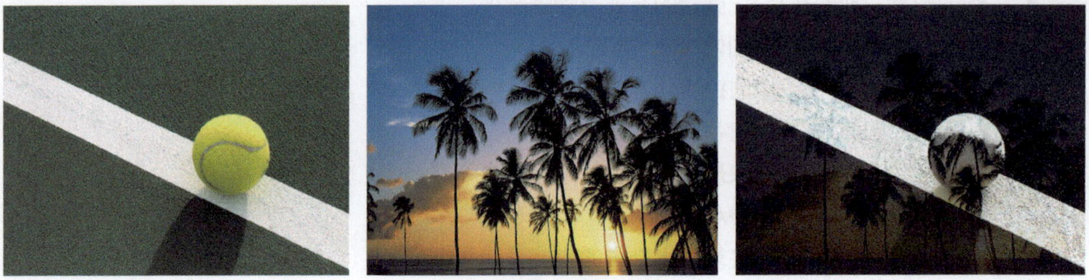

图6-20 明亮度映射

6.2.6 溶解

溶解类过渡效果主要是在两个图像切换的中间产生软性、平滑的淡入淡出的效果，如图6-21所示。

图6-21 溶解类过渡效果

- 交叉溶解：图像A与图像B同时淡化溶合。
- 叠加溶解：图像A和图像B进行亮度叠加的图像溶合。
- 抖动溶解：图像A以颗粒点状的形式逐渐淡化到图像B。
- 渐隐为白色：图像A先淡出到白色背景中，再淡入显示出图像B。
- 渐隐为黑色：图像A先淡出到黑色背景中，再淡入显示出图像B。

- 胶片溶解：图像A逐渐变色为胶片反色效果并逐渐消失，同时图像B也由胶片反色效果逐渐显现并恢复正常色彩。
- 随机反转：图像A先以随机方块的形式逐渐反转色彩，再以随机方块的形式逐渐消失，最后显现出图像B。
- 非附加溶解：将图像A中的高亮像素溶入图像B，排除两个图像中相同的色调，显示出高反差的静态合成图像。

6.2.7 滑动

滑动类过渡效果主要是将图像B分割成带状、方块状的形式，滑动到图像A上并覆盖，如图6-22所示。

图6-22 滑动类过渡效果

- 中心合并：图像A分裂成四块并向中心合并直至消失。
- 中心拆分：图像A从中心分裂并滑开显示出图像B。
- 互换：图像B与图像A前后交换位置。
- 多旋转：图像B被划分成多个方块形状，由小到大旋转出现，最后拼接成图像B并覆盖图像A。

- 带状滑行：图像B以间隔的带状推入，逐渐覆盖图像A。
- 拆分：图像A向两侧分裂，显示出图像B。
- 推：图像B推走图像A。
- 斜线滑动：图像B以斜向的自由线条方式划入图像A。
- 旋绕：图像B从旋转的方块中旋转出现。
- 滑动：此过渡效果的效果类似幻灯片的播放，图像A不动，图像B滑入覆盖图像A。
- 滑动带：图像B在水平或垂直方向从窄到宽的条形中逐渐显露出来。
- 滑动框：类似于“滑动带”效果，但是条形比较宽而且均匀。

6.2.8 特殊效果

特殊类过渡效果主要是利用通道、遮罩以及纹理的合成作用来实现特殊的过渡效果。

- 三维：把图像A映射到图像B的红色和蓝色通道中，形成混合效果，如图6-23所示。

图 6-23 三维

- 纹理化：将图像A映射到图像B上，如图6-24所示。

图 6-24 纹理化

- 置换：将图像A的RGB通道像素作为图像B的置换贴图，如图6-25所示。

图 6-25 置换

6.2.9 缩放

缩放类过渡效果主要是将图像A或图像B，以不同的形状和方式缩小消失、放大出现或者二者交替，以达到图像B覆盖图像A的目的，如图6-26所示。

图6-26 缩放类过渡效果

- 交叉缩放：图像A放大到撑出画面，然后切换到放大同样比例的图像B，图像B再逐渐缩小到正常比例。
- 缩放：图像B从图像A的中心放大出现。
- 缩放框：图像B以多个方块的形式从图像A上放大出现。
- 缩放轨迹：图像A以拖尾缩小的形式切换出图像B。

6.2.10 页面剥落

页面剥落类过渡效果主要是使图像A以各种卷页的动作形式消失，最后显示出图像B，如图6-27所示。

图6-27 页面剥落类过渡效果

- 中心剥落：图像A从中心向四角卷曲，卷曲完成后显示出图像B。
- 剥开背面：图像A由中心分四块依次向四角卷曲，显示出图像B。
- 卷走：图像A以滚轴动画的方式向一边滚动卷曲，显示出图像B。
- 翻页：图像A以页角对折形式消失，显示出图像B。在卷起时，背景是图像A。
- 页面剥落：类似“翻页”的对折效果，但卷起时背景是渐变色。

6.3 视频过渡效果应用实例

在Premiere中进行应用了大量图形素材的影片编辑时，常常需要应用多种视频过渡效果，它可以使画面的切换看起来更有动感。下面通过两个操作实例，进一步熟练掌握对过渡效果的应用。

6.3.1 功能实例——视频过渡综合运用：诱人的美食

01 启动Premiere Pro CC，单击“新建项目”选项，创建一个新项目文件，设置好保存位置和名称“诱人的美食”后，单击“确定”按钮，如图6-28所示。

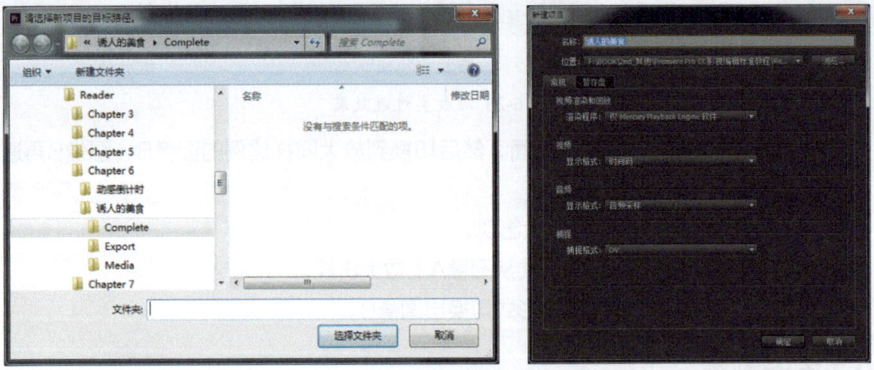

图 6-28 创建项目

02 执行“文件→新建→序列”命令或按“Ctrl+N”快捷键，打开“新建序列”对话框，在“可用预设”列表中展开DV-NTSC文件夹并点选“标准 48kHz”类型，然后设置好序列名称，单击“确定”按钮创建序列，如图6-29所示。

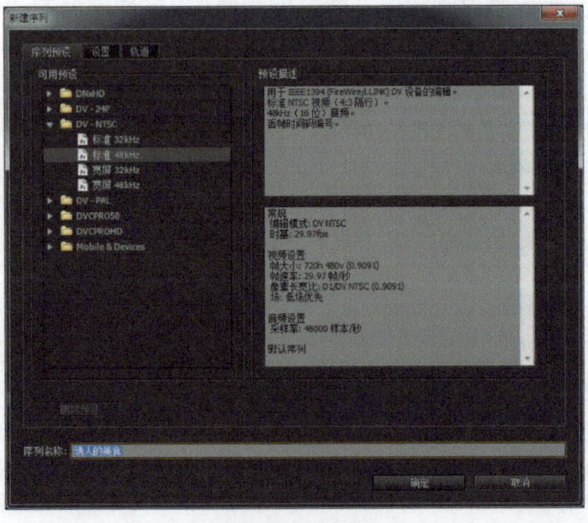

图 6-29 新建序列

03 按“Ctrl+I”快捷键，打开“导入”对话框，选择本书配套实例文件中Chapter 6\诱人的美食\Media目录下所有的图像素材文件并导入，如图6-30所示。

图 6-30 导入素材

04 导入图像素材后，按照图像素材的文件名称顺序，将它们全部加入时间轴窗口的视频1轨道中，如图6-31所示。

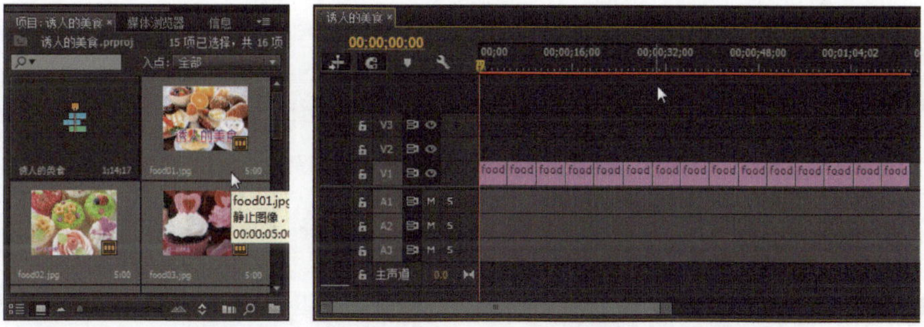

图 6-31 加入素材

05 放大时间轴窗口中时间标尺的显示比例，在“效果”面板中展开“视频过渡”文件夹，选取合适的视频过渡效果，添加到时间轴窗口中素材剪辑之间的相邻位置，并在“效果控件”面板中设置所有视频过渡效果的对齐位置为“中心切入”，如图6-32所示。

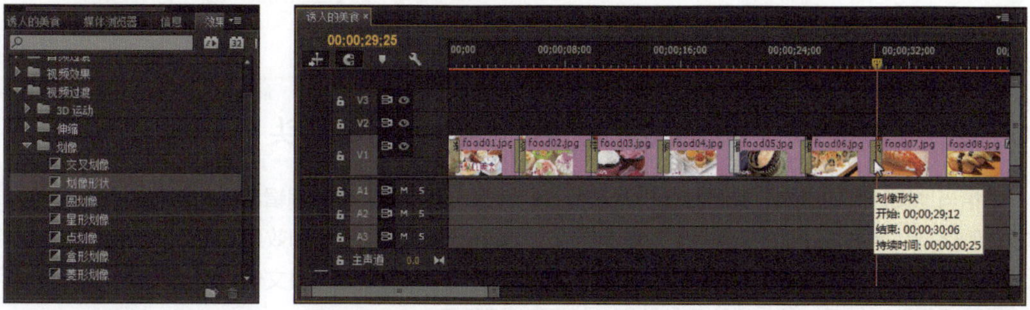

图 6-32 加入视频过渡效果

06 对于可以进行自定义效果设置的过渡效果，可以通过单击“效果控件”面板中的“自定义”按钮，打开对应的设置对话框，对该视频过渡效果的效果参数进行自定义设置，如图6-33所示。

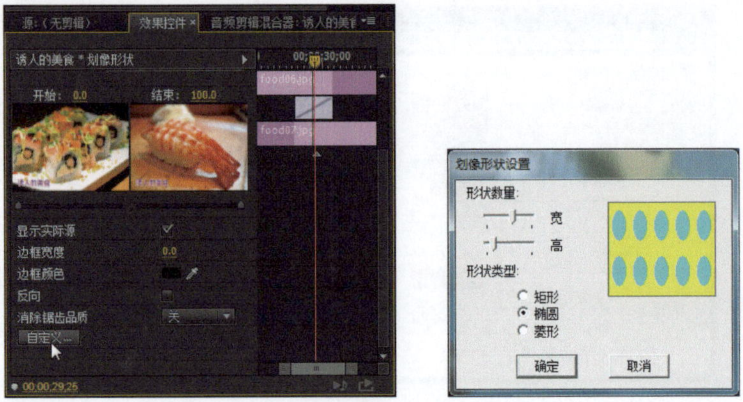

图 6-33 设置过渡效果自定义参数

07 编辑好需要的影片效果后，按下“Ctrl+S”快捷键执行保存。按下空格键，预览编辑完成的影片效果，如图6-34所示。

图 6-34 预览影片

6.3.2 功能实例——过渡特效的创意应用：倒计时片头

恰当地设计图像素材，并配合某些过渡特效的特殊动画效果，可以编辑出富有创意的影片内容。本实例就是利用过渡效果制作的片头倒计时特效，常用于表现影视开场的效果，具体操作步骤如下。

01 启动Premiere Pro CC，单击“新建项目”选项，创建一个新项目文件，设置好保存位置和名称“动感倒计时”后，单击“确定”按钮，如图6-35所示。

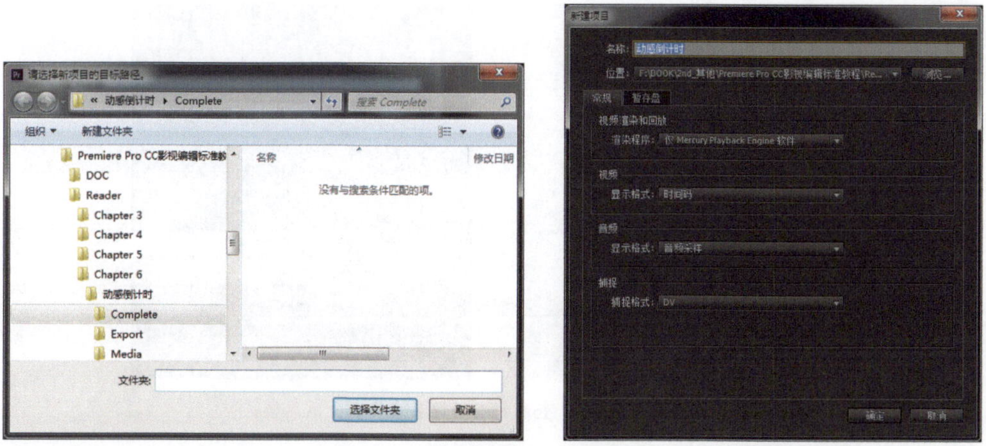

图6-35 新建项目

02 双击“项目”窗口的空白区域，打开“导入”对话框，将本书配套实例文件中Chapter 6\动感倒计时\Media目录下准备的素材全部选中，单击“打开”按钮导入项目素材库窗口中，如图6-36所示。

03 因为选择了PSD素材文件导入，程序会弹出“导入分层文件”对话框，在“导入为”下拉列表中选择“序列”，然后单击“确定”按钮，以创建新序列的方式将其导入，如图6-37所示。

图6-36 导入素材

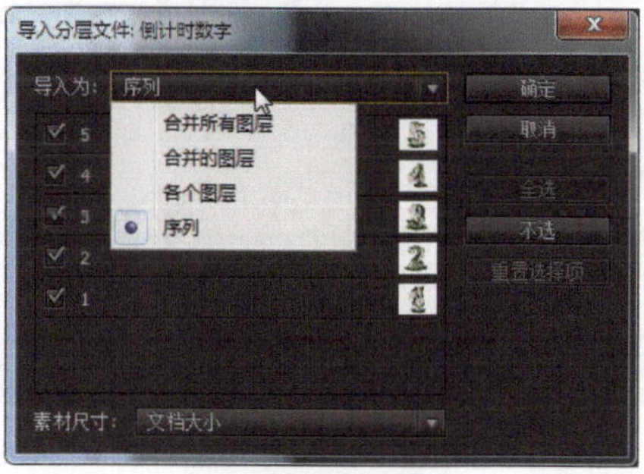

图6-37 导入分层文件

04 在项目窗口可以看到该分层文件以素材箱的形式被导入，在该素材箱中包含了上一步骤中选中的“3”“2”和“1”这3个PSD文件，如图6-38所示。

05 在项目窗口中双击“倒计时数字”序列，打开其时间轴窗口，可以看到其中的图层内容分别出现在对应的视频轨道中，如图6-39所示。

06 按5、4、3、2、1的顺序，将时间轴窗口各轨道中的素材剪辑在轨道1中重新排列，并整体移动到时间轴的开始位置，如图6-40所示。

07 将导入的视频素材“开花.mp4”加入视频轨道1的最后，如图6-41所示。

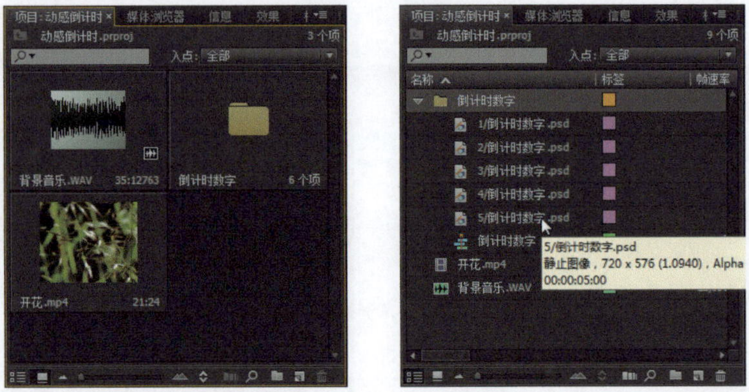

图 6-38 查看导入的分层文件

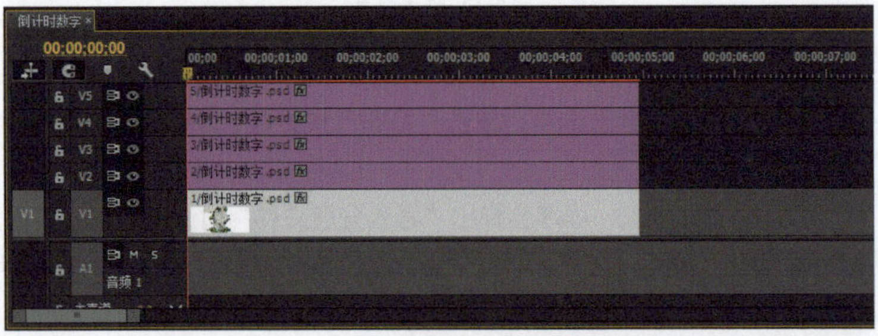

图 6-39 查看序列的时间轴

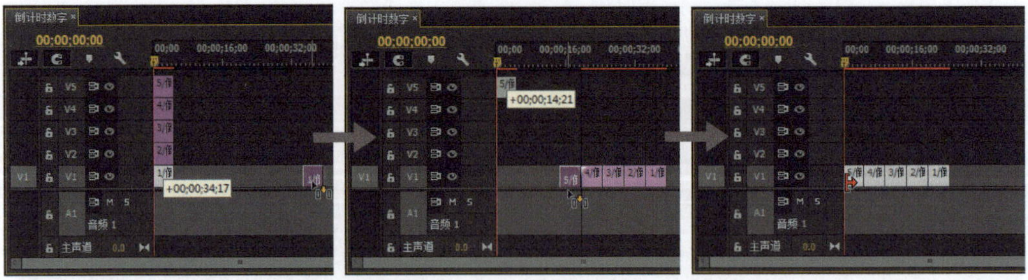

图 6-40 将素材添加到时间轴

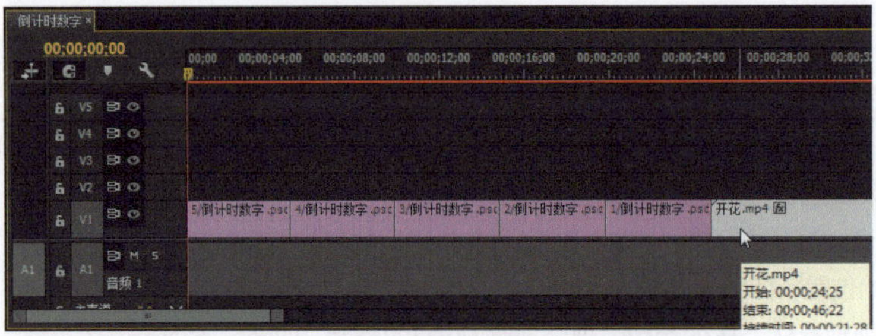

图 6-41 添加视频素材到时间轴窗口

08 将导入的音频素材加入音频轨道1，并对齐到视频剪辑的入点位置，如图6-42所示。

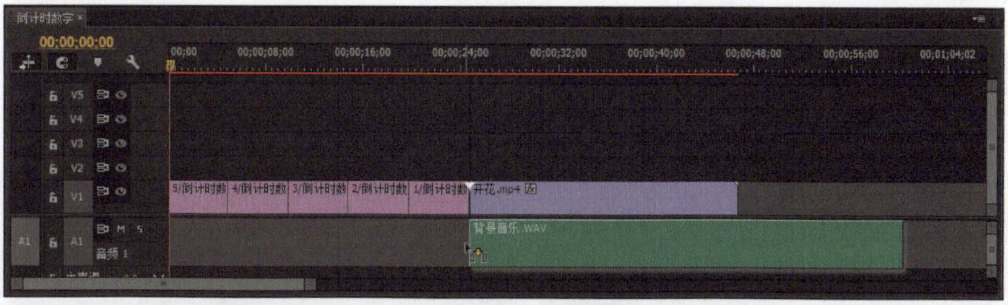

图 6-42 添加音频素材

09 将鼠标指针移动到音频剪辑的结束位置，当鼠标指针改变形状为红色箭头后，按住并向左拖动音频剪辑的出点到与视频轨道中剪辑的出点位置对齐，如图6-43所示。

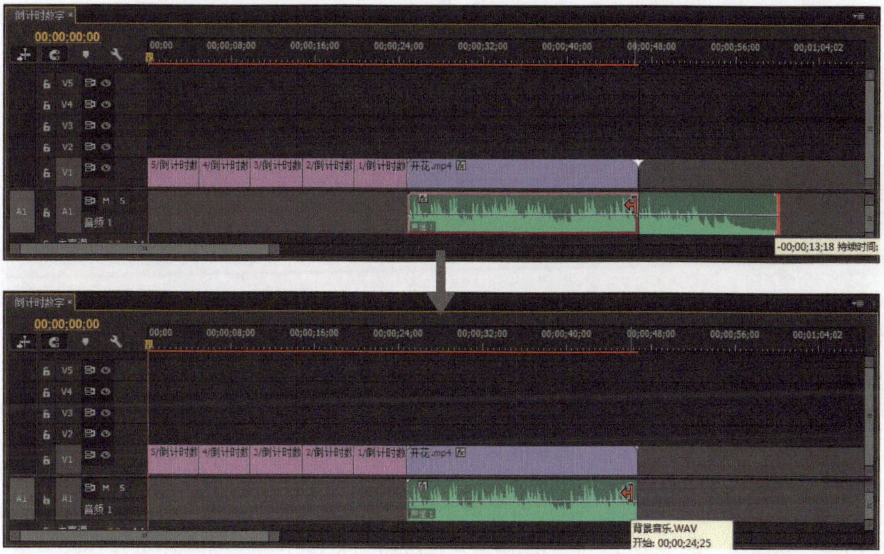

图 6-43 调整音频剪辑的出点

10 打开“效果”面板，展开“视频过渡”文件夹下的“擦除”文件夹，选择其中的“时钟式擦除”效果，然后将它拖动到视频轨道中第1个图像剪辑与第2个图像剪辑中间，如图6-44所示。

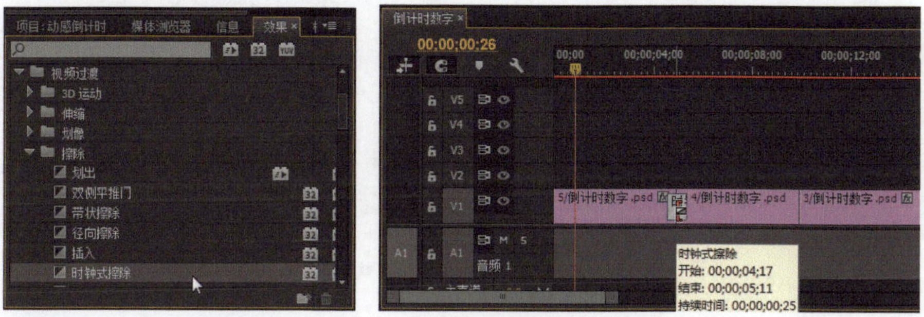

图 6-44 添加时钟式擦除效果

11 展开“效果控件”面板，将该过渡效果的持续时间调整为3秒钟，对齐方式为“中心切入”，如图6-45所示。

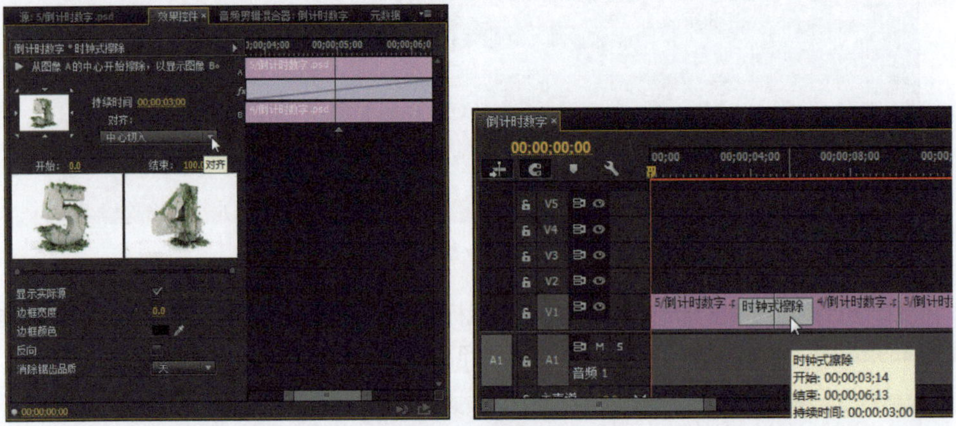

图 6-45 设置过渡效果

12 用同样的方法，在后面几个图像剪辑之间添加同样的过渡特效，如图6-46所示。

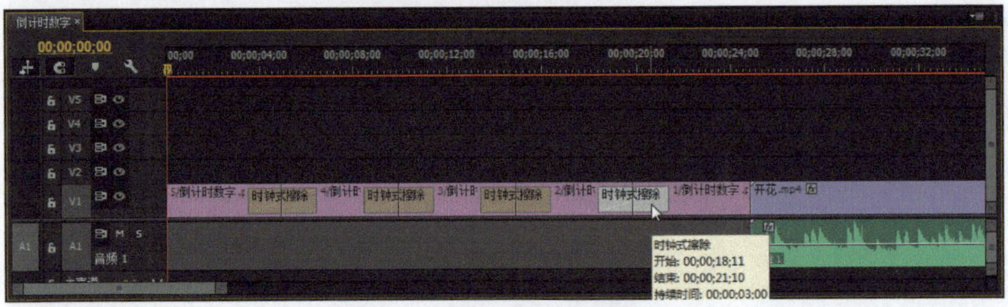

图 6-46 为其他素材添加特效

13 在“效果”面板中选择“溶解”类过渡效果中的“渐隐为白色”效果，将其添加到第1个图像剪辑的开始位置，然后在“效果控件”面板中设置其持续时间为1秒15帧，如图6-47所示。

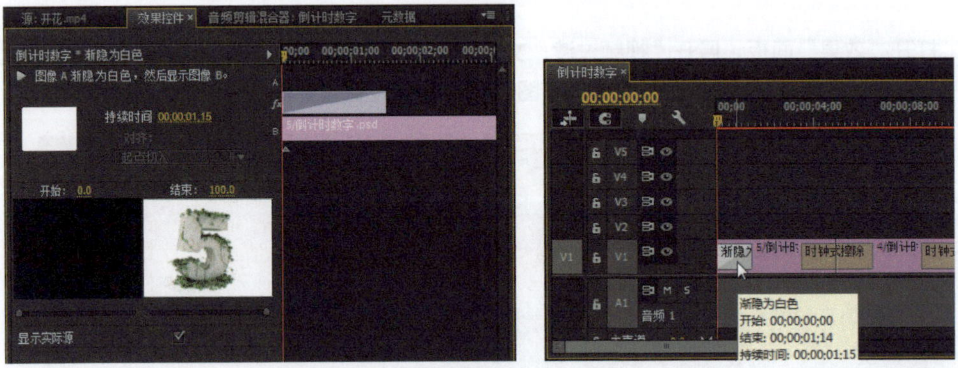

图 6-47 添加并设置过渡效果

14 选择“溶解”类过渡效果中的“渐隐为黑色”效果，将其添加到视频剪辑的开始位置，并同样设置其持续时间为1秒15帧，如图6-48所示。

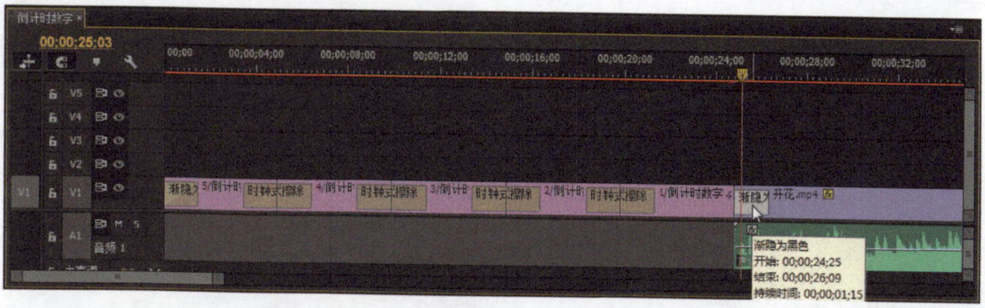

图 6-48 添加并设置过渡效果

15 执行“文件→保存”命令，保存项目文件。拖动时间轴窗口中的时间指针或按下空格键，预览影片的完成效果，如图6-49所示。

图 6-49 观看影片效果

16 执行“文件→导出→媒体”命令，打开“导出设置”对话框，在对话框中设置好输出的名称和位置后，单击“导出”按钮，如图6-50所示。

图 6-50 “导出设置”对话框

17 输出完成后，在Windows Media Player中打开输出的影片，播放效果如图6-51所示。

图 6-51 影片播放效果

6.4 本章知识小结

本章首先讲解了视频过渡的使用方法，然后通过其分类简要地描述了各种视频过渡效果。读者学习时应当掌握如何应用场景转换，了解各种视频过渡效果的功能和效果，以针对不同的情况使用，制作出丰富多彩的视觉效果。

- 视频过渡效果是添加在序列中的素材剪辑的开始、结束位置，或素材剪辑之间的特效动画，使素材剪辑在影片中的出现或消失、素材影像间的切换变得平滑流畅。
- 在“效果”面板中展开“视频过渡”文件夹并打开需要的视频过渡类型文件夹，然后将选取的视频过渡效果拖动到时间轴窗口中素材的头尾或相邻素材间相接的位置即可。
- 在对时间轴窗口中的素材剪辑添加了过渡效果后，会在该素材剪辑上显示过渡效果图标；点选该效果图标，可以打开“效果控件”面板，对过渡效果进行预览和设置；通过在“持续时间”一栏中输入时间值，可以调节过渡效果的持续时间。
- 对于素材剪辑上不再需要的视频过渡效果，可以在素材剪辑上添加的过渡效果图标上单击鼠标右键并选择“清除”命令，或直接按下Delete键，即可删除对其的应用。当需要将已经添加的一个视频过渡效果替换为其他效果时，无须将原来的过渡效果删除再添加，只需在“效果”面板中点选新的视频过渡效果后，按住并拖动到时间轴窗口中，覆盖掉素材剪辑上原来的视频过渡效果即可。

第 7 章

视频效果的应用

本章知识介绍

本章主要介绍Premiere Pro CC中的视频效果应用和设置方法。通过学习本章内容，读者应该熟悉各种视频特效的效果，并能根据不同的情况进行恰当应用。

本章学习要点

- 了解视频效果的功能，掌握特效的设置方法
- 熟悉各个视频特效的应用效果

7.1 视频效果应用设置

视频效果的添加与设置，与视频过渡效果的应用方法基本相同：从“效果”面板中选取需要的特效命令后，按住并拖入时间轴窗口中需要的素材剪辑上，然后在“效果控件”面板中对特效的应用效果进行设置。

7.1.1 视频效果的添加

视频效果的添加，与添加视频过渡效果相似。不同的是，视频过渡效果需要拖放到素材剪辑的头尾位置或相邻两个素材剪辑之间，其特效范围根据设置的持续时间来确定；视频效果是直接拖放到素材剪辑上的任意位置，即可作用于整个素材剪辑，如图7-1所示。

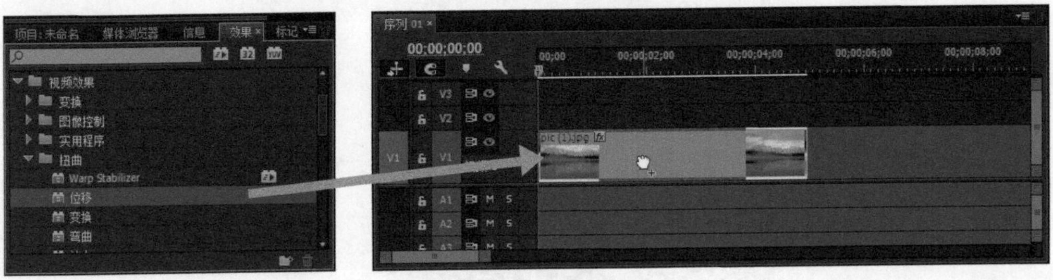

图 7-1 添加视频效果

7.1.2 视频效果的设置

在Premiere Pro CC中，可以为序列中的素材剪辑同时添加多个视频效果。对于效果参数的设置，可以在时间轴窗口中和“效果控件”面板中进行。

1. 在“效果控件”面板中设置视频效果参数

点选添加了视频效果的素材剪辑后，在“效果控件”面板中就会显示在该素材剪辑上应用的所有视频效果的设置选项，如图7-2所示。

和设置素材剪辑的基本属性选项一样，使用鼠标按住并拖动或直接修改选项后面的参数值，即可对该选项所对应的视频效果进行调整。对于不再需要的视频效果，可以通过点选后单击鼠标右键并选择“清除”命令，或直接按下Delete键删除。对于需要保留，但暂时不需要的视频效果，可以单击该效果前面的“切换效果开关”按钮fx，将其变为关闭状态，即可关闭该效果在素材剪辑上的应用，如图7-3所示。

在“效果控件”面板中的视频效果，根据从上到下的顺序对当前素材剪辑的影像进行处理；按住一个视频效果并向上或向下拖动到需要的排列位置（素材剪辑的基本属性选项不可移动），在素材剪辑上生成的特效处理效果也将发生对应的变化，如图7-4所示。

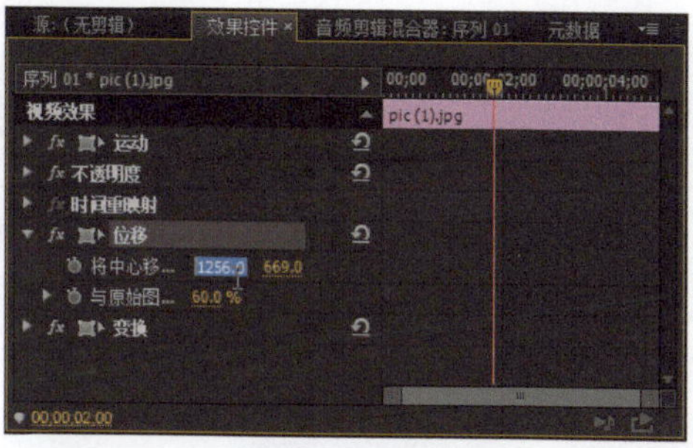

图 7-2 修改效果选项参数

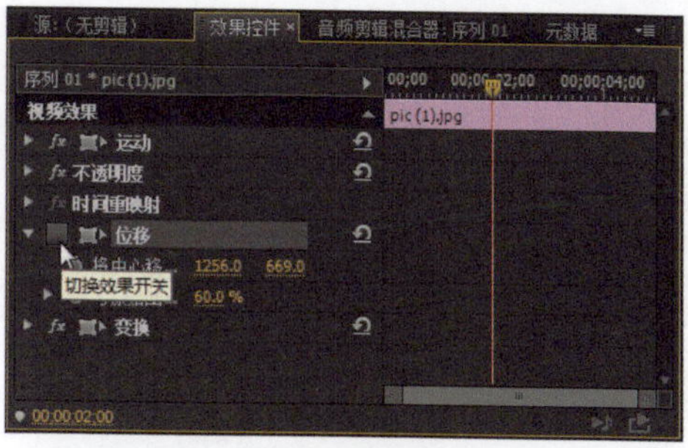

图 7-3 切换效果开关

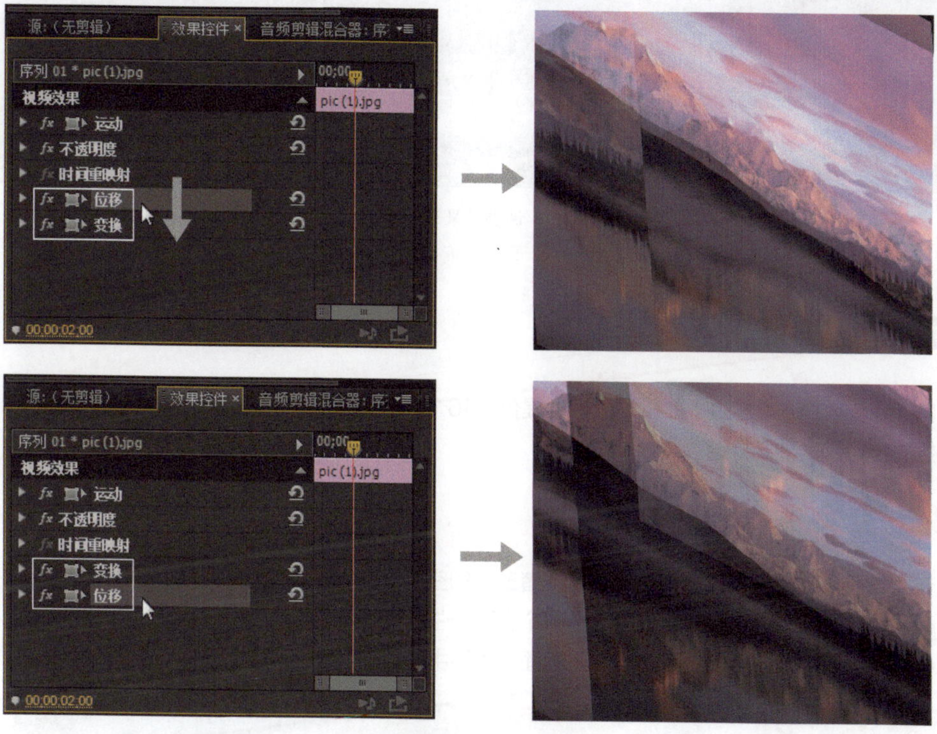

图 7-4 调整视频效果应用顺序

2. 在素材剪辑上设置视频效果参数

在时间轴窗口中的素材剪辑上设置视频效果参数，主要通过素材剪辑上的关键帧控制线来完成。如果素材剪辑上的关键帧控制线当前没有显示出来，可以通过单击“时间轴显示设置”按钮，在弹出的菜单中选择“显示视频/音频关键帧”命令，将其在轨道中显示出来，如图7-5所示。

单击素材剪辑名称后面的（效果）图标，在弹出的列表中选择切换需要进行设置调整的效果选项，如图7-6所示。

在素材剪辑上显示出需要调整的选项控制线后，按住并上下拖动，即可增加或降低所选效果选项的参数值，如图7-7所示。

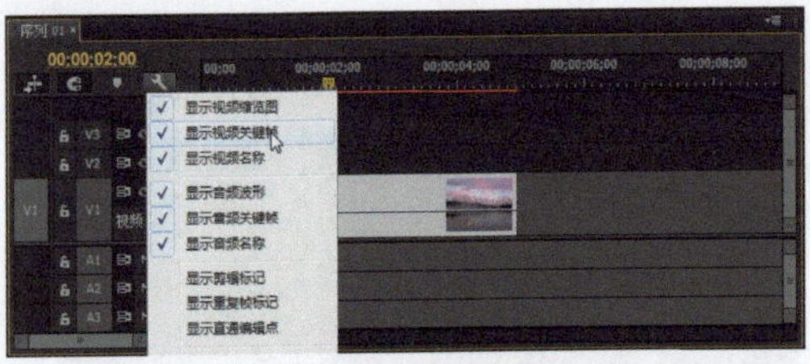

图 7-5 显示出关键帧控制线

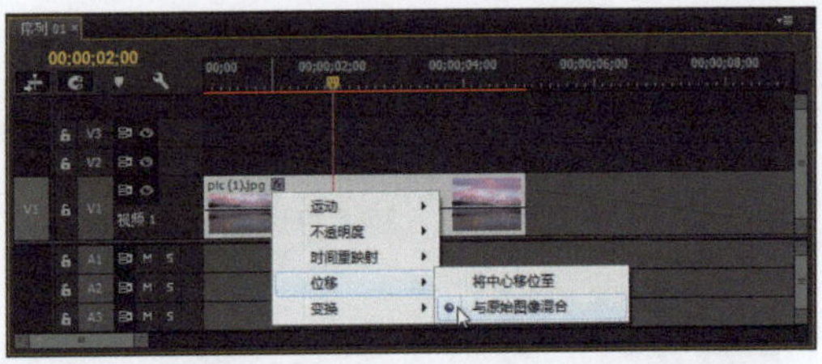

图 7-6 选择需要调整的效果选项

图 7-7 调整效果选项参数

7.2 视频效果分类详解

Premiere Pro CC的“效果”面板中提供了16个大类共120多个视频特效，下面分别对这些视频特效的应用效果进行介绍。

7.2.1 变换

变换类视频效果可以使图像产生二维或者三维的空间变化，此类特效包含7个效果。

- 垂直定格：运用该特效，可以使整个画面产生向上滚动的动画效果，如图7-8所示。
- 垂直翻转：运用该特效，可以将画面沿水平中心翻转180°，如图7-9所示。

图 7-8 应用“垂直定格”效果

图 7-9 应用“垂直翻转”效果

- 摄像机视图：该特效用于模仿摄像机的视角范围，以表现从不同角度拍摄的效果，画面可以沿垂直或水平的中轴线进行翻转，也可以通过调整镜头的位置来改变画面的形状或画面做定点的缩放，增强空间景深效果，如图7-10所示。

图 7-10 “摄像机视图”设置选项与应用效果

在“效果控件”面板中该效果名称的后面单击“设置”按钮，可以打开“摄像机视图设置”对话框，对该效果的参数选项进行更细致的设置，如图7-11所示。

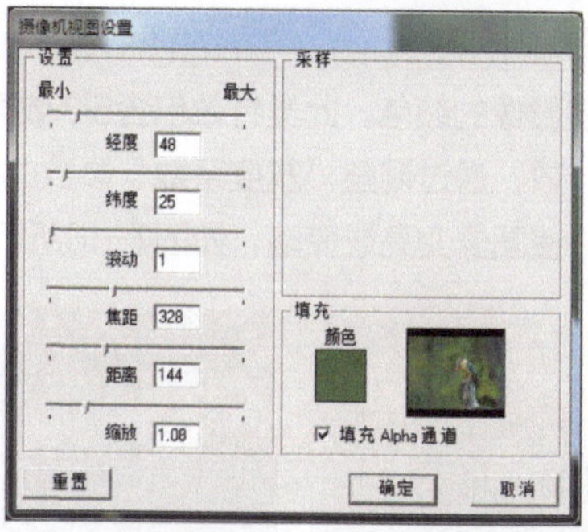

图 7-11 “摄像机视图设置”对话框

- 水平定格：运用该特效，可以使画面产生在垂直方向上倾斜的效果，通过设置“偏移”选项的数值来调整图像的倾斜程度，如图7-12所示。

图 7-12 “水平定格设置”对话框与应用效果

- 水平翻转：运用该特效，可以将画面沿垂直中心翻转180°，如图7-13所示。
- 羽化边缘：运用该特效，可以在画面周围产生像素羽化的效果，通过设置“数量”选项的数值来控制边缘羽化的程度，如图7-14所示。

图 7-13 应用“水平翻转”效果

图 7-14 应用“羽化边缘”效果

- 裁剪：使用该特效可以对素材进行边缘裁剪，修改素材的尺寸，其效果如图7-15所示。

图 7-15 “裁剪”设置选项与应用效果

7.2.2 图像控制

图像控制类特效主要用于调整影像的颜色，此类特效包含5个效果。

- 灰度系数校正：运用该特效，通过调整“灰度系数”参数的数值，可以在不改变图像高亮区域和低亮区域的情况下，使图像变亮或变暗，如图7-16所示。

图 7-16 应用“灰度系数校正”效果

- 颜色平衡：运用该特效，可以按RGB颜色调节影片的颜色，校正或改变图像的色彩，如图7-17所示。

图 7-17 “颜色平衡”设置选项与应用效果

- 颜色替换：运用该特效，可以在保持灰度不变的情况下，用一种新的颜色代替选中的色彩以及与之相似的色彩，如图7-18所示。

图 7-18 “颜色替换”设置选项与应用效果

- 颜色过滤：运用该特效，可以将图像中没有被选中的颜色范围变为灰度色，选中的色彩范围保持不变，如图7-19所示。

图 7-19 应用“颜色过滤”效果

- 黑白：运用该特效，可以直接将彩色图像转换成灰度图像，如图7-20所示。

图 7-20 应用“黑白”效果

7.2.3 实用程序

此类特效只包含一个“Cineon转换器”效果，可以对图像的色相、亮度等进行快速的调整，如图7-21所示。

图 7-21“Cineon 转换器”设置选项与应用效果

7.2.4 扭曲

扭曲类特效主要用于对图像进行几何变形，此类特效包含13个效果。

- Warp Stabilizer（抖动稳定）：在使用手持摄像机的方式拍摄视频时，拍摄得到的视频常常会有比较明显的画面抖动。该特效用于对视频画面因为拍摄时的抖动造成的不稳定进行修复处理，减轻画面播放时的抖动。需要注意的是，应用该特效，需要素材的视频属性与序列的视频属性保持相同；在操作时，要么准备与合成序列相同视频属性的素材，要么将合成序列的视频属性修改为与所使用视频素材的视频属性一致；另外，要进行处理的视频素材最好是固定位置拍摄的同一背景画面，否则程序可能无法进行稳定处理的分析。在为视频素材应用了该特效后，可以在“效果控件”面板中设置其选项参数，如图7-22所示。

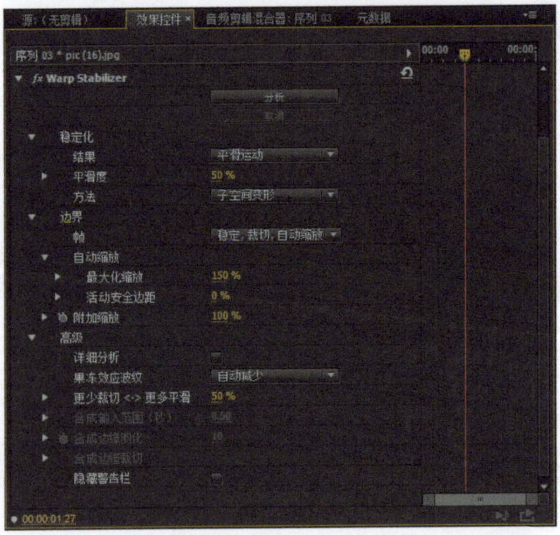

图 7-22 Warp Stabilizer 设置选项

◎ 分析/取消：单击“分析”按钮，开始对视频播放时前后帧的画面抖动差异进行分析；如果合成序列与视频素材的视频属性一致，则在分析完成后，该按钮将显示为“应用”，单击该按钮即可应用当前的特效设置；单击“取消”按钮，可以中断或取消抖动分析。

◎ 结果：在该下拉列表中可以选择采用何种方式进行画面稳定的运算处理。选择“平滑运动”，则可以允许保留一定程度的画面晃动，使晃动变得平滑，可以在下面的“平滑度”选项中设置平滑程度，数值越大，平滑处理越好；选择“不运动”，则以画面的主体图像作为整段视频画面的稳定参考，对后续帧中因为抖动而产生位置、角度等的差异，通过细微的缩放、旋转调整，得到最大化的稳定效果。

◎ 方法：根据视频素材中画面抖动的具体问题，在此下拉列表中选择对应的处理方法，包括“位置”“位置，缩放，旋转”“透视”“子空间变形”。例如，如果视频素材的画面抖动主要是上下、左右的晃动，则选择“位置”选项即可；如果抖动较为剧烈且有角度、远近等的细微变化，则选择“子空间变形”选项可以得到更好的稳定效果。

◎ 帧：在对视频画面应用所选“方法”进行稳定处理后，将会出现因为旋转、缩放、移动了帧画面而导致的画面边缘不整齐问题，可以在此选择对所有帧的画面边缘进行裁切的方式，包括“仅稳定”“稳定，裁切”“稳定，裁切，自动缩放”“稳定、合成边缘”。例如，选择“仅稳定”，则保留各帧画面边缘的原始状态；选择“稳定，裁切，自动缩放”，则可以对画面边缘进行裁切整齐、自动匹配合成序列画面尺寸的处理。

◎ 最大化缩放：该选项只在上一选项中选择了“稳定，裁切，自动缩放”时可用，用以设置对帧画面进行放大来匹配稳定时的最大限度。

◎ 活动安全边距：该选项只在上一选项中选择了“稳定，裁切，自动缩放”时可用，用以设置在对帧画面进行缩放、裁切时，保持帧边缘向内的安全距离百分比，以确保需要的主体对象不被缩放或裁切出画面外，其功能是对“最大化缩放”应用的约束，防止对画面的缩放或裁切量过大。

◎ 附加缩放：设置对帧画面稳定处理后的二次辅助缩放调整。

◎ 详细分析：勾选该选项，可以重新对视频素材进行更精细的稳定处理分析。

◎ 果冻效应波纹：在该选项的下拉列表中，选择对因为缩放、旋转调整所产生的画面场序波纹加剧问题的处理方式，包括“自动减少”和“增强减少”。

◎ 更少裁切<->更多平滑：在此设置较小的数值，则执行稳定处理时偏向保持画面完整性，稳定效果也较好；设置较大的数值，则执行稳定处理时偏向使画面更稳定、平滑，但对视频画面的处理会有更多的缩放或旋转处理，会降低画面质量。

◎ 合成输入范围：在“帧”选项中选择“稳定、合成边缘”时可用，用以设置从视频素材的第几帧开始进行分析。

◎ 合成边缘羽化：在“帧”选项中选择“稳定、合成边缘”时可用，设置在对帧画面边缘进行缩放、裁切处理后的羽化程度，以使画面边缘的像素变得平滑。

◎ 合成边缘裁切：可以在展开此选项后，分别手动设置对各边缘的裁切距离，可以得到更清晰整齐的边缘，单位为像素。

- 位移：运用该特效，可以根据设置的偏移量对图像进行水平或垂直方向上的位移，移出的图像将在对面的方向显示，如图7-23所示。

图 7-23 “位移”特效设置选项与应用效果

- 变换：运用该特效，可以对图像的位置、尺寸、透明度、倾斜度等进行综合设置，如图7-24所示。

图7-24 “变换”特效设置选项与应用效果

- 弯曲：运用该特效，可以使影片画面在水平或垂直方向上产生弯曲变形的效果，如图7-25所示。

图7-25 “弯曲”特效设置选项与应用效果

- 放大：运用该特效，可以对图像中的指定区域进行放大，如图7-26所示。

图7-26 “放大”特效设置选项与应用效果

- 旋转：运用该特效，可以使图像产生沿中心轴旋转的效果，如图7-27所示。

图7-27 “旋转”特效设置选项与应用效果

- 果冻效应复位：使用此特效，可以对视频素材的场序类型进行更改设置，以得到需要的匹配效果，或降低隔行扫描视频素材的画面闪烁。
- 波形变形：该特效类似“弯曲”效果，可以对波纹的形状、方向及宽度等进行详细的设置，如图7-28所示。

图7-28 “波形变形”特效设置选项与应用效果

- 球面化：运用该特效，可以在素材图像中制作出球面变形的效果，类似用鱼眼镜头拍摄的照片效果，如图7-29所示。

图7-29 “球面化”特效设置选项与应用效果

- 紊乱置换：运用该特效，可以对素材图像进行多种方式的扭曲变形，如图7-30所示。

图7-30 “紊乱置换”特效设置选项与应用效果

- 边角定位：运用该特效，可以通过参数设置重新定位图像的四个顶点位置，得到对图像扭曲变形的效果，如图7-31所示。
- 镜像：运用该特效，可以将图像沿指定角度的射线进行反射，制作出镜像的效果，如图7-32所示。
- 镜头扭曲：运用该特效，可以将图像四角进行弯折，制作出镜头扭曲的效果，如图7-33所示。

图 7-31 “边角定位”特效设置选项与应用效果

图 7-32 “镜像”特效设置选项与应用效果

图 7-33 “镜头扭曲”特效设置选项与应用效果

7.2.5 时间

时间类特效用于对动态素材的时间特性进行控制，此类特效包含2个效果。

- 抽帧时间：该特效可以为动态素材指定一个新的帧速率进行播放，产生“跳帧”的效果。与修改素材剪辑的持续时间不同，使用此特效不会更改素材剪辑的持续时间，也不会产生快放或慢放效果；该特效只有一项“帧速率”参数，新指定的帧速率高于素材剪辑本身的帧速率时无变化；新指定的帧速率低于素材剪辑的帧速率时，程序会自动计算出要播放的下一帧的位置，跳过中间的一些帧，以保证用与素材原本相同的持续时间播放完整段素材剪辑，同时对素材剪辑的音频内容不产生影响。
- 残影：该特效可以将动态素材中不同时间的多个帧进行同时播放，产生动态残影效果，如图7-34所示。

图 7-34 “残影”特效设置选项与应用效果

7.2.6 杂色与颗粒

杂色与颗粒类特效主要用于对图像进行柔和处理，去除图像中的噪点，或在图像上添加杂色效果等，此类特效包含6个效果。

- 中间值：运用该特效，可以将图像的每一个像素都用它周围像素的RGB平均值来代替，以减轻图像上的杂色噪点。设置较大的“半径”数值，可以使图像产生类似水粉画的效果，如图7-35所示。

图 7-35 “中间值”特效设置选项与应用效果

- 杂色：运用该特效，将在画面中添加模拟的噪点效果，如图7-36所示。

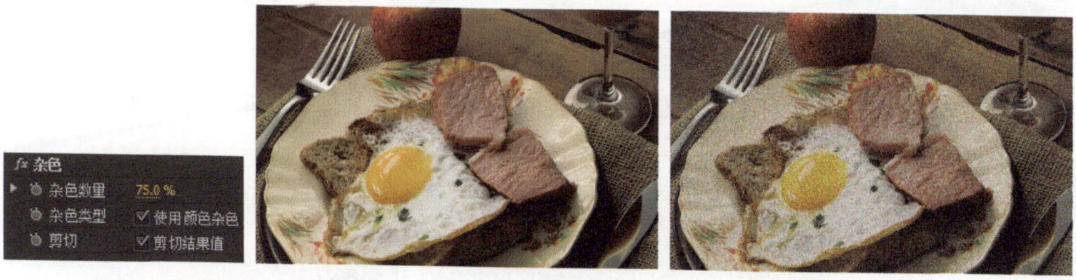

图 7-36 “杂色”特效设置选项与应用效果

- 杂色Alpha：该特效用于在图像的Alpha通道中生成杂色，如图7-37所示。
- 杂色HLS：该特效可以在图像中生成杂色效果后，对杂色噪点的亮度、色调及饱和度进行设置，如图7-38所示。

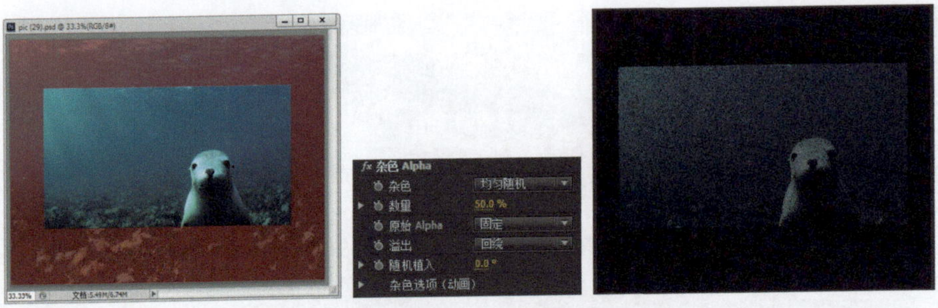

图 7-37 “杂色 Alpha”特效设置选项与应用效果

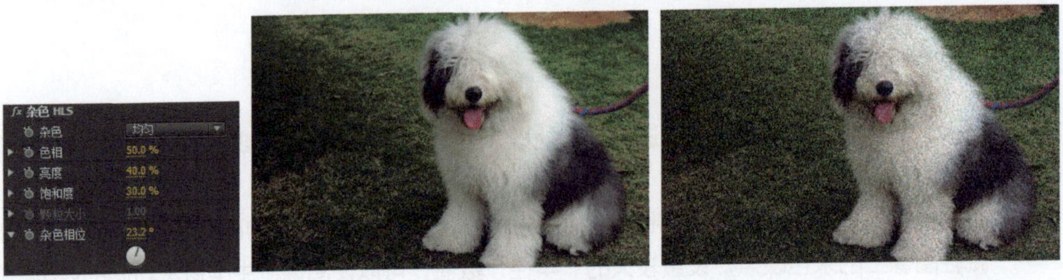

图 7-38 “杂色 HLS”特效设置选项与应用效果

- 杂色HLS自动：该特效与“杂色HLS”相似，只是在设置参数中多了一个“杂色动画速度”选项，通过为该选项设置不同数值，可以得到不同杂色噪点以不同运动速度运动的动画效果，如图7-39所示。

图 7-39 “杂色 HLS 自动”特效设置选项与应用效果

- 蒙尘与划痕：该特效可以在图像上生成类似灰尘的杂色噪点效果，如图7-40所示。

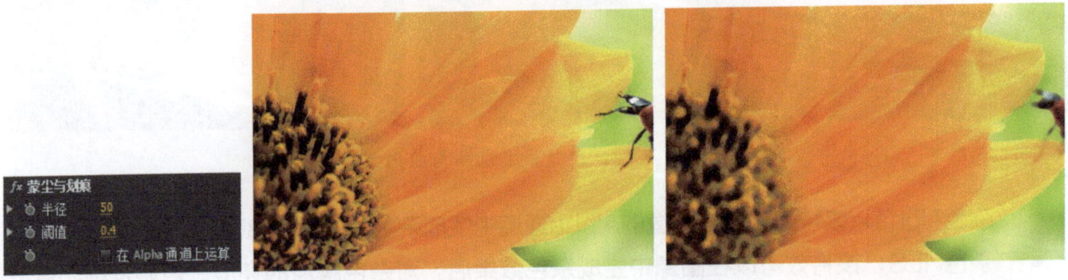

图 7-40 “蒙尘与划痕”特效设置选项与应用效果

7.2.7 模糊和锐化

模糊和锐化类特效主要用于调整画面的效果，此类特效包含10个效果。

- 复合模糊：运用该特效，可以使素材图像产生柔和模糊的效果。在“模糊图层”中，可以选择将其他视频轨道中的图形内容作为模糊的范围，如图7-41所示。

图7-41 “复合模糊”特效设置选项与应用效果

- 快速模糊：运用该特效，可以直接生成简单的图像模糊效果，渲染速度更快，如图7-42所示。

图7-42 “快速模糊”特效设置选项与应用效果

- 方向模糊：运用该特效，可以使图像产生指定方向的模糊，类似运动模糊效果，如图7-43所示。

图7-43 “方向模糊”特效设置选项与应用效果

- 消除锯齿：该特效没有参数选项，可以使图像中的成片色彩像素的边缘变得更加柔和，如图7-44所示。
- 相机模糊：运用该特效，可以使图像产生类似相机拍摄时没有对准焦距的“虚焦”效果，通过设置其唯一的“百分比模糊”参数来控制模糊的程度，如图7-45所示。

图 7-44 “消除锯齿”特效应用效果

图 7-45 “相机模糊”特效应用效果

- 通道模糊：运用该特效，可以对素材图像的红、绿、蓝或Alpha通道单独进行模糊，如图7-46所示。

图 7-46 “通道模糊”特效设置选项与应用效果

- 重影：该特效无参数，可以将动态素材中前几帧的图像以半透明的形式覆盖在当前帧上，产生重影效果，如图7-47所示。
- 锐化：运用该特效，通过设置其“锐化量”参数，可以增强相邻像素间的对比度，使图像变得清晰，如图7-48所示。

图 7-47 “重影”特效应用效果

图 7-48 “锐化”特效应用效果

- 非锐化遮罩：该特效用于调整图像的色彩锐化程度，如图7-49所示。

图 7-49 “非锐化遮罩”特效设置选项与应用效果

- 高斯模糊：该特效的选项参数与“快速模糊”相同，可以大幅度地模糊图像，使图像产生不同程度的虚化效果，如图7-50所示。

图 7-50 “高斯模糊”特效应用效果

7.2.8 生成

生成类特效主要是对光和填充色的处理应用，此类特效可以使画面看起来具有光感和动感，包含12个效果。

- 书写：运用该特效，可以在图像上创建画笔运动的关键帧动画，并记录其运动路径，模拟出书写绘画效果，如图7-51所示。

图 7-51 “书写”特效设置选项与应用效果

- 单元格图案：运用该特效，可以在图像上模拟生成不规则的单元格效果。在“单元格图案”下拉列表中选择要生成单元格的图案样式，包含“气泡”“晶体”“印板”“晶格化”“枕状”“管状”等12种图案模式，如图7-52所示。

气泡　晶体　印板　晶格化　枕状　管状

图 7-52 不同的图案模式

- 吸管填充：运用该特效，可以提取采样坐标点的颜色来填充整个画面，通过设置与原始图像的混合度得到整体画面的偏色效果，如图7-53所示。

图 7-53 “吸管填充”特效设置选项与应用效果

- 四色渐变：运用该特效，可以设置4种互相渐变的颜色来填充图像，如图7-54所示。

图 7-54 “四色渐变”特效设置选项与应用效果

- 圆形：该特效用于在图像上创建一个自定义的圆形或圆环，如图7-55所示。

图 7-55 “圆形”特效设置选项与应用效果

- 棋盘：运用该特效，可以在图像上创建一种棋盘格的图案效果，如图7-56所示。

图 7-56 “棋盘”特效设置选项与应用效果

- 椭圆：运用该特效，可以在图像上创建一个椭圆形的光圈图案效果，如图7-57所示。

图 7-57 “椭圆”特效设置选项与应用效果

- 油漆桶：该特效用于将图像上指定区域的颜色替换成另外一种颜色，如图7-58所示。

图 7-58 “油漆桶”特效设置选项与应用效果

- 渐变：运用该特效，可以在图像上叠加一个双色渐变填充的蒙版，如图7-59所示。

图 7-59 “渐变”特效设置选项与应用效果

- 网格：运用该特效，可以在图像上创建自定义的网格效果，如图7-60所示。

图 7-60 “网格”特效设置选项与应用效果

- 镜头光晕：运用该特效，可以在图像上模拟出相机镜头拍摄的强光折射效果，如图7-61所示。

图 7-61 “镜头光晕”特效设置选项与应用效果

- 闪电：运用该特效，可以在图像上产生类似闪电或电火花的光电效果，如图7-62所示。

图 7-62 “闪电”特效设置选项与应用效果

7.2.9 视频

视频类特效只包含2个效果，用于在合成序列中显示出素材剪辑的名称、时间码信息。

- 剪辑名称：在素材剪辑上添加该特效后，节目监视器窗口中播放到素材剪辑时，将在其画面中显示出该素材剪辑的名称，如图7-63所示。

图 7-63 “剪辑名称”特效设置选项与应用效果

- 时间码：在素材剪辑上添加该特效后，可以在该素材剪辑的画面上，以时间码的方式显示出该素材剪辑当前播放到的时间位置，如图7-64所示。

图 7-64 “时间码”特效设置选项与应用效果

7.2.10 调整

调整类特效主要用于对图像的颜色进行调整，修正图像中存在的颜色缺陷，或者增强某些特殊效果，此类特效包含9个效果。

- ProcAmp：该特效可以同时对图像的亮度、对比度、色相、饱和度进行调整，并可以设置只在图像中的部分范围应用效果，生成图像调整的对比效果，如图7-65所示。

图 7-65 ProcAmp 特效设置选项与应用效果

- 光照效果：运用该特效，可以在图像上添加灯光照射的效果，通过对灯光的类型、数量、光照强度等进行设置，模拟逼真的灯光效果，如图7-66所示。

图 7-66 “光照效果”特效设置选项与应用效果

- 卷积内核：该特效可以改变素材中每个亮度级别的像素的明暗度，如图7-67所示。

图 7-67 “卷积内核”特效设置选项与应用效果

- 提取：在视频素材中提取颜色，生成一个有纹理的灰度蒙版，可以通过定义灰度级别来控制应用效果，如图7-68所示。

图 7-68 “提取”特效设置选项与应用效果

- 自动对比度：该特效用于对素材图像的色彩对比度进行调整，如图7-69所示。

图 7-69 “自动对比度”特效设置选项与应用效果

- 自动色阶：该特效用于对素材图像的色阶亮度进行自动调整，其参数选项与“自动对比度”效果的选项基本相同，如图7-70所示。

图 7-70 “自动色阶”特效设置选项与应用效果

- 自动颜色：该特效用于对素材图像的色彩进行自动调整，其参数选项与“自动对比度”效果的选项基本相同，如图7-71所示。

图 7-71 “自动颜色”特效设置选项与应用效果

- 色阶：该特效用于调整图像的亮度和对比度，如图7-72所示。

图 7-72 “色阶”特效设置选项与应用效果

- 阴影/高光：该特效用于对素材中的阴影和高光部分进行调整，包括阴影和高光的数量、范围、宽度及色彩修正等，如图7-73所示。

图 7-73 “阴影/高光”特效设置选项与应用效果

7.2.11 过渡

过渡类特效的图像效果，与应用视频过渡的效果相似，即清除上层图像后显示出下层图像。不同的是过渡类特效默认是对整个素材图像进行处理；也可以通过创建关键帧动画来编辑素材之间、视频轨道之间的图像连接过渡效果，此类特效包含5个效果。

- 块溶解：该特效可以在图像上产生随机的方块对图像进行溶解，如图7-74所示。

图 7-74 “块溶解”特效设置选项与应用效果

- 径向擦除：运用该特效，可以围绕指定点以旋转的方式将图像擦除，如图7-75所示。

图 7-75 “径向擦除”特效设置选项与应用效果

- 渐变擦除：该特效可以根据两个图层的亮度值建立一个渐变层，在指定层和原图层之间进行渐变切换，如图7-76所示。

图 7-76 “渐变擦除”特效设置选项与应用效果

- 百叶窗：该特效通过对图像进行百叶窗式的分割，形成图层之间的过渡切换，如图7-77所示。
- 线性擦除：该特效通过线条划过的方式，在图像上形成擦除效果，如图7-78所示。

图 7-77 “百叶窗”特效设置选项与应用效果

图 7-78 “线性擦除”特效设置选项与应用效果

7.2.12 透视

透视类特效可以对图像进行空间变形，看起来具有立体空间的效果，此类特效包含5个效果。

- 基本3D：运用该特效，可以在一个虚拟的三维空间中操作图像。在该虚拟空间中，图像可以绕水平和垂直的轴转动，可以产生图像运动的移动效果，还可以在图像上增加反光的效果，从而产生更逼真的空间特效，如图7-79所示。

图 7-79 “基本 3D”特效设置选项与应用效果

- 投影：运用该特效，可以为图像添加阴影效果，如图7-80所示。

图 7-80 “投影”特效设置选项与应用效果

- 放射阴影：该特效可以在指定位置产生光源照射到图像上，在下层图像上投射出阴影的效果，如图7-81所示。

图 7-81 “放射阴影”特效设置选项与应用效果

- 斜角边：运用该特效，可以使图像四周产生斜边框的立体凸出效果，如图7-82所示。

图 7-82 “斜角边”特效设置选项与应用效果

- 斜面Alpha：运用该特效，可以使图像中的Alpha通道产生斜面效果；如果图像中没有包含Alpha通道，则直接在图像的边缘产生斜面效果，其设置选项与“斜角边”相同，如图7-83所示。

图 7-83 “斜面 Alpha”特效设置选项与应用效果

7.2.13 通道

通道类特效用于对素材的通道进行处理，实现图像颜色、色调、饱和度和亮度等颜色属性的改变，此类特效包含7个效果。

- 反转：该特效可以将指定通道的颜色反转成相应的补色，对图像的颜色信息进行反相，如图7-84所示。

图 7-84 “反转”特效设置选项与应用效果

- 复合运算：运用该特效，可以以数学运算的方式合成当前层和指定层的图像，如图7-85所示。

图 7-85 “复合运算”特效设置选项与应用效果

- 混合：运用该特效，可以将当前图像与指定轨道中的素材图像进行混合，如图7-86所示。

图 7-86 “混合”特效设置选项与应用效果

- 算术：运用该特效，可以对图像的色彩通道进行简单的数学运算，如图7-87所示。

图 7-87 “算术”特效设置选项与应用效果

- 纯色合成：该特效可以应用一种设置的颜色与图像进行混合，如图7-88所示。

图 7-88 “纯色合成”特效设置选项与应用效果

- 计算：该特效通过混合指定的通道来进行颜色的调整，如图7-89所示。

图 7-89 “计算”特效设置选项与应用效果

- 设置遮罩：该特效以当前层中的Alpha通道取代指定层中的Alpha通道，使之产生运动屏蔽的效果，如图7-90所示。

图 7-90 “设置遮罩”特效设置选项与应用效果

7.2.14 键控

键控类特效主要用在有两个重叠的素材图像时产生各种叠加效果，以及清除图像中指定部分的内容，形成抠像效果，此类特效包含15个效果。

- 16点无用信号遮罩：该特效通过在图像的每个边上安排4个控制点来得到16个控制点，通过修改每个点的位置编辑遮罩形状，来改变图像的显示形状，如图7-91所示。
- 4点无用信号遮罩：该特效通过在图像的4个角上安排控制点，通过修改每个点的位置编辑遮罩形状，来改变图像的显示形状，如图7-92所示。

图 7-91 “16点无用信号遮罩”特效设置选项与应用效果

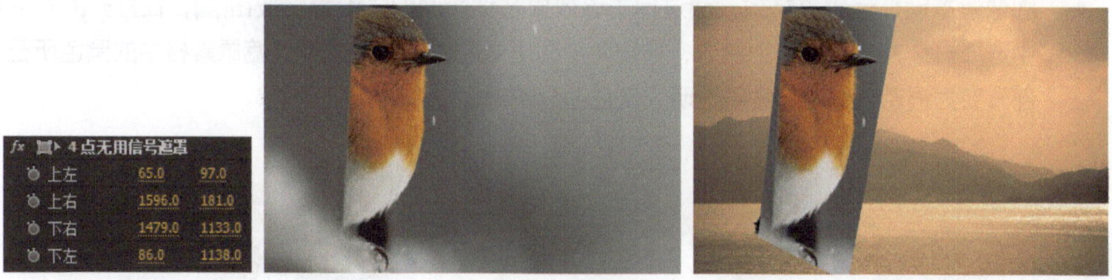

图 7-92 “4点无用信号遮罩”特效设置选项与应用效果

- 8点无用信号遮罩：该特效通过在图像的边缘上安排8个控制点，通过修改每个点的位置编辑遮罩形状，来改变图像的显示形状，如图7-93所示。

图 7-93 “8点无用信号遮罩”特效设置选项与应用效果

- Alpha调整：运用该特效，可以应用上层图像中的Alpha通道来设置遮罩叠加效果。
- RGB差值键：该特效可以将图像中所指定的颜色清除，显示出下层图像，如图7-94所示。

图 7-94 “RGB差值键”特效设置选项与应用效果

- 亮度键：运用该特效，可以将生成图像中的灰度像素设置为透明，并且保持色度不变。该特效对明暗对比十分强烈的图像特别有用，如图7-95所示。

图 7-95 “亮度键”特效设置选项与应用效果

- 图像遮罩键：运用该特效，通过单击该效果名称后面的“设置”按钮，在打开的对话框中选择一个外部素材作为遮罩，控制两个图层中图像的叠加效果。遮罩素材中的黑色所叠加部分变为透明，白色部分不透明，灰色部分不透明，如图7-96所示。

图 7-96 “图像遮罩键”特效设置选项与应用效果

- 差值遮罩：该特效可以叠加两个图像中相互不同部分的纹理，保留对方的纹理颜色，如图7-97所示。

图 7-97 “差值遮罩”特效设置选项与应用效果

- 极致键：该特效可以将图像中的指定颜色范围生成遮罩，并通过参数设置对遮罩效果进行精细调整，得到需要的抠像效果，如图7-98所示。
- 移除遮罩：该特效用于清除图像遮罩边缘的白色残留或黑色残留，是对遮罩处理效果的辅助处理，如图7-99所示。
- 色度键：运用该特效，可以将图像上的某种颜色及其相似范围的颜色处理为透明，显示出下层的图像，适用于有纯色背景的画面抠像，如图7-100所示。
- 蓝屏键：该特效可以清除图像中的蓝色像素，在影视编辑工作中常用于进行蓝屏抠像，如图7-101所示。

图 7-98 “极致键”特效设置选项与应用效果

图 7-99 “移除遮罩”特效设置选项与应用效果

图 7-100 “色度键”特效设置选项与应用效果

图 7-101 “蓝屏键”特效设置选项与应用效果

- 轨道遮罩键：该特效将当前图层之上的某一轨道中的图像指定为遮罩素材来完成与背景图像的合成，如图7-102所示。

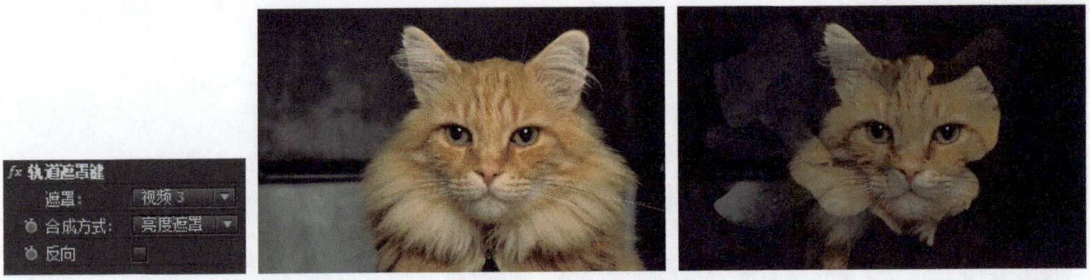

图 7-102 “轨道遮罩键”特效设置选项与应用效果

- 非红色键：该特效用于去除图像中除红色以外的其他颜色，即蓝色或绿色，如图7-103所示。

图 7-103 “非红色键”特效设置选项与应用效果

- 颜色键：该特效可以将图像中指定颜色的像素清除，是更常用的抠像特效，如图7-104所示。

图 7-104 “颜色键”特效设置选项与应用效果

7.2.15 颜色校正

颜色校正类特效主要用于对素材图像进行颜色的校正，此类特效包含18个效果。

- Lumetri：为素材图像应用该特效后，在“效果控件”面板中该效果名称的后面单击“设置”按钮，在打开的对话框中选择外部 Lumetri Looks颜色分级引擎链接文件，应用其中的色彩校正预设项目，可以对图像进行色彩校正。Premiere Pro CC中预置了部分Lumetri颜色校正引擎特效，可以在“效果”面板中直接选取应用，如图7-105所示。

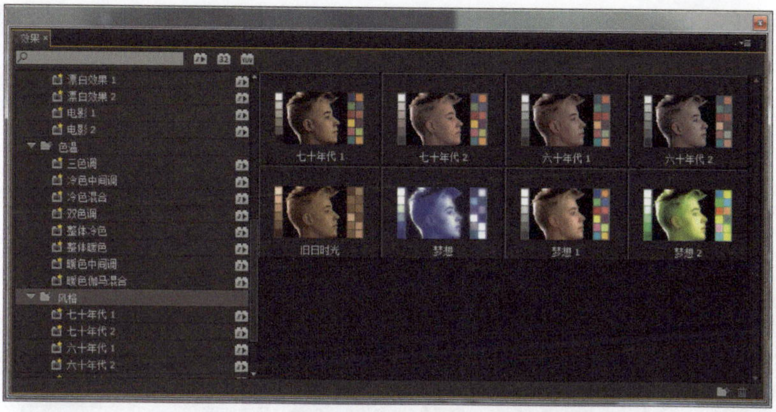

图 7-105 Lumetri Looks 特效

- RGB曲线：该特效通过曲线调整红色、绿色和蓝色通道中的数值，以达到改变图像色彩的目的，如图7-106所示。

图 7-106 “RGB 曲线”特效设置选项与应用效果

- RGB颜色校正器：该特效主要通过修改RGB三个色彩通道的参数，实现图像色彩的改变，如图7-107所示。

图 7-107 “RGB 颜色校正器”特效设置选项与应用效果

- 三向颜色校正器：该特效通过旋转阴影、中间调、高光这3个控制色盘来调整颜色的平衡，同时可以对图像的色彩饱和度、色阶亮度等进行调节，如图7-108所示。

图 7-108 “三向颜色校正器”特效设置选项与应用效果

- 亮度与对比度：该特效用于直接调整素材图像的亮度和对比度，如图7-109所示。

图 7-109 “亮度与对比度”特效设置选项与应用效果

- 亮度曲线：该特效通过调整亮度曲线图实现对图像亮度的调整，如图7-110所示。

图 7-110 “亮度曲线”特效设置选项与应用效果

- 亮度校正器：该特效用于对图像的亮度进行校正调整，增加或降低图像中的亮度，尤其对中间调作用更明显，如图7-111所示。

图 7-111 “亮度校正器”特效设置选项与应用效果

- 分色：该特效可以清除图像中指定颜色以外的其他颜色，将其变为灰度色，如图7-112所示。

图 7-112 “分色”特效设置选项与应用效果

- 均衡：该特效用于对图像中像素的颜色值或亮度等进行平均化处理，如图7-113所示。

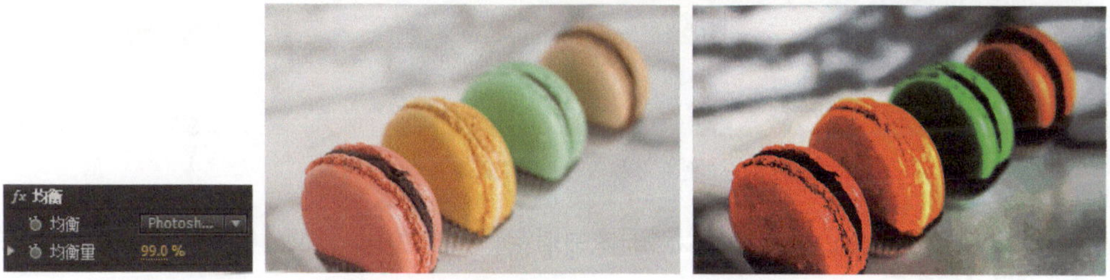

图 7-113 “均衡”特效设置选项与应用效果

- 广播级颜色：该特效可以校正广播级的颜色和亮度，使影视作品在电视机中进行精确的播放，如图7-114所示。

图 7-114 “广播级颜色”特效设置选项与应用效果

- 快速颜色校正器：该特效用于快速地进行图像颜色的校正，如图7-115所示。

图 7-115 “快速颜色校正器”特效设置选项与应用效果

- 更改为颜色：该特效可以将在图像中选定的一种颜色更改为另外一种颜色，如图7-116所示。

图 7-116 “更改为颜色”特效设置选项与应用效果

- 更改颜色：运用该特效，可以对图像中指定颜色的色相、亮度、饱和度等进行更改，如图7-117所示。

图 7-117 “更改颜色”特效设置选项与应用效果

- 色调：该特效用于将图像中的黑色调和白色调映射转换为其他颜色，如图7-118所示。
- 视频限幅器：该特效利用视频限幅器对图像的颜色进行调整，如图7-119所示。
- 通道混合器：该特效用于对图像中的R、G、B颜色通道分别进行色彩通道的转换，实现图像颜色的调整，如图7-120所示。

图 7-118 “色调”特效设置选项与应用效果

图 7-119 “视频限幅器”特效设置选项与应用效果

图 7- 120 “通道混合器”特效设置选项与应用效果

- 颜色平衡：该特效用于对图像的阴影、中间调、高光范围中的R、G、B颜色通道分别进行增加或降低的调整，来实现图像颜色的平衡校正，如图7–121所示。

图 7-121 “颜色平衡”特效设置选项与应用效果

- 颜色平衡（HLS）：该特效可以分别对图像中的色相、亮度、饱和度进行增加或降低的调整，来实现图像颜色的平衡校正，如图7-122所示。

图 7-122 “颜色平衡（HLS）”特效设置选项与应用效果

7.2.16 风格化

风格化类特效与Photoshop中的风格化类滤镜的应用效果基本相同，主要用于对图像进行艺术风格的美化处理，此类特效包含13个效果。

- Alpha发光：该特效对含有Alpha通道的图像素材起作用，可以在Alpha通道的边缘向外生成单色或双色过渡的辉光效果，如图7-123所示。

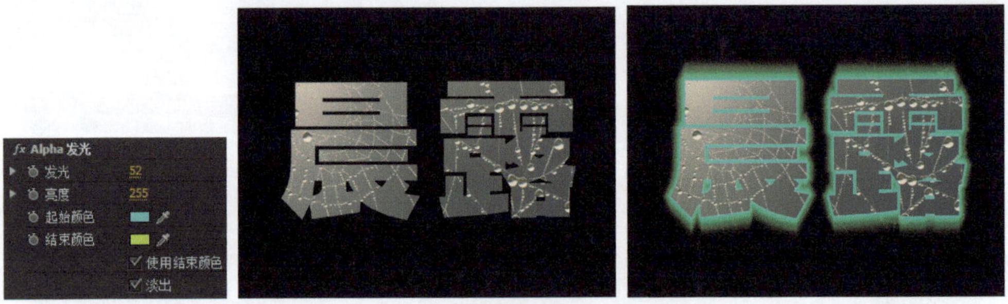

图 7-123 “Alpha 发光”特效设置选项与应用效果

- 复制：该特效只有一个“计数”参数，用于设置对图像画面的复制数量，复制得到的每个区域都将显示完整的画面效果，如同电视墙一样，如图7-124所示。

图 7-124 “复制”特效设置选项与应用效果

- 彩色浮雕：该特效可以将图像画面处理成类似轻浮雕的效果，如图7-125所示。

图 7-125 “彩色浮雕”特效设置选项与应用效果

- 抽帧：该特效可以改变图像画面的色彩层次数量，设置其“级别”选项的数值越大，画面色彩层次越丰富；数值越小，画面色彩层次越少，色彩对比度也越强烈，如图7-126所示。

图 7-126 “抽帧”特效设置选项与应用效果

- 曝光过度：运用该特效，可以将画面处理成类似相机底片曝光的效果，“阈值”参数值越大，曝光效果越强烈，如图7-127所示。

图 7-127 “曝光过度”特效设置选项与应用效果

- 查找边缘：运用该特效，可以对图像中颜色相同的成片像素以线条进行边缘勾勒，如图7-128所示。

图 7-128 “查找边缘”特效设置选项与应用效果

- 浮雕：该特效可以在画面上产生浮雕效果，同时去掉原有的颜色，只在浮雕效果的凸起边缘保留一些高光颜色，如图7-129所示。

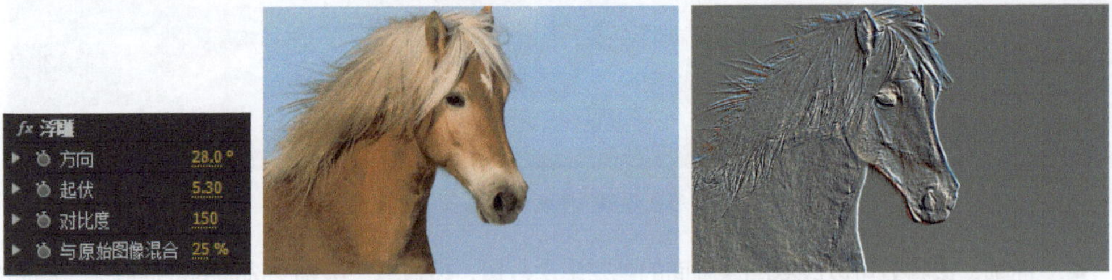

图 7-129 “浮雕”特效设置选项与应用效果

- 画笔描边：该特效可以模拟出画笔绘制的粗糙外观，得到类似油画的艺术效果，如图7-130所示。

图 7-130 “画笔描边”特效设置选项与应用效果

- 粗糙边缘：该特效可以将图像的边缘粗糙化，来模拟边缘腐蚀的纹理效果，如图7-131所示。

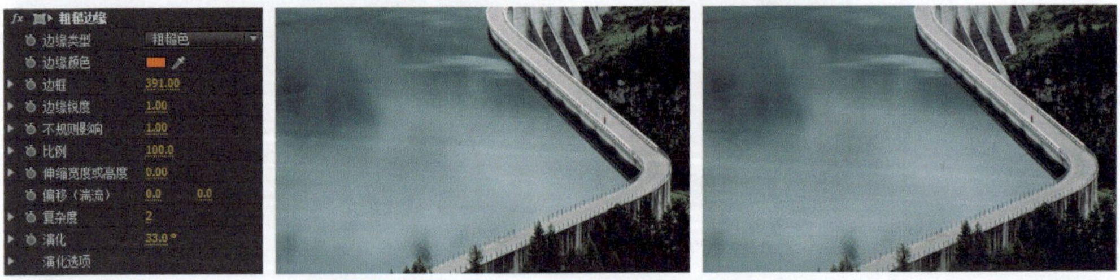

图 7-131 “粗糙边缘”特效设置选项与应用效果

- 纹理化：该特效可以用指定图层中的图像作为当前图像的浮雕纹理，如图7-132所示。

图 7-132 “纹理化”特效设置选项与应用效果

- 闪光灯：该特效可以在素材剪辑的持续时间范围内，将指定间隔时间的帧画面上覆盖指定的颜色，从而使画面在播放过程中产生闪烁效果，如图7-133所示。

图 7-133 “闪光灯”特效设置选项与应用效果

- 阈值：该特效可以将图像变成黑白模式，通过设置“级别”参数，调整图像的转换程度，如图7-134所示。

图 7-134 “阈值”特效设置选项与应用效果

- 马赛克：运用该特效，可以在画面上产生马赛克效果，将画面分成若干个方格，每一格都用该方格内所有像素的平均颜色值进行填充，如图7-135所示。

图 7-135 “马赛克”特效设置选项与应用效果

7.3 安装外挂视频特效

Premiere Pro具有功能扩展的开放性，允许用户通过安装第三方软件商开发的特效插件程序，来进一步丰富视频特效的编辑处理功能，使用户可以轻松地制作出更加精彩的动画影片。

外挂插件的安装很简单，如果是提供了安装程序的，只需要根据安装提示，设置好安装路径并逐步完成即可，如图7-136所示；大多数特效插件都只需要将其程序文件复制到Premiere Pro CC安装目录下的Plug-ins\Common目录中即可正常使用，如图7-137所示。外挂视频特效的使用方法，与Premiere中自带视频特效的方法基本相同。

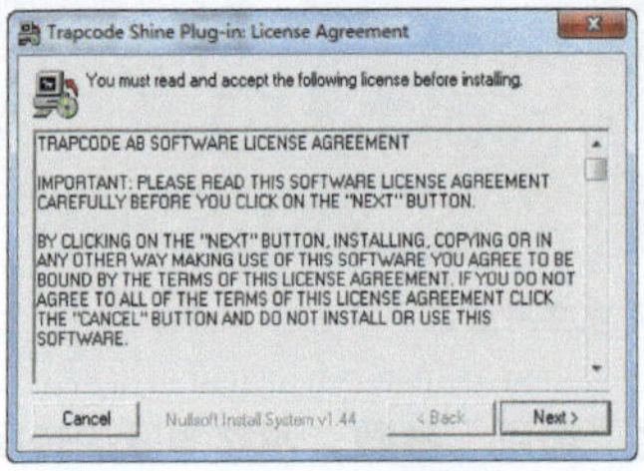

图 7-136 安装外挂特效

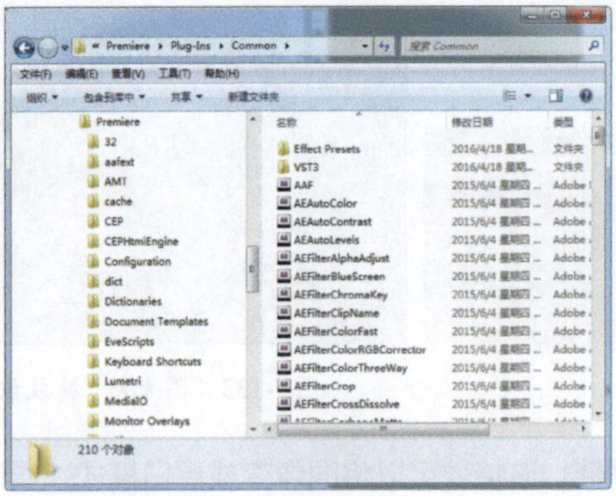

图 7-137 外挂特效安装位置

在后面的学习中，将会介绍利用外挂视频特效进行影片编辑的详细操作方法。

7.4 视频效果应用实例

视频特效在Premiere的编辑中应用得比较广泛，它可以使画面的转换看起来更加丰富多彩，下面通过具体的实例讲解视频特效的应用方法。

7.4.1 功能实例——修复视频抖动

01 新建一个项目文件后，在项目窗口中创建一个合成序列。

02 按“Ctrl+I”快捷键，打开“导入”对话框，选择本书配套实例文件中Chapter 7\修复视频抖动\Media目录下的“乒乓球.mp4”素材文件并导入，如图7-138所示。

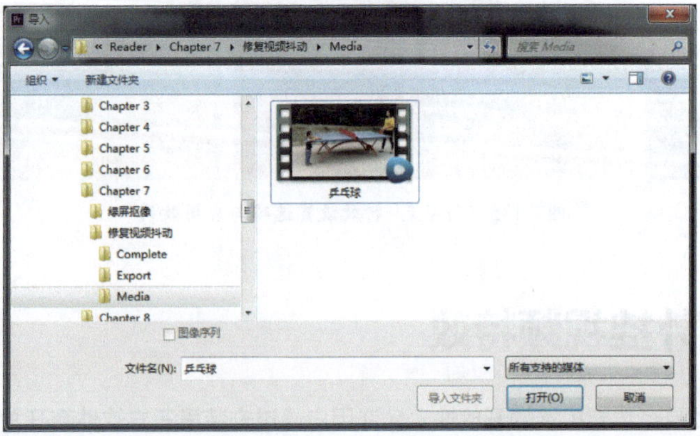

图 7-138 导入视频素材

03 将导入的视频素材从项目窗口拖入时间轴窗口中，在弹出的“剪辑不匹配警告”对话框中单击“更改序列设置”按钮，将合成序列的视频属性修改为与视频素材一致，如图7-139所示。

04 为方便进行稳定处理前后的效果对比，再将视频素材加入两次到时间轴窗口中，并依次排列在视频1轨道中，如图7-140所示。

图7-139 更改序列设置

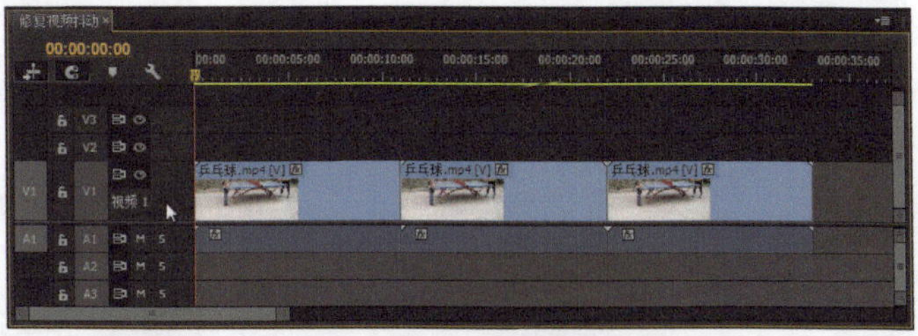

图7-140 编排素材剪辑

05 在“效果”面板中展开“视频效果”文件夹，在“扭曲”文件夹中选取Warp Stabilizer效果，将其添加到时间轴窗口中的第2段素材剪辑上，程序将自动开始在后台对视频素材进行分析，并在分析完成后，应用默认的处理方式（即平滑运动）和选项参数对视频素材进行稳定处理，如图7-141所示。

图7-141 为视频素材应用稳定特效

06 再次选取Warp Stabilizer效果，将其添加到时间轴窗口中的第3段素材剪辑上，然后在效果控件中单击“取消”按钮，停止自动开始的分析；在“结果”下拉列表中选择“不运动”选项，然后单击“分析”按钮，以最稳定的处理方式对第3段剪辑进行分析处理，如图7-142所示。

07 分析完成后，按下空格键或拖动时间指针进行播放预览，即可查看到处理完成的画面抖动修复效果。可以看到，第1段原始的视频素材剪辑中，手持拍摄的抖动比较剧烈；第2段以“平滑运动”方式进行稳定处理的视频，抖动已经不明显，变成了拍摄角度小幅度平滑移动的效果，整体画面略有放大；第3段视频基本没有了抖动，像是固定了摄像机拍摄一样，但整体画面放大得最多，对画面原始边缘的裁切也最多，如图7-143所示。

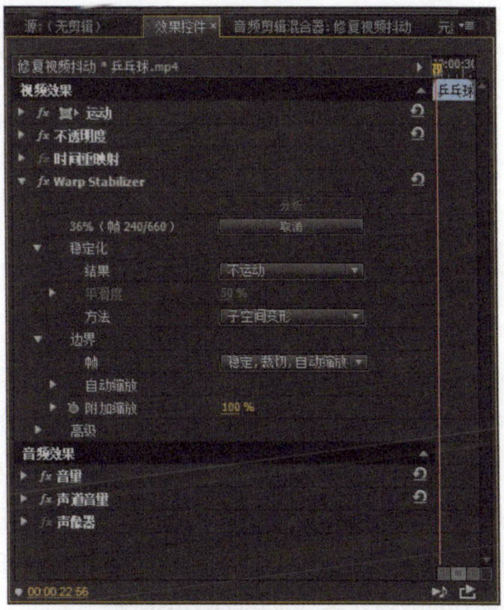

图7-142 设置特效选项并应用

图 7-143 第 1 个和第 3 个剪辑中同一时间位置的画面对比

08 编辑好需要的影片效果后，按“Ctrl+S”快捷键执行保存。

7.4.2 功能实例——绿屏抠像处理

01 新建一个项目文件后，在项目窗口中创建一个合成序列。

02 按“Ctrl+I”快捷键，打开“导入”对话框，打开本书配套实例文件中Chapter 7\绿屏抠像\Media目录，点选其中的第1个绿底图像文件后，勾选下面的“图像序列”复选框，然后单击“打开”按钮，如图7-144所示。

03 再次按“Ctrl+I”快捷键，打开“导入”对话框，选择本书配套实例文件中Chapter 7\绿屏抠像\Media目录下的“bg.jpg”并导入，如图7-145所示。

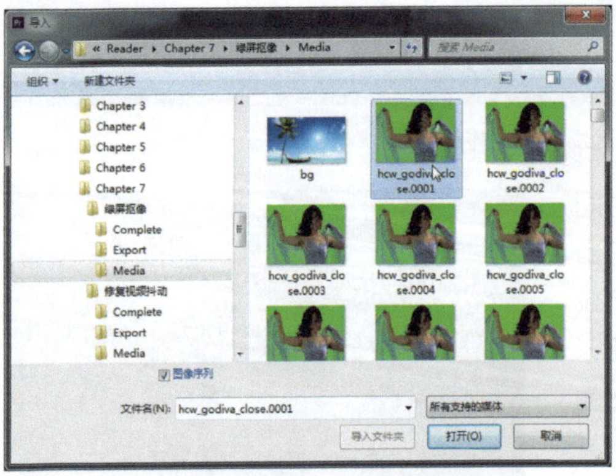

图 7-144 导入图像序列素材

图 7-145 导入素材

04 先将导入的图像序列素材加入时间轴窗口的视频轨道2中，在弹出的“剪辑不匹配警告”对话框中单击“更改序列设置”按钮，将合成序列的视频属性修改为与图像序列素材一致。

05 在监视器窗口中可以查看到该图像素材为绿底人像，本实例将清除图像中的绿色像素。为方便抠像处理的前后效果对比，在时间轴窗口中加入两次并相邻排列。

06 从项目窗口中将导入的图像素材加入时间轴窗口的视频轨道1中，并将其入点、出点与视频2轨道中的剪辑对齐，如图7-146所示。

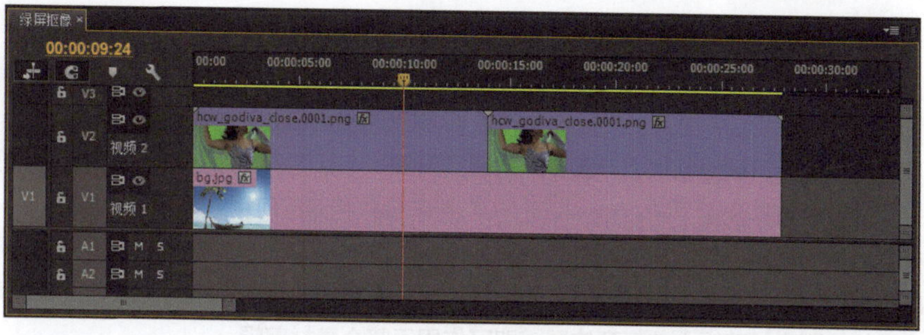

图 7-146 编排素材剪辑

07 打开“效果”面板，在“视频效果”文件夹中展开“键控”类特效，选取“色度键”特效并添加到时间轴窗口中视频2轨道中的第2段素材剪辑上，如图7-147所示。

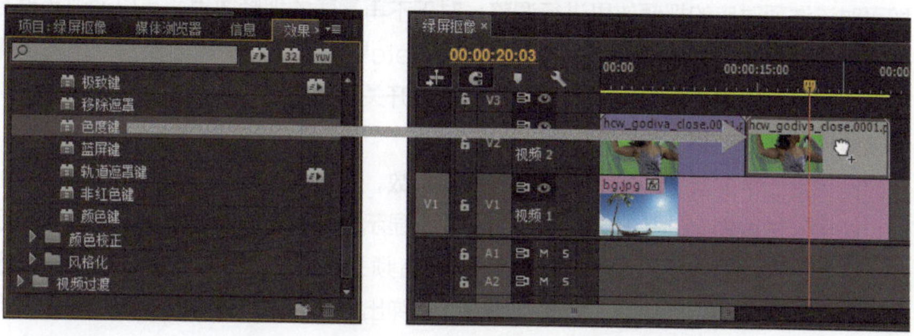

图 7-147 添加特效

08 在时间轴窗口中将时间指针定位在视频2轨道中的第2段素材剪辑上；在“效果控件”面板中展开“色度键”特效选项组，单击“颜色”选项后面的吸管按钮，在节目监视器窗口中图像的绿色背景上单击以拾取要清除的颜色。

09 在“效果控件”面板中设置“色度键”特效的“相似性”参数为35%，“混合”参数为50%，即可在节目监视器窗口中查看到抠像完成的效果，如图7-148所示。

图 7-148 应用“色度键”特效

10 编辑好需要的影片效果后，按“Ctrl+S”快捷键执行保存。

7.5 本章知识小结

在Premiere Pro CC中提供了大量的视频效果，它们可以应用在视频、图片和文字上，利用这些视频效果，可以随心所欲地创作出丰富多彩的视觉效果。本章讲解了如何使用视频效果，使影片效果更为精彩，同时还具体介绍了Premiere Pro CC所有视频特效的应用效果和参数设置。

- 视频效果的添加，与添加视频过渡效果相似。不同的是，视频过渡效果需要拖放到素材剪辑的头尾位置或相邻两个素材剪辑之间，其特效范围根据设置的持续时间来确定；视频效果是直接拖放到素材剪辑上的任意位置，即可作用于整个素材剪辑。
- 在Premiere Pro CC中，可以为序列中的素材剪辑同时添加多个视频效果。对于效果参数的设置，可以在时间轴窗口中和“效果控件”面板中进行。
- 和设置素材剪辑的基本属性选项一样，使用鼠标按住并拖动或直接修改选项后面的参数值，即可对该选项对应的视频效果进行调整；对于不再需要的视频效果，可以通过点选后单击鼠标右键并选择“清除”命令，或直接按下Delete键删除。对于需要保留，但暂时不需要的视频效果，可以单击该效果前面的“切换效果开关”按钮，将其变为关闭状态，即可关闭该效果在素材剪辑上的应用。
- 在时间轴窗口中的素材剪辑上设置视频效果参数，主要通过素材剪辑上的关键帧控制线来完成；如果素材剪辑上的关键帧控制线当前没有显示出来，可以通过单击“时间轴显示设置”按钮，在弹出的菜单中选择“显示视频/音频关键帧”命令，将其在轨道中显示出来；单击素材剪辑名称后面的（效果）图标，在弹出的列表中选择切换需要进行设置调整的效果选项；在素材剪辑上显示出需要调整的选项控制线后，按住并上下拖动，即可增加或降低所选效果选项的参数值。

第 8 章

关键帧动画的编辑

本章知识介绍

本章主要介绍视频编辑处理过程中，对剪辑进行移动、缩放、旋转和透明度变化的编辑设置。通过学习本章内容，读者应掌握这些常用的编辑方法，使编辑的视频画面看起来更加流畅，富有动感。

本章学习要点

- 理解关键帧动画的工作原理
- 掌握创建和编辑关键帧动画的两种常用方法
- 掌握创建和设置位移动画、缩放动画、旋转动画以及不透明度动画的操作方法

8.1 创建与设置关键帧动画

关键帧动画的概念来源于早期的卡通动画影片工业。动画设计师在故事脚本的基础上，绘制好动画影片中的关键画面，然后由工作室中的助手来完成关键画面之间连续内容的绘制，再将这些连贯起来的画面拍摄成一帧帧的胶片，在放映机上按一定的速度播放出这些连贯的胶片，就形成了动画影片。而这些关键画面的胶片，就称为关键帧。

在Premiere Pro中编辑的关键帧动画也是同样的原理：为素材剪辑的动画属性（如位置、缩放、旋转、不透明度、音量、特效选项等）在不同时间位置建立关键帧，并在这些关键帧上设置不同的参数，Premiere Pro就可以自动计算并在两个关键帧之间插入逐渐变化的画面来产生动画效果。

8.1.1 影像剪辑的基本效果设置

在选中时间轴窗口中的图像或视频素材剪辑时，可以通过“效果控件”面板，为所选剪辑对象设置基本的效果参数，包括“运动”“不透明度”“时间重映射”三个基本属性；在添加了过渡特效、视频/音频特效后，会在这几个基本属性的下方显示特效的具体设置选项，如图8-1所示。

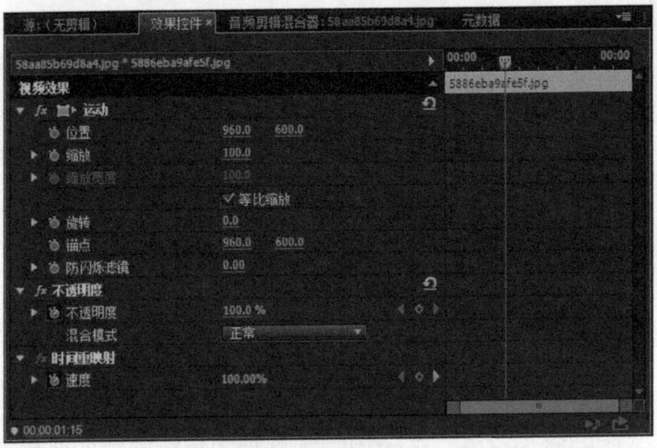

图 8-1 “效果控件”面板

1.“运动”选项

“运动”选项组中的选项，用于设置素材剪辑的位置、大小、旋转角度等基本属性，如图8-2所示。

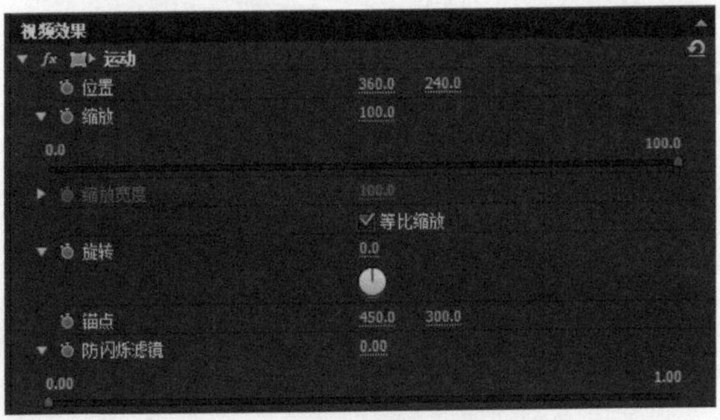

图 8-2 “运动”选项组

- 位置：以素材剪辑的锚点作为中心点，相对于影片画面左上角顶点的坐标位置。可以通过改变x、y的数值，对素材在影片中的水平、垂直位置进行调整。
- 缩放：素材的尺寸百分比，可以通过输入新的数值或拖动下面的滑块，对素材图像的大小进行等比例调整。取消对其下方“等比缩放”复选框的勾选时，该选项将显示为“缩放高度”和“缩放宽度”，可以分别对素材图像的高度或宽度进行调整，如图8-3所示。

原大小　　等比缩小　　压扁加宽

图 8-3 图像大小的缩放

- 旋转：设置素材以其锚点中心进行旋转的角度以及圈数，如图8-4所示。
- 锚点：素材的中心点所在位置的坐标，可以通过调整数值对素材的锚点位置进行调整。在节目监视器窗口中双击素材剪辑，可以显示出该剪辑当前的锚点位置，如图8-5所示。

图 8-4 旋转素材剪辑

图 8-5 图像素材的锚点位置

- 防闪烁滤镜：对于隔行扫描的视频素材，如果视频图像存在播放闪烁的问题，可以通过调整该数值，对素材进行防闪烁过滤的设置，该数值的取值范围为0.00～1.00。同时，对于设置了运动效果的图形素材剪辑也有效。

2.“不透明度”选项

通过调整“不透明度”选项的数值，可以改变所选素材在影片画面中的不透明度，如图8-6所示。

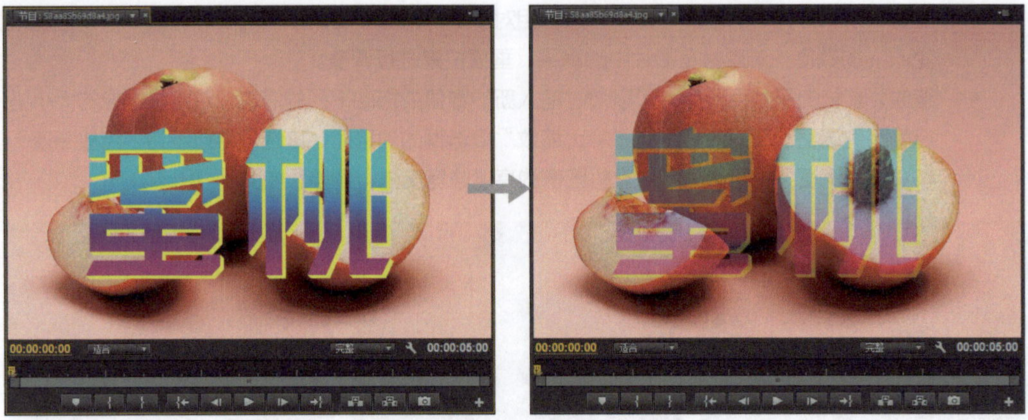

图 8-6 修改文字不透明度为50%

在“混合模式”下拉列表中，可以设置当前素材剪辑与位于其下层视频轨道中的图像，在像素色彩、亮度、饱和度等方面的混合方式，部分混合效果如图8-7所示。

颜色加深　　　　滤色　　　　叠加

差值　　　　相除　　　　发光度

图 8-7 素材剪辑的图像混合模式

3.“时间重映射”选项

该选项用于修改动态视频素材的播放速率，来改变素材剪辑的持续时间，得到快镜头或慢镜头播放的效果。也可以通过在不同位置创建关键帧并设置不同数值，得到视频素材播放时的动态变速效果。在“效果控件”面板中，向上或向下拖动“速度”选项后面在时间标尺区的水平控制线，即可加快或减慢视频素材的播放速率百分比，改变素材剪辑在时间轴窗口中的持续时间，如图8-8所示。

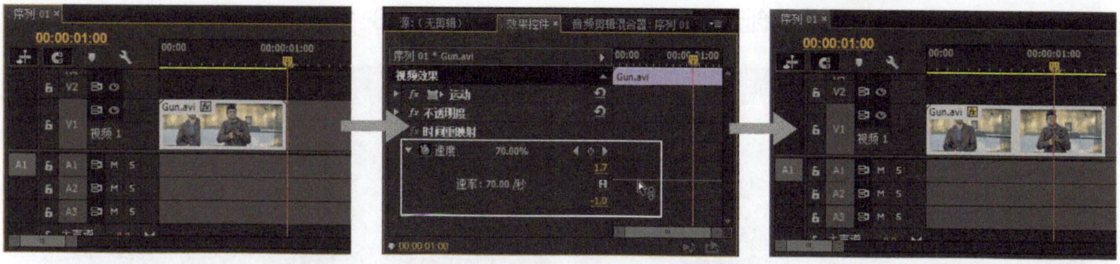

图 8-8 修改视频素材播放速率百分比

提示　在“效果控件”面板中单击各属性选项或添加的特效后面的“重置”按钮，可以恢复该属性选项或特效的参数为默认值。

8.1.2 通过“效果控件”面板创建并编辑动画

通过“效果控件”面板创建关键帧动画，可以更准确地设置关键帧上的选项参数，是在Premiere Pro CC中创建关键帧动画常用的方法。

01 点选时间轴窗口中需要编辑关键帧动画的素材剪辑，打开“效果控件”面板，将时间指针定位在开始位置，然后单击需要创建动画效果的属性选项前面的“切换动画”按钮，如“位置”选项，在该时间位置创建关键帧，如图8-9所示。

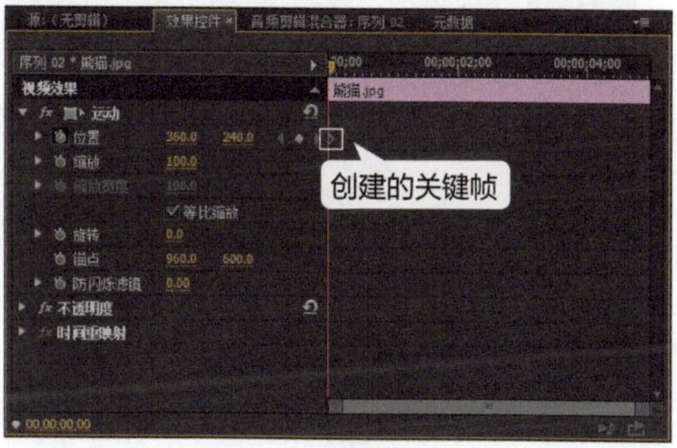

图 8-9 创建关键帧

02 将时间指针移动到新的位置后，单击“添加/移除关键帧”按钮，即可在该位置添加一个新的关键帧；在该关键帧上修改“位置”选项的数值，即可为素材剪辑在上一个关键帧与当前关键帧之间创建位置移动动画效果，如图8-10所示。

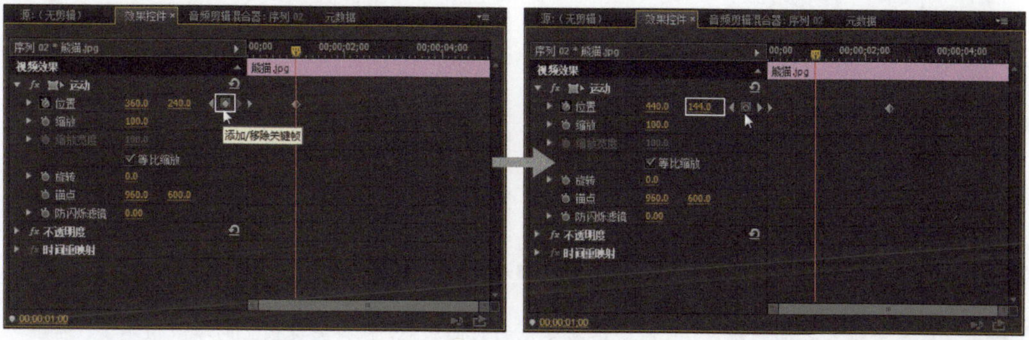

图 8-10 创建关键帧并修改参数值

03 在当前选项的“切换动画”按钮处于状态时，将时间指针移动到新的位置后，直接修改当前选项的数值，即可在该时间位置创建包含新参数值的关键帧，如图8-11所示。

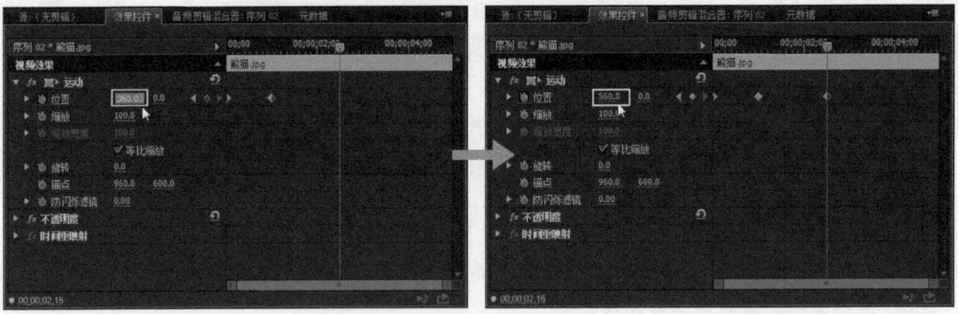

图 8-11 修改数值创建关键帧

04 在创建了多个关键帧以后，单击当前选项后面的“转到上一关键帧”按钮或“转到下一关键帧”按钮，可以快速将时间指针移动到上一个或下一个关键帧的位置，然后根据需要修改该关键帧的参数值，对关键帧动画效果进行调整，如图8-12所示。

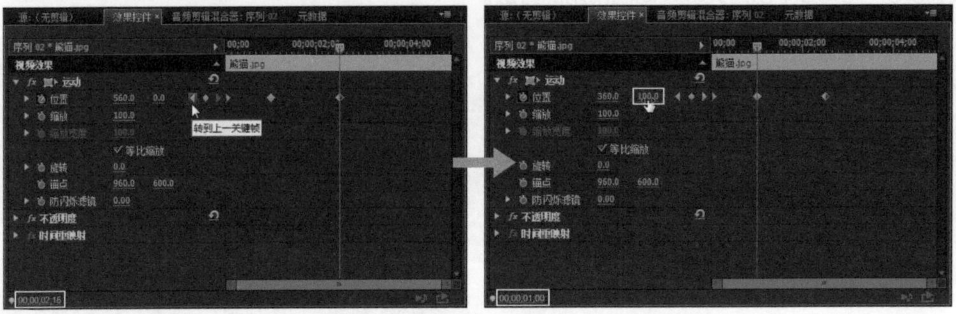

图 8-12 选取关键帧

05 用鼠标点选或框选一个或多个关键帧后（被选中的关键帧将以黄色图标显示），用鼠标按住并左右拖动，可以改变所选关键帧的时间位置，进而改变所创建动画的快慢效果，如图8-13所示。

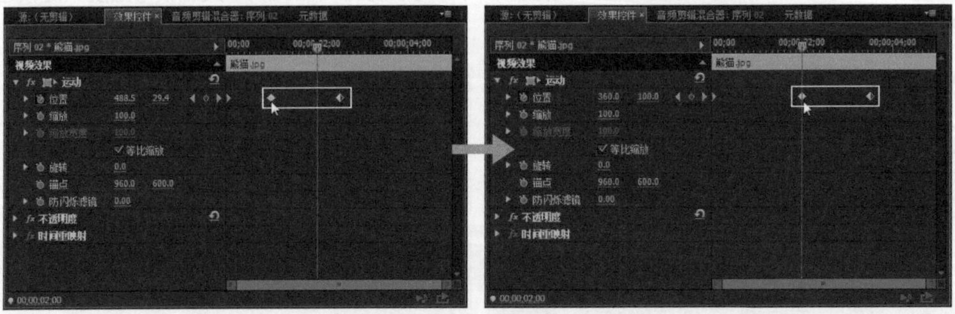

图 8-13 移动关键帧

提示 改变关键帧之间的距离，可修改运动变化的时间长短。保持关键帧上的参数值不变，缩短关键帧之间的距离，可以加快运动变化的速度；延长关键帧之间的距离，可以减慢运动变化的速度。

06 将时间指针移动到一个关键帧上以后，单击“添加/移除关键帧”按钮，可以删除该关键帧，如图8-14所示。

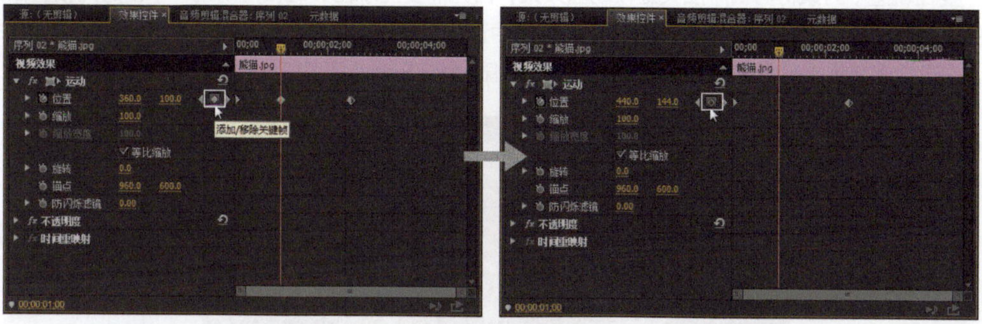

图 8-14 删除关键帧

07 用鼠标点选或框选需要删除的一个或多个关键帧后，可以按下Delete键直接将其删除，如图8-15所示。

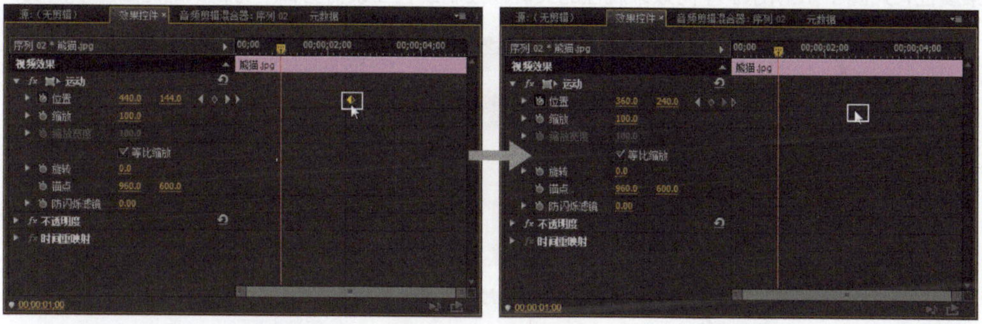

图 8-15 删除关键帧

08 在为选项创建了关键帧以后，单击选项名称前面的“切换动画”按钮，在弹出的对话框中单击“确定”按钮，即可删除设置的所有关键帧，取消对该选项编辑的动画效果，并且以时间指针当前所在位置的参数值作为取消关键帧动画后的选项参数值，如图8-16所示。

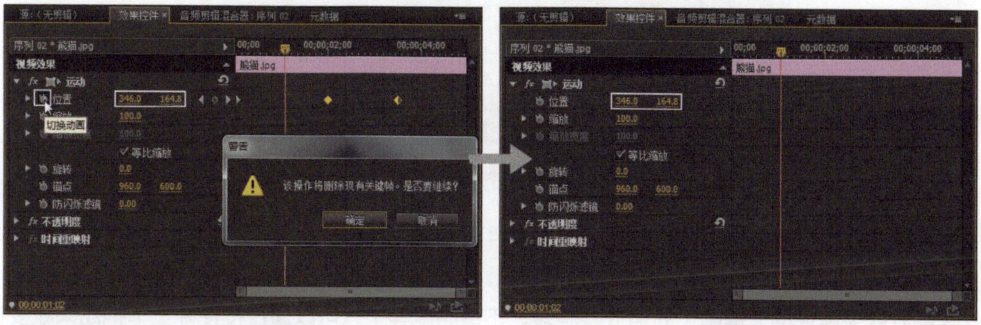

图 8-16 取消关键帧动画

8.1.3 在轨道中创建与编辑动画

要在轨道中为素材剪辑添加关键帧动画效果，首先需要显示出关键帧控制线。单击时间轴窗口顶部的“时间轴显示设置”按钮，在弹出的菜单中选择“显示视频关键帧”或“显示音频关键帧”命令，即可在展开轨道的状态下，在轨道中的素材剪辑上显示出对应的关键帧控制线，如图8-17所示。

图 8-17 显示出素材剪辑的关键帧控制线

单击素材剪辑上名称后面的（效果）图标，在弹出的列表中可以选择切换当前控制线所显示的效果属性，如图8-18所示。不同效果属性的关键帧控制线，在素材剪辑中有默认的对应显示高度。

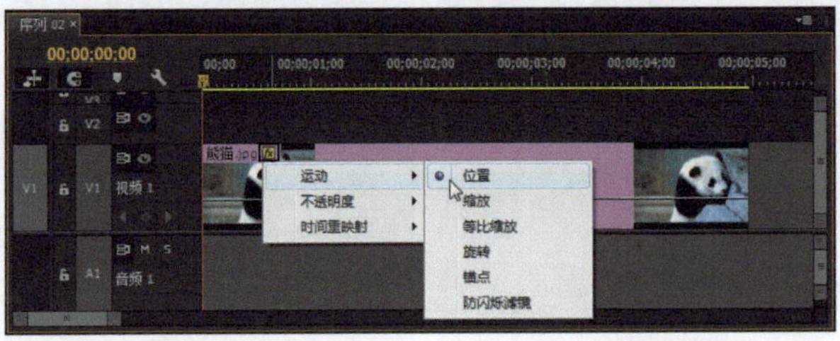

图 8-18 切换关键帧控制线所显示的效果属性

点选素材剪辑后，将时间指针移动到需要添加关键帧的位置，然后单击轨道头中的“添加/移除关键帧”按钮，可以在指定位置添加一个关键帧，如图8-19所示。

图 8-19 添加的关键帧

添加了关键帧以后，可以配合使用“效果控件”面板，对所选效果属性的关键帧参数值进行设置；在轨道中按住并左右拖动素材剪辑上的关键帧，可以改变关键帧的时间位置，如图8-20所示。

大部分效果属性的关键帧（如缩放、旋转、不透明度等），可以通过按住并上下拖动来改变该关键帧的参数值，进而创建不同关键帧上的参数变化所生成的动画效果，如图8-21所示。不过用鼠标拖动来改变参数值的操作通常不够精确，为了得到更细致准确的动画效果，建议还是通过“效果控件”面板对所选关键帧的参数值进行设置。

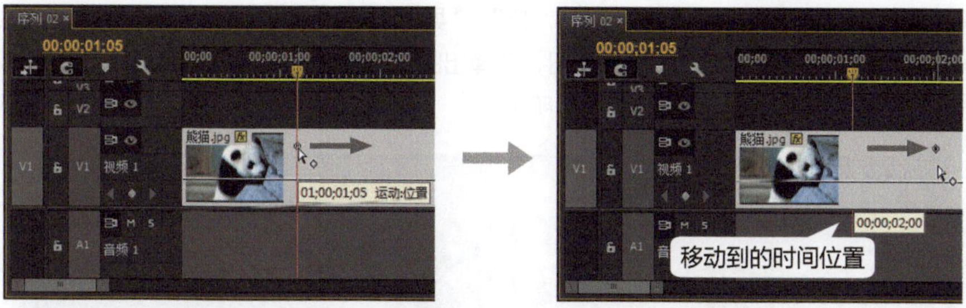

图 8-20 移动关键帧的时间位置

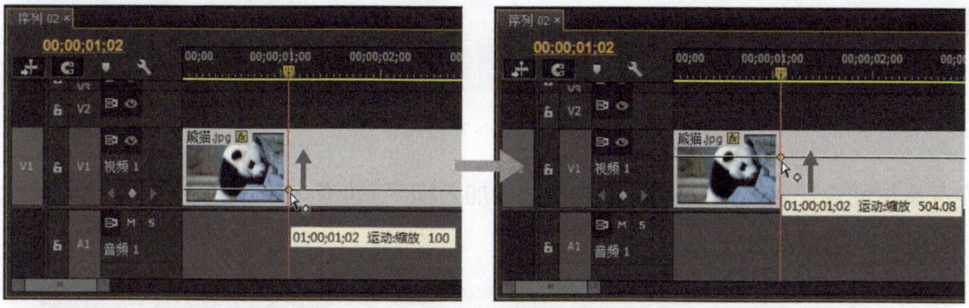

图 8-21 调整关键帧参数值

通过轨道头中的“添加/移除关键帧”按钮◇或直接点选并按下Delete键，可以对不再需要的关键帧进行删除操作。

8.2 各种动画效果的编辑

了解并掌握了关键帧动画的创建与设置方法后，下面来对各种运动类型的动画编辑方法进行实践训练。

8.2.1 功能实例——位移动画的编辑

对象位置的移动动画是最基本的动画效果，通过在“效果控件”面板中为“位置”选项在不同位置创建关键帧并修改参数值来创建。在实际工作中，对于位移动画的运动路径编辑，在节目监视器窗口中进行编辑更加方便、直观。

01 在项目窗口中单击鼠标右键并选择“新建项目→序列”命令，新建一个DV NTSC制式的合成序列，如图8-22所示。

图 8-22 新建合成序列

02 在项目窗口中的空白处双击鼠标左键，打开“导入”对话框，选取准备的ladybug.psd和flower.jpg素材文件，然后单击“打开”按钮，在弹出的“导入分层文件”对话框中，设置导入PSD文件的方式为“合并所有图层”，如图8-23所示。

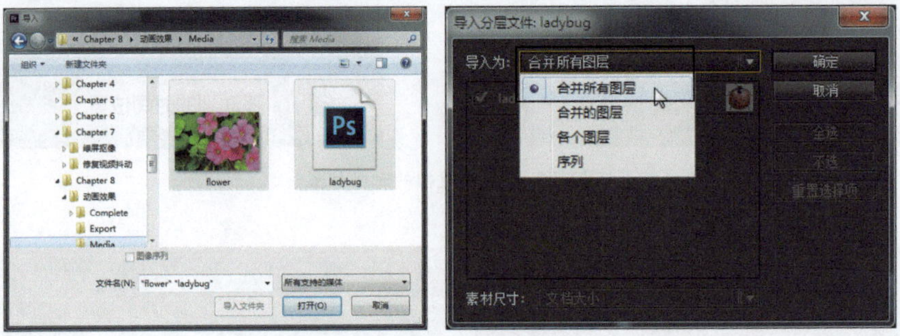

图 8-23 导入素材文件

03 将花朵素材图像加入视频1轨道，将瓢虫图像加入视频2轨道，并将它们的持续时间延长到10秒的位置，如图8-24所示。

图 8-24 加入素材并延长持续时间

04 在节目监视器窗口中双击瓢虫图像，进入编辑状态后，将其等比缩小到合适的大小，如图8-25所示。

图 8-25 缩小瓢虫图像

05 在时间轴窗口中将时间指针移动到开始位置；在节目监视器窗口中，将瓢虫图像移动到画面左侧靠下的位置，如图8-26所示。

06 打开“效果控件”面板并展开“运动”选项，单击“位置”选项前的“切换动画”按钮，在合成开始的位置创建关键帧，如图8-27所示。

图 8-26 定位剪辑图像

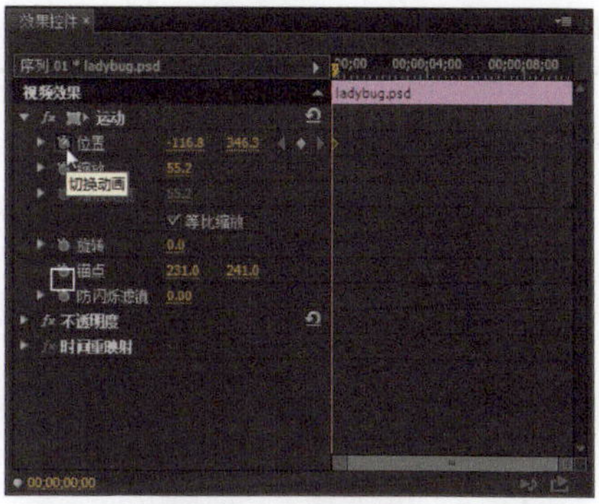

图 8-27 创建关键帧

07 将时间指针移动到第3秒的位置，在节目监视器窗口中按住并拖动瓢虫图像到画面左上角的位置，Premiere Pro CC将自动在“效果控件”面板中第3秒的位置添加一个关键帧，如图8-28所示。

图 8-28 移动剪辑并添加关键帧

08 用同样的方法，在第5秒、第8秒、结束的位置添加关键帧，为瓢虫图像创建移动到画面中下部、右上方、右侧外的动画，如图8-29所示。

图 8-29 编辑位移动画

09 在时间轴窗口中拖动时间指针或按下空格键，可以预览目前编辑完成的位移动画效果。接下来对瓢虫图像的位移路径进行调整，使位移动画有更多的变化。将鼠标指针移动到运动路径中第5秒关键帧左侧的控制点上，当鼠标指针改变形状后，按住并向左拖动一定距离，即可改变两个关键帧之间的位移路径曲线，如图8-30所示。

10 将鼠标指针移动到运动路径中第5秒关键帧上，当鼠标指针改变形状后，按住并向上拖动一定距离，可以改变该关键帧前后的位移路径曲线，如图8-31所示。

图 8-30 调整运动路径(1)

图 8-31 调整运动路径(2)

11 根据需要将瓢虫图像的运动路径调整好后，为了使其飞舞的动画更逼真，可以对其在画面中的旋转角度进行适当的调整，如图8-32所示。

图 8-32 调整运动曲线和图像角度

12 编辑好需要的位移动画效果后，按“Ctrl+S”快捷键进行保存。

8.2.2 功能实例——缩放动画的编辑

下面继续利用上一实例的项目文件，在其位移动画的基础上编辑缩放动画，制作瓢虫在花丛画面中飞远变小、飞近变大的动画。

01 在时间轴窗口中将时间指针移动到开始位置，然后打开“效果控件”面板，单击“缩放”选项前的“切换动画”按钮创建关键帧，并将该关键帧的参数值设置为50%，如图8-33所示。

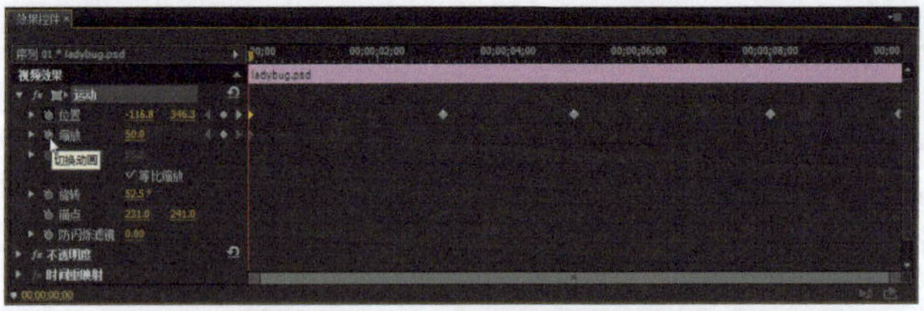

图 8-33 创建缩放关键帧

02 单击“位置”选项后面的“转到下一关键帧”按钮，快速将时间指针定位到第3秒的位置，然后将“缩放”选项的参数值修改为40，在该位置添加一个关键帧，如图8-34所示。

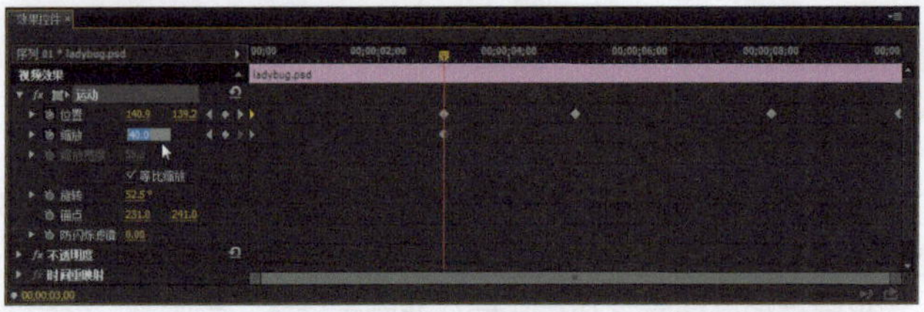

图 8-34 添加关键帧

03 用同样的方法，为“缩放”选项添加新的关键帧并修改参数值，编辑出缩放变化的动画，如图8-35所示。

		00:00:05:00	00:00:08:00	00:00:09:29
⏱	缩放	65%	40%	50%

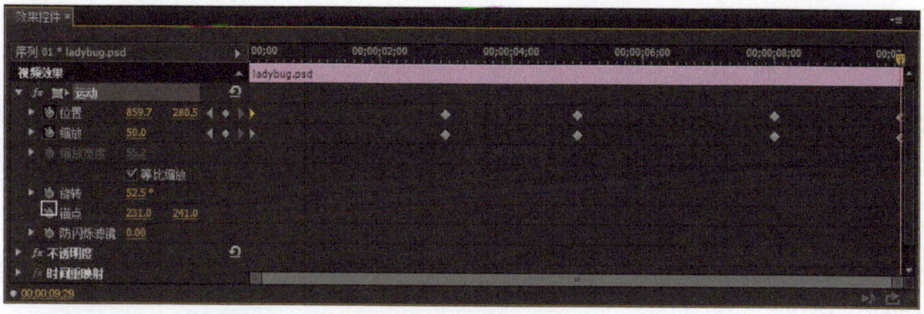

图 8-35 添加关键帧并设置参数

04 在时间轴窗口中拖动时间指针或按下空格键，预览编辑完成的位移和缩放动画效果，如图8-36所示。编辑好需要的缩放动画效果后，按“Ctrl+S”快捷键进行保存。

图 8-36 预览缩放动画

8.2.3 功能实例——旋转动画的编辑

在上面实例的动画中，瓢虫的飞舞角度并没有随着运动路径的变化而改变。下面通过为其创建旋转动画，使其在画面中的飞舞动画更逼真。

01 在时间轴窗口中将时间指针移动到开始位置，然后打开“效果控件”面板，单击“旋转”选项前的“切换动画”按钮⏱创建关键帧，并将该关键帧的参数值设置为30.0°，如图8-37所示。

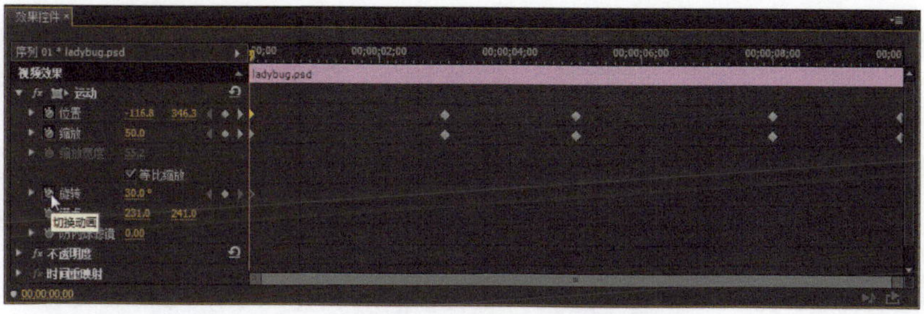

图 8-37 创建旋转关键帧

02 将时间指针定位到第3秒的位置，在节目监视器窗口中双击瓢虫图像，进入其编辑状态后，参考位移动画运动路径的方向，对瓢虫图像的旋转角度进行适当调整，如图8-38所示。

03 将时间指针移动到第4秒的位置，在节目监视器窗口中参考运动路径的方向，对瓢虫图像的旋转角度进行调整，如图8-39所示。

图 8-38 添加关键帧并旋转图像

图 8-39 添加关键帧并旋转图像

04 将时间指针移动到第5秒的位置，在节目监视器窗口中参考运动路径的方向，调整瓢虫图像的旋转角度，如图8-40所示。

05 将时间指针移动到00;00;06;15的位置，在节目监视器窗口中对瓢虫图像的旋转角度进行调整，如图8-41所示。

图 8-40 添加关键帧并旋转图像

图 8-41 添加关键帧并旋转图像

06 将时间指针移动到00;00;09;29的位置，在节目监视器窗口中对瓢虫图像的旋转角度进行调整，如图8-42所示。

图 8-42 添加关键帧并旋转图像

07 在时间轴窗口中拖动时间指针或按下空格键，预览编辑完成的瓢虫飞舞动画效果，如图8-43所示。编辑好需要的旋转动画效果后，按“Ctrl+S”快捷键进行保存。

图 8-43 预览动画效果

8.2.4 功能实例——编辑不透明度动画

为影像剪辑编辑不透明度动画，可以制作图像在影片中显示或消失、渐隐渐现的动画效果；在实际编辑工作中，常常用于编辑图像的淡入或淡出效果，使图像画面的显示过渡得更自然。下面继续利用上面编辑的实例文件，编辑瓢虫图像在飞入时逐渐显现，飞出时逐渐消失的动画效果。

01 在“效果控制”面板中将时间指针定位在开始的位置，然后展开“不透明度”选项组，默认情况下，“不透明度”选项前面的“切换动画”按钮处于按下状态，直接单击“添加/移除关键帧”按钮，即可在当前时间位置添加一个关键帧。

02 将时间指针分别移动到第2秒、第8秒和结束位置，在这些位置添加关键帧，如图8-44所示。

图 8-44 添加关键帧

03 分别将开始和结束位置的关键帧的“不透明度”参数值修改为0，如图8-45所示。

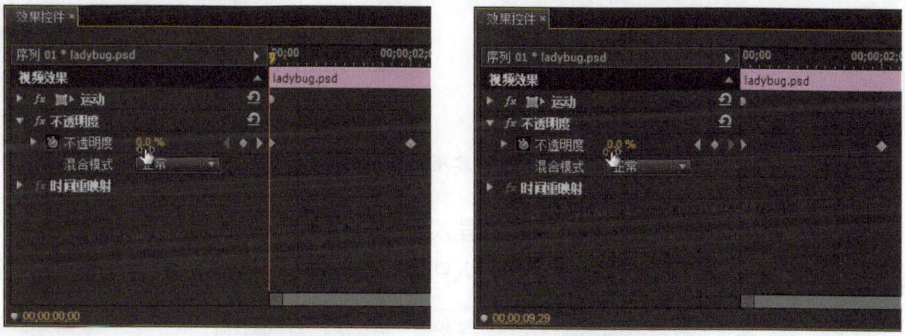

图 8-45 修改“不透明度”参数值

04 在时间轴窗口中拖动时间指针或按下空格键，预览编辑完成的瓢虫飞舞动画效果，如图8-46所示。编辑好需要的不透明度动画效果后，按“Ctrl+S”快捷键进行保存。

图 8-46 预览不透明度动画效果

8.3 关键帧动画应用实例

通过应用关键帧动画编辑影片内容，可以使画面看起来更加生动，更有层次感，下面通过具体的实例来讲解运动特效的编辑应用方法。

8.3.1 功能实例——运动路径与缩放应用：翩翩飞舞

本实例通过对运动路径及缩放效果的应用，模拟出一只蝴蝶在花丛中飞舞的动画效果，具体操作步骤如下。

01 启动Premiere Pro CC并创建一个项目，将其以“翩翩飞舞”命名并保存到指定的目录，然后新建一个DV-NTSC序列，如图8-47所示。

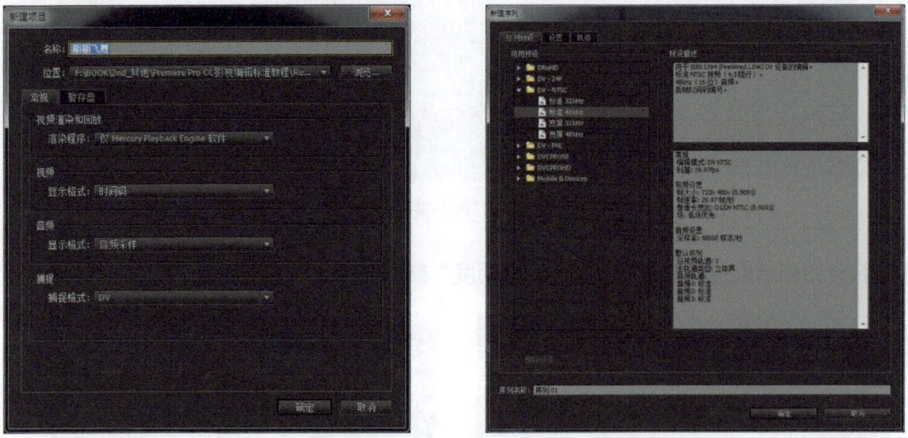

图 8-47 创建项目和序列

02 双击项目素材库窗口的空白区域，打开“导入”对话框，选择本书配套实例文件中Chapter 8\翩翩飞舞\Media目录下的素材文件，将它们导入Premiere的项目素材窗口中，如图8-48所示。

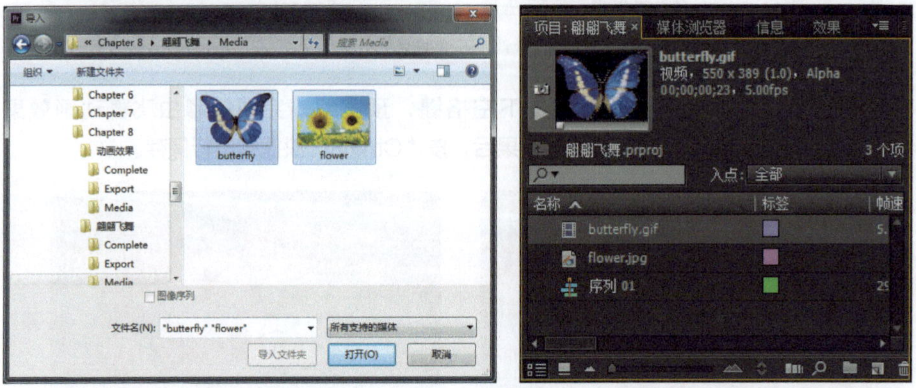

图 8-48 导入素材

03 在项目素材窗口中点选导入的butterfly.gif素材文件，可以在上面的预览窗口中查看到这是一个动态的GIF文件；在预览框右边显示了该文件的尺寸、持续时间、帧速率等信息。双击butterfly.gif文件，可以在素材来源监视器窗口中查看蝴蝶挥动翅膀的动画，如图8-49所示。

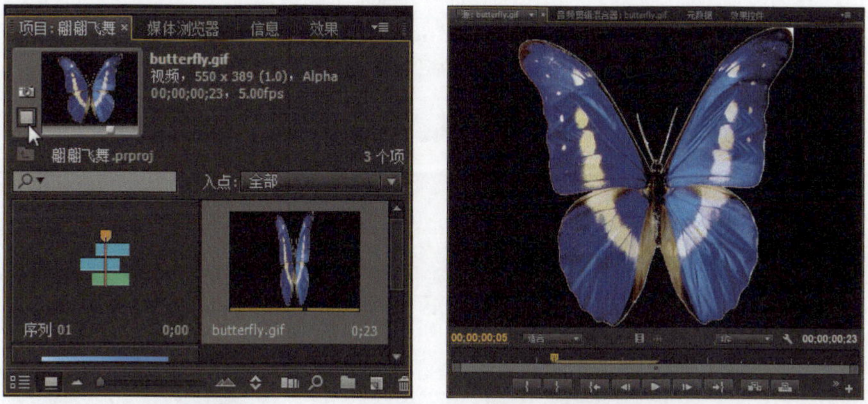

图 8-49　预览 GIF 动画

04 在项目素材窗口中的蝴蝶素材上单击鼠标右键并选择“从剪辑新建序列”命令，以其图像属性创建一个序列，并修改其序列名称为“蝴蝶”，如图8-50所示。

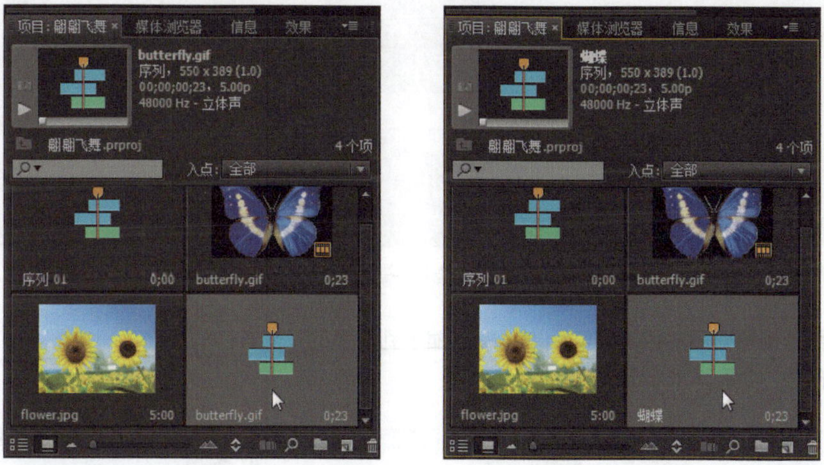

图 8-50　新建序列

05 双击新创建的“蝴蝶”序列，打开其时间轴和节目监视器窗口。点选视频轨道中的剪辑并按“Ctrl+C”快捷键进行复制，再连续按9次“Ctrl+V”快捷键进行粘贴，得到一个7秒29帧的连续动画，如图8-51所示。

06 在时间轴窗口中展开“序列01”的时间轴，然后在项目窗口中将flower.jpg和“蝴蝶”序列分别加入时间轴窗口的视频1和视频2轨道，并将flower.jpg的持续时间调整到与轨道2中序列对象的出点对齐，如图8-52所示。

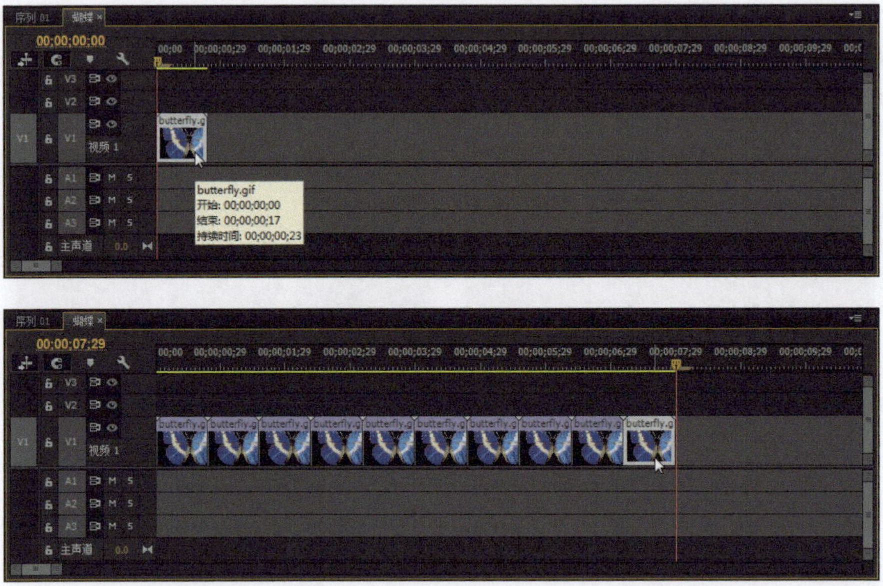

图 8-51 复制剪辑

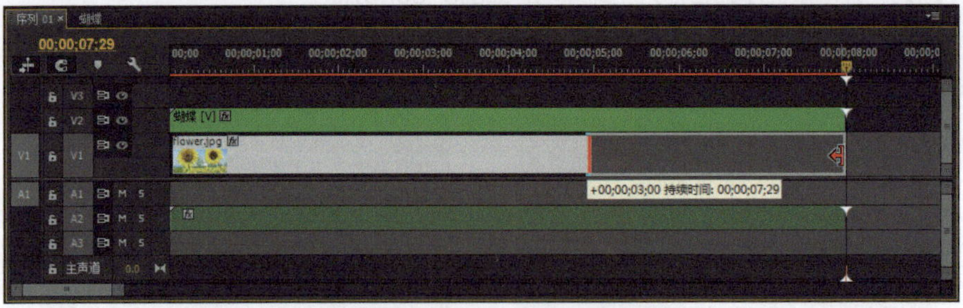

图 8-52 加入素材并调整持续时间

07 在节目监视器窗口中双击蝴蝶图形，将其缩小到合适的尺寸并向右稍微旋转角度，然后移动到画面的左下侧，如图8-53所示。

图 8-53 调整图像大小和位置

08 将时间指针定位到开始的位置，然后选中“蝴蝶”序列素材，打开“效果控件”面板，为“位置”和“缩放”选项在当前位置创建关键帧，如图8-54所示。

图 8-54 调整素材的位置和尺寸

09 将时间指针移动到第2秒的位置，然后将监视器窗口中的蝴蝶图像移动到画面中图8-55所示的位置，并适当缩小尺寸。

10 将时间指针移动到第4秒的位置，然后将监视器窗口中的蝴蝶图像移动到画面中图8-56所示的位置，并适当放大尺寸。

图 8-55 调整图像位置并缩小

图 8-56 调整图像位置并放大

11 将时间指针移动到第6秒的位置，然后将监视器窗口中的蝴蝶图像移动到画面中图8-57所示的位置，并适当缩小尺寸。

12 将时间指针移动到结束的位置，然后将监视器窗口中的蝴蝶图像移动到画面右侧并适当放大，得到蝴蝶从左侧飞入，从右侧飞出的完整动画，如图8-58所示。

图 8-57 调整图像位置并缩小

图 8-58 调整图像位置并放大

13 为方便显示操作，在时间轴窗口中暂时关闭视频1轨道的显示；双击监视器窗口中的蝴蝶图像，在其运动路径显示出来后，用鼠标调整路径上的控制节点，使运动路径更平滑，如图8-59所示。

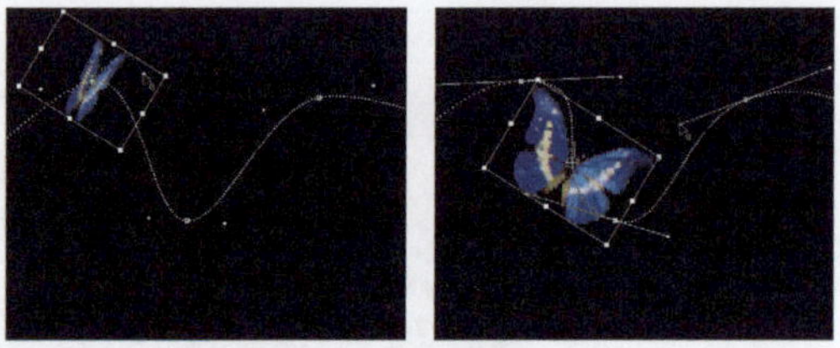

图 8-59 调整运动路径

14 在“效果控件”面板中将时间指针定位到开始位置，为“旋转”选项创建关键帧并设置参数值，得到蝴蝶在画面中飞舞的同时转动方向的动画效果，如图8-60所示。

		00:00:00:00	00:00:02:00	00:00:04:00	00:00:06:00	00:00:07:28
	旋转	30°	45°	75°	45°	90°

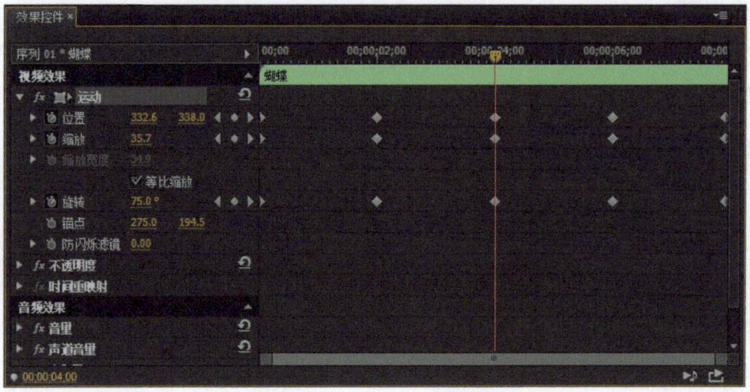

图 8-60 设置对象旋转

15 拖动时间指针，预览编辑完成的动画效果，然后按“Ctrl+S”快捷键保存项目。

16 执行“文件→导出→媒体”命令，在打开的“导出设置”对话框中单击“输出名称”后面的链接，打开“另存为”对话框，将影片以“彩蝶飞”命名，保存到指定的目录中，最后单击“导出”按钮，开始导出视频文件，如图8-61所示。

图 8-61 设置导出参数

17 输出完成后，可以在播放器中观看影片完成后的效果，如图8-62所示。

图 8-62 观看效果

8.3.2 功能实例——运动速度与不透明度应用：美好的世界

通过编辑不透明度关键帧动画，可以得到图像渐隐渐现的动画效果，应用多层图像的显隐变化，使画面富有层次感。对移动、缩放等动画设置缓入或缓出效果，可以改变运动的速度，让动画看起来更加协调。下面通过一个小实例，介绍应用运动速度及不透明度动画编辑的操作方法。

01 启动Premiere Pro CC，创建一个项目并将其以“美好的世界”命名，保存在指定目录下，如图8-63所示。

02 执行“文件→导入”命令，打开“导入”对话框，将本书配套实例文件中Chapter 8\美好的世界\Media目录下准备的素材导入项目窗口中，如图8-64所示。

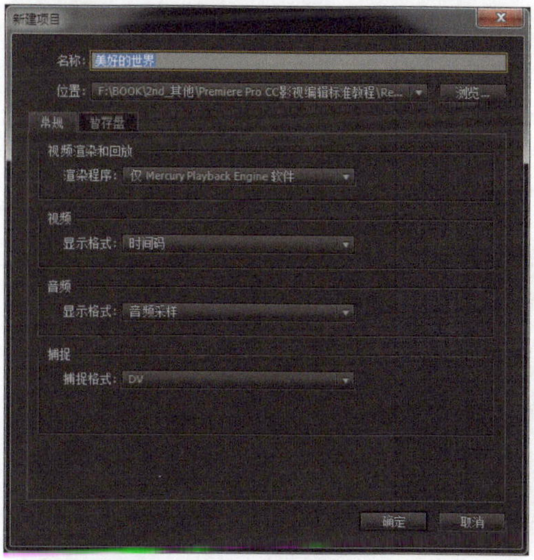

图 8-63 新建项目

图 8-64 导入素材

03 在项目素材窗口中的视频素材上单击鼠标右键并选择“从剪辑新建序列”命令，以其图像属性创建一个序列，并修改其序列名称为“美好的世界”，如图8-65所示。

图 8-65 从剪辑新建序列

04 双击新创建的序列，打开其时间轴和节目监视器窗口。将时间指针定位到开始的位置，将图像素材1.jpg加入视频2轨道，如图8-66所示。

05 将时间指针定位到第4秒的位置，将图像素材2.jpg加入视频3轨道，使图片2与图片1有1秒的重叠，如图8-67所示。

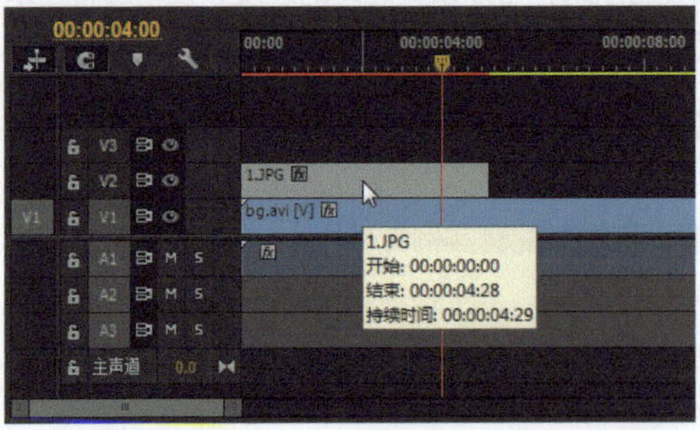

图 8-66 加入素材剪辑

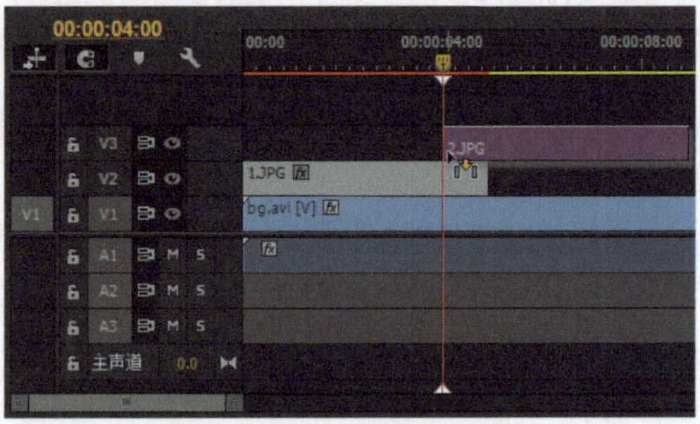

图 8-67 加入素材剪辑

06 用同样的方法，将项目窗口中的其他图像素材加入时间轴窗口，保持后一图像剪辑从前一图像剪辑的末尾一秒开始显示，如图8-68所示。

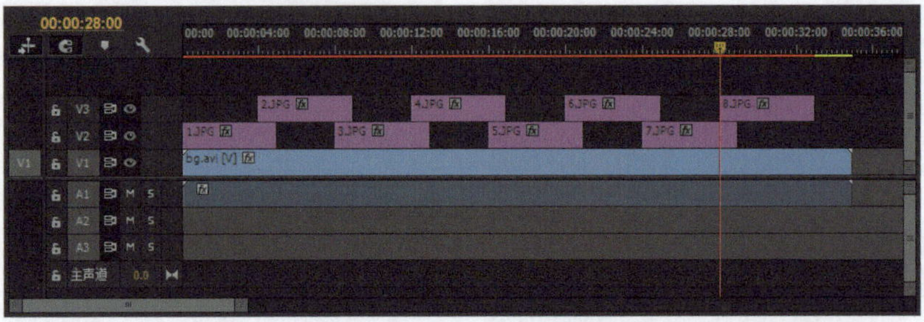

图 8-68 将素材加入时间轴窗口

07 将“标题.png”加入视频1轨道中32秒的位置，然后将其出点与轨道2中8.jpg剪辑的出点都调整到与轨道1中视频剪辑的出点对齐，如图8-69所示。

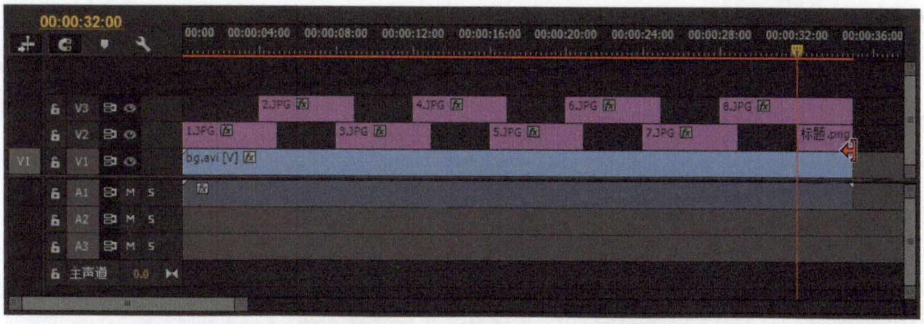

图8-69 加入素材并调整持续时间

08 为图像剪辑1.jpg创建在其持续时间的入点和出点之间，从画面左上方移动到画面右下方的位移动画，如图8-70所示。

图8-70 编辑位置移动动画

09 将时间指针移动到开始位置，按键盘上的空格键预览创建的动画效果，可以看到蜻蜓图像的运动动画是匀速的。

10 在“效果控件”面板中“位置”选项的结束关键帧上单击鼠标右键，在弹出的命令菜单中选择“临时插值→缓入”命令，即可使运动动画在即将停止时，由原来的匀速运动，变成逐渐变慢直至停止，如图8-71所示。

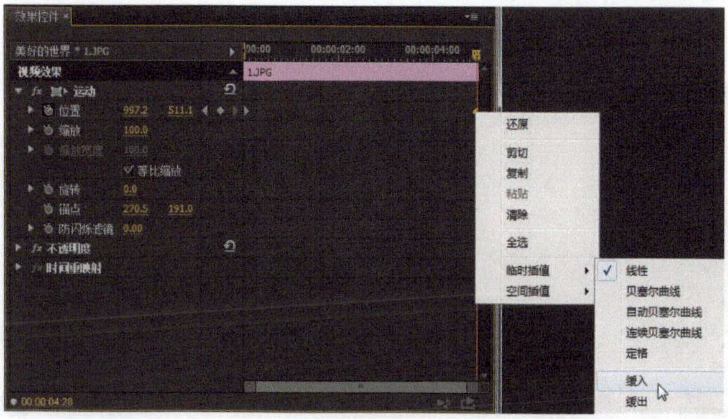

图8-71 设置缓入效果

11 在“效果控件”面板中为“不透明度”选项创建关键帧，编辑素材剪辑从开始到第1秒，不透明度从0到100%的渐显动画，以及从末尾前1秒到结束位置，不透明度从100%到0的渐隐动画，如图8-72所示。

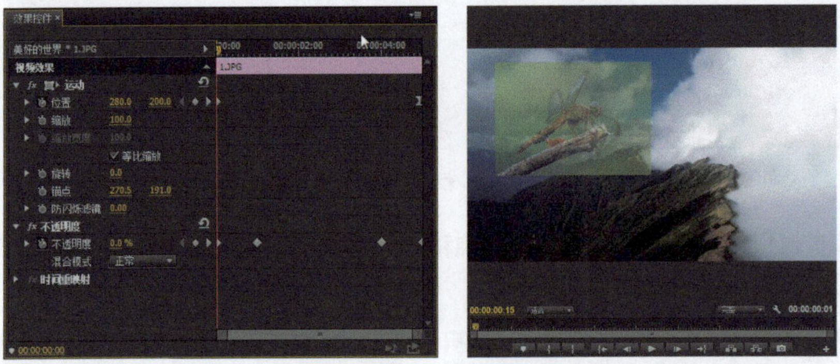

图 8-72 设置渐显渐隐动画效果

12 用同样的方法，依次为时间轴窗口中的2.jpg~7.jpg编辑从不同方向进入画面中的逐渐缓停、渐显渐隐动画效果，如图8-73所示。

图 8-73 编辑动画

13 选中视频3轨道中的8.jpg素材剪辑，在“效果控件”面板中调整其“位置”参数为（640，240），将其移动到画面中上方，如图8-74所示。

图 8-74 设置图像位置

14 移动时间指针到8.jpg的入点位置，为其创建从第28秒到第30秒，“缩放”从50%到100%，“不透明度”从0到100%的放大、渐显动画，并为其缩放动画的结束关键帧设置缓入效果，如图8-75所示。

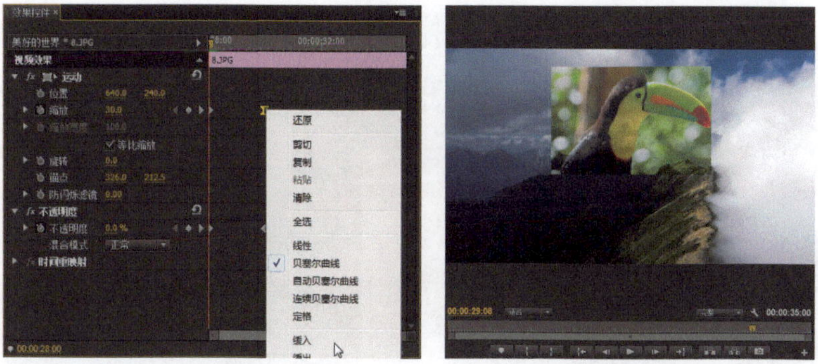

图 8-75 编辑关键帧动画

15 移动时间指针到“标题.png”的入点位置，为其创建从第32秒到第34秒，“位置”从（640,450）到（640,580），“不透明度”从0到100%的移动、渐显动画，并为其位移动画的结束关键帧设置缓入效果，如图8-76所示。

图 8-76 编辑关键帧动画

16 拖动时间指针或按下空格键，在节目监视器窗口中预览编辑完成的影片效果，如图8-77所示。

图 8-77 预览影片效果

17 按“Ctrl+S”快捷键保存项目。执行“文件→导出→媒体”命令，在打开的“导出设置”对话框中单击“输出名称”后面的链接，打开“另存为”对话框，将影片以“美好的世界”命名，保存到指定的目录中，最后单击“导出”按钮，开始导出视频文件，如图8-78所示。

图 8-78 导出设置

18 输出完成后，可以在播放器中观看完成后的效果，如图8-79所示。

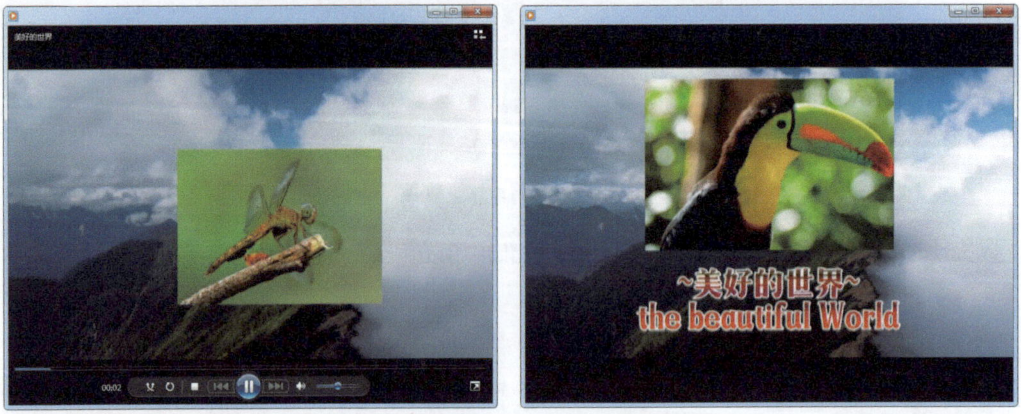

图 8-79 播放影片

8.4 本章知识小结

在Premiere Pro中编辑关键帧动画的原理：为素材剪辑的动画属性（如位置、缩放、旋转、不透明度、音量、特效选项等）在不同时间位置建立关键帧，并在这些关键帧上设置不同的参数，Premiere Pro就可以自动计算并在两个关键帧之间插入逐渐变化的画面来产生动画效果。

- 点选时间轴窗口中需要编辑关键帧动画的素材剪辑后，打开“效果控件”面板，将时间指针定位在开始位置，然后单击需要创建动画效果的属性选项前面的“切换动画”按钮，如“位置”选项，即可在该时间位置创建关键帧。将时间指针移动到新的位置后，单击“添加/移除关键帧”按钮，即可在该位置添加一个新的关键帧；在该关键帧上修改“位置”选项的数值，即可为素材剪辑在上一个关键帧与当前关键帧之间创建位置移动动画效果。
- 在当前选项的“切换动画”按钮处于状态时，将时间指针移动到新的位置后，直接修改当前选项的数值，即可在该时间位置创建包含新参数值的关键帧。
- 在创建了多个关键帧以后，单击当前选项后面的“转到上一关键帧”按钮或“转到下一关键帧”按钮，可以快速将时间指针移动到上一个或下一个关键帧的位置，然后根据需要修改该关键帧的参数值，对关键帧动画效果进行调整。
- 将时间指针移动到一个关键帧上以后，单击“添加/移除关键帧”按钮，可以删除该关键帧。直接用鼠标点选或框选需要删除的一个或多个关键帧后，可以按下Delete键直接将其删除。在为选项创建了关键帧以后，单击选项名称前面的“切换动画”按钮，在弹出的对话框中单击“确定”按钮，即可删除设置的所有关键帧，取消对该选项编辑的动画效果。

第9章

音频内容的编辑应用

本章知识介绍

本章主要介绍音频内容的原理、编辑方法以及相关的基础知识等。通过学习本章内容，读者应该掌握Premiere中音频轨道的关键帧技术，利用调音台进行设置，并且熟悉音频特效和录制音频的方法。

本章学习要点

- 了解音频内容的编辑方式
- 掌握音频素材和剪辑的各种编辑方法
- 熟悉常用音频过渡和音频效果的应用与设置方法
- 了解录制音频的方法

9.1 音频内容编辑基础

在Premiere Pro CC中提供了丰富的音频编辑处理功能，对影片中的音频内容进行恰当的编辑处理，可以对影片制作起到锦上添花的作用。本章主要介绍在Premiere Pro CC中进行音频内容编辑的基本方法、各种常用音频特效的应用与设置方法等。对音频内容的编辑，相比对图像素材的编辑操作要简单些，而且在添加使用、应用和设置特效方面的操作也基本相同。下面先来了解一下在Premiere Pro CC中对音频内容处理的基础知识。

9.1.1 音频素材的导入与应用

音频素材的导入与添加应用，与图像、视频素材的导入与应用方法相同。在导入音频素材时，也可以通过以下3种方法来完成。

- 通过执行导入命令或按“Ctrl+I”快捷键，打开“导入”对话框，选取需要的音频素材执行导入操作。
- 打开媒体浏览器面板，展开音频素材的保存文件夹，将需要导入的一个或多个音频文件选中，然后单击鼠标右键并选择“导入”命令，即可完成音频素材的导入。
- 在文件夹（资源管理器）窗口中将需要导入的音频文件选中，然后按住并拖入Premiere的项目窗口中，即可快速地完成指定素材的导入。

将音频素材加入合成序列，也与图像素材的添加应用方法基本相同，可以通过以下3种方法来完成。

- 选取导入项目窗口中的音频素材，按住并拖入时间轴窗口中相应的音频轨道中。
- 在项目窗口中双击音频素材，将其在源监视器窗口中打开，对其进行需要的编辑处理后（如修剪入点或出点、添加标记等），通过单击“插入”按钮或“覆盖”按钮，将音频素材添加到当前选取的工作轨道中时间指针所在的位置。
- 在文件夹窗口中选取音频素材文件后，直接将其按住并拖入合成序列的时间轴窗口，即可在快速地完成导入音频素材的同时，将其加入需要的位置，如图9-1所示。

图 9-1 快速添加音频素材

9.1.2 对音效内容的编辑方式

在Premiere Pro CC中可以通过以下5种方式，对音频素材或音频剪辑进行对应的编辑处理。

- 在时间轴窗口的音频轨道中，可以对音频剪辑进行持续时间调整与修剪，以及通过添加/删除关键帧、移动关键帧的位置、调整关键帧控制线等操作，对音频内容进行音量调节、特效设置等处理，如图9-2所示。

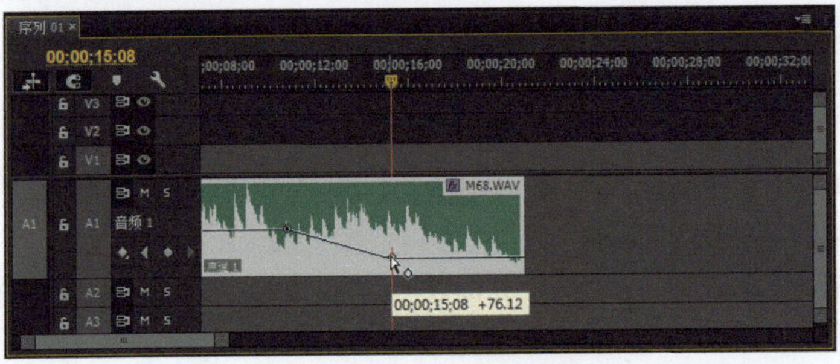

图 9-2 对音频素材进行关键帧编辑

- 使用菜单中相应的命令，对所选音频素材或音频剪辑进行对应的编辑。例如，选中音频素材后，在“剪辑”菜单中可以选择修改音频声道、调整音频增益、修改音频剪辑播放速度或持续时间的命令，进行对应的编辑修改，如图9-3所示。
- 在“效果控件”面板中，通过为音频剪辑的基本属性选项或添加的音频特效进行参数设置，来改变音频剪辑的应用播放效果，如图9-4所示。

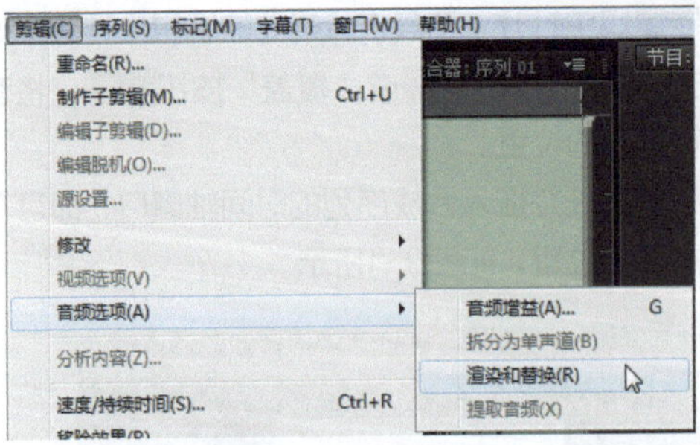

图 9-3 使用菜单命令

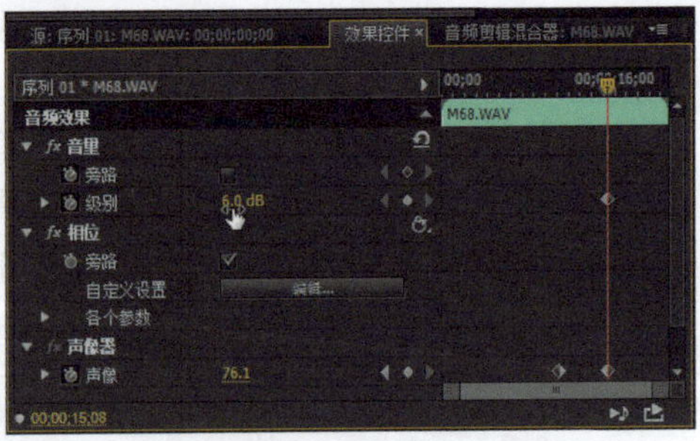

图 9-4 编辑音频效果

- 双击音频素材或音频剪辑，在源监视器中打开该音频素材，可以对音频素材进行播放预览、持续时间的修剪、添加标记、插入指定音频轨道等基本编辑处理，如图9-5所示。
- 在音轨混合器或音频剪辑混合器面板中，可以对音频素材或音频剪辑进行调整音量、调整声道平衡、添加特效等编辑处理，如图9-6所示。

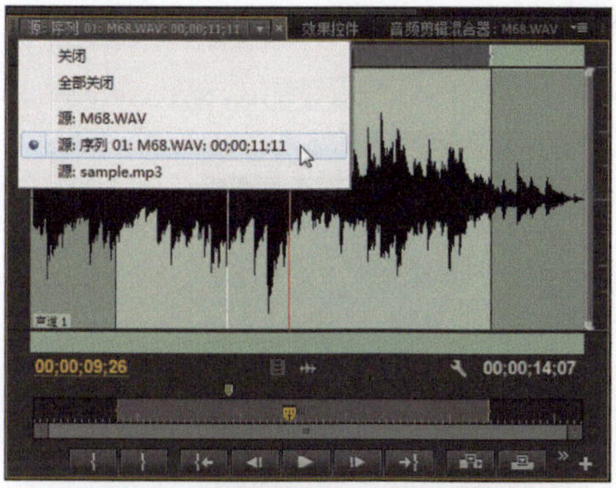

图 9-5 在源监视器窗口中编辑音频

图 9-6 在音轨混合器面板中编辑音频

9.2 编辑音频素材

对音频素材的基本编辑，包括对音频素材或剪辑播放速度、持续时间的调整，对音频剪辑音量的控制，设置音频音量增益等，下面分别对这些编辑操作进行介绍。

9.2.1 调整音频持续时间和播放速度

对音频素材在加入合成序列的持续时间调整，有两种不同的处理方式。一是不改变音频内容的播放速率，通过调整音频剪辑的入点和出点位置，对音频剪辑的持续时间进行修剪，使音频剪辑在影片中播放时只播放其中的部分内容，如图9-7所示。

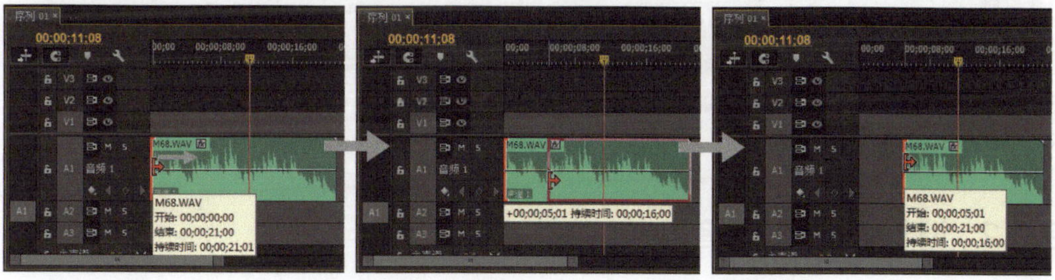

图 9-7 修剪音频剪辑的持续时间

另一种方式是对音频的播放速度进行修改，可以加快或减慢音频内容的播放速度，进而改变音频剪辑在影片中应用的持续时间。与对视频素材播放速率的调整一样，对音频素材的播放速率调整，也包括对项目窗口中的音频素材与对时间轴窗口中的音频剪辑的不同处理。

点选项目窗口中的音频素材后，执行“剪辑→速度/持续时间”命令，在打开的“剪辑速度/持续时间”对话框中，显示了在原始播放速度状态下的素材持续时间，可以通过输入新的百分比数值或调整持续时间数值，修改所选素材对象的默认持续时间，如图9-8所示。这样修改后，以后每次将该素材加入合成序列时，都将在音频轨道中显示新的持续时间。

点选音频轨道中的音频剪辑后，执行“剪辑→速度/持续时间”命令，在打开的“剪辑速度/持续时间”对话框中修改数值，可以单独对该音频剪辑的播放速度与持续时间进行调整，并不会对项目窗口中的该音频素材产生影响，如图9-9所示。

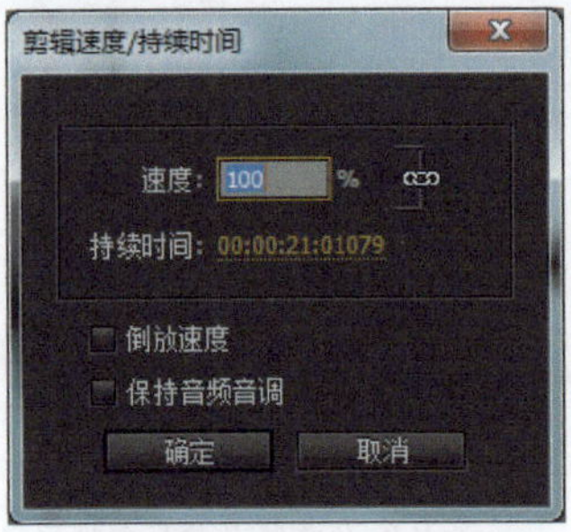

图 9-8 修改音频素材的播放速度

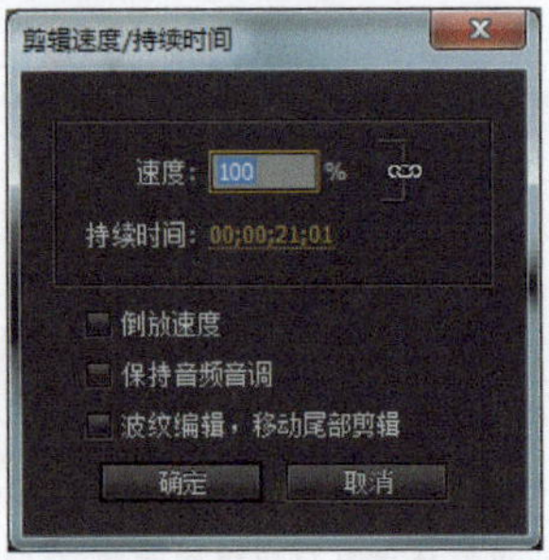

图 9-9 修改音频剪辑的播放速度

提示 修改音频轨道中音频剪辑的持续时间时，在“剪辑速度/持续时间”对话框中勾选“波纹编辑，移动尾部剪辑”复选框，可以使用波纹编辑模式调整剪辑的持续时间，单击“确定”按钮进行应用后，音频轨道中该素材剪辑后面的剪辑，将根据该素材持续时间的变化而自动前移或后移，如图 9-10 所示。

图 9-10 勾选“波纹编辑，移动尾部剪辑”选项的前后对比

9.2.2 调节音频剪辑的音量

对音频剪辑在影片中播放时的音量控制，可以通过以下3种方法进行修改调节。

- 选中音频素材，在“效果控件”面板中展开“音量”选项组，修改“级别”选项的数值，即可调节该音频剪辑的音量，如图9-11所示。
- 在时间轴窗口中单击“时间轴显示设置”按钮，在弹出的命令菜单中选中“显示音频关键帧”命令，然后单击音频剪辑上的图标，在弹出的命令菜单中选中“音量→级别”选项后，即可通过上下拖动音频剪辑上的关键帧控制线，调整音频剪辑的音量，如图9-12所示。
- 点选音频轨道中的音频剪辑，然后打开音频剪辑混合器面板，向上或向下拖动该音频剪辑所在轨道控制选项组中的音量调节器，即可修改该音频素材的音量，如图9-13所示。在调整了音量调节器的位置后，可以看到音频轨道中该音频剪辑的音量控制线也会发生对应的调整。

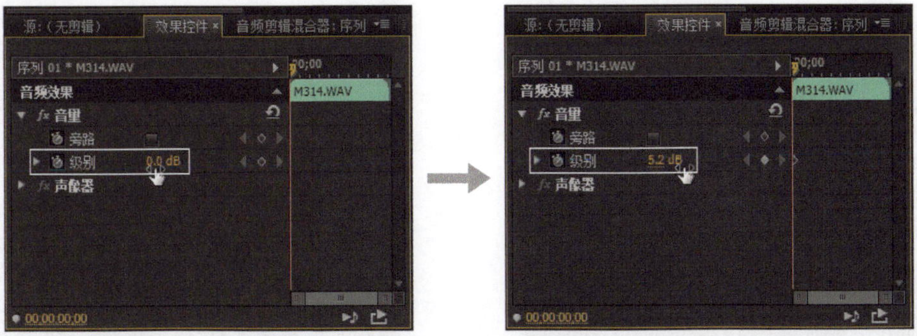

图 9-11 修改音频剪辑的音量

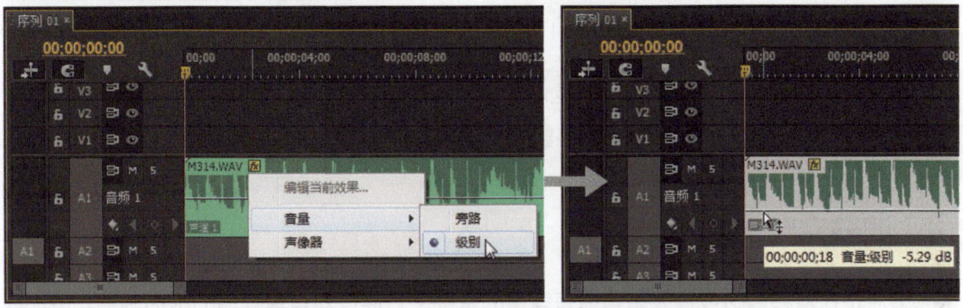

图 9-12 拖动关键帧控制音量

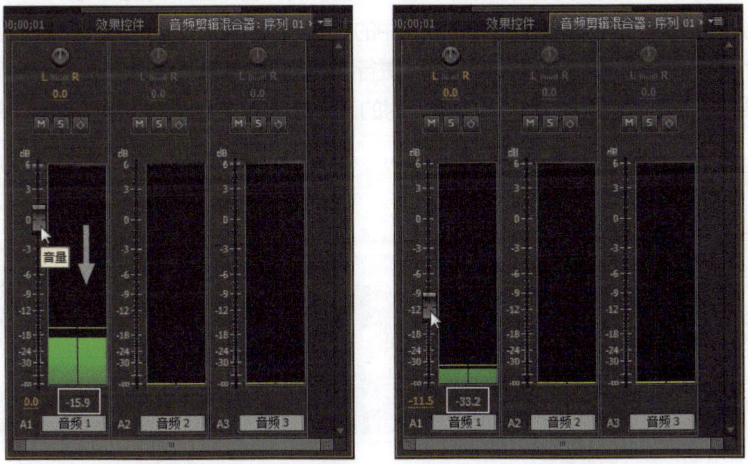

图 9-13 通过音频剪辑混合器面板修改音频剪辑音量

9.2.3 调节音频轨道的音量

通过向上或向下拖动音频轨道混合器面板中的音量调节器，可以对音频轨道的音量进行整体控制，使该音频轨道中所有音频剪辑的音量，都在原来音量的基础上增加或降低设定数值的音量，如图9-14所示。

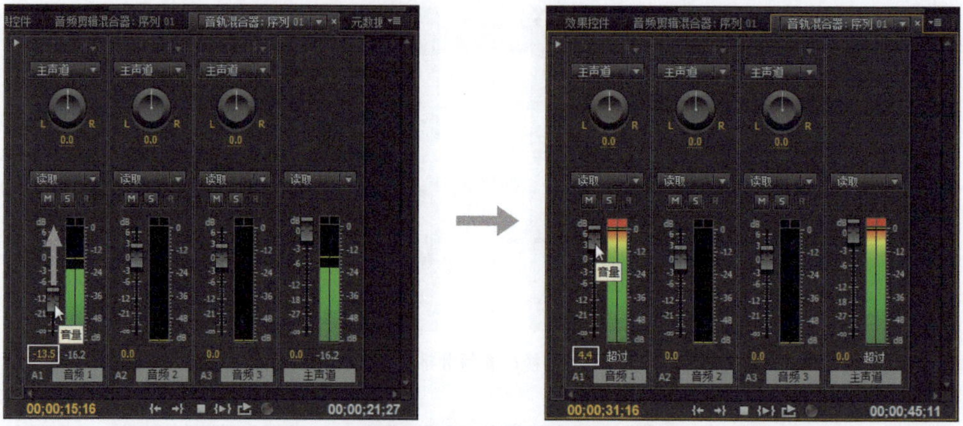

图 9-14 调整音频轨道的音量

提示 在音频剪辑混合器面板或音频轨道混合器面板中调整了音量调节器的位置后，双击音量调节器，可以将其快速恢复到默认的音量位置（即 0.0dB）。

9.2.4 调节音频增益

音频增益是在音频素材或音频剪辑原有音量的基础上，通过对音量峰值的附加调整，增加或降低音频的频谱波形幅度，从而改变音频素材或音频剪辑的播放音量。与调整音频素材和音频剪辑的播放速率一样，对音频素材和音频剪辑执行的音频增益调整，同样会产生不同的影响。

选取项目窗口中的音频素材，或选取音频轨道中的音频剪辑后，执行“剪辑→音频选项→音频增益”命令，在弹出的“音频增益”对话框中，根据需要进行调整设置并单击“确定”按钮，即可在源监视器窗口或音频轨道中查看到音频频谱的改变，其在播放时的音量也将发生对应的改变，如图9-15所示。

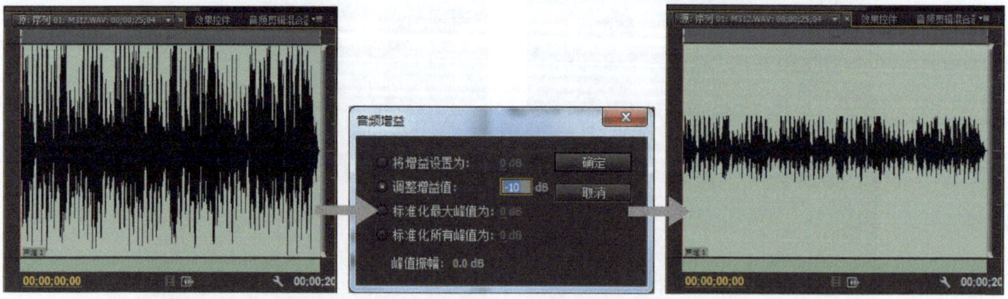

图 9-15 调节音频增益

- 将增益设置为：可以将音频素材或音频剪辑的音量增益指定为一个固定值。
- 调整增益值：输入正数值或负数值，可以提高或降低音频素材或音频剪辑的音量。
- 标准化最大峰值为：输入数值，可以为音频素材或音频剪辑中的音频频谱设定最大峰值音量。
- 标准化所有峰值为：输入数值，可以为音频素材或音频剪辑中音频频谱的所有峰值设定限定音量。

9.2.5 功能实例——单声道和立体声之间的转换

在编辑操作中常用的音频素材，通常为单声道或立体声两种声道格式。在Premiere Pro CC中对音频素材的编辑，也会涉及对其左右声道的处理，某些音频特效也只适用于单声道音频或立体声音频。如果导入的音频素材的声道格式不符合编辑需要，就需要对其进行声道格式的转换处理。

01 新建一个项目文件后，在项目窗口中创建一个合成序列。

02 按“Ctrl+I”快捷键，打开“导入”对话框，选择本书配套实例文件中Chapter 9\Media目录下的“单声道.wav”素材文件并导入，如图9-16所示。

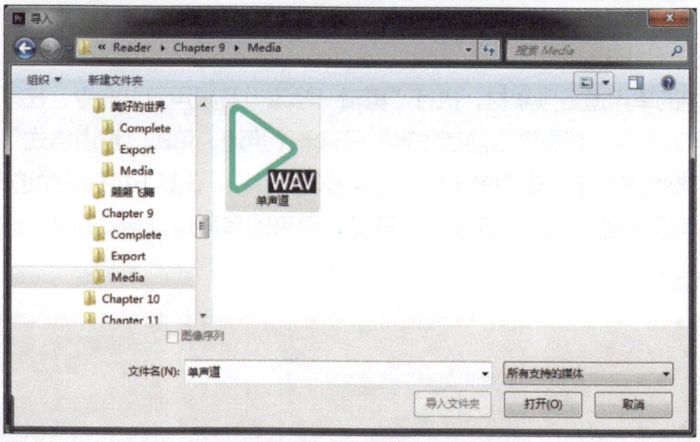

图9-16 导入音频素材文件

03 在项目窗口中双击导入的音频素材，在源监视器窗口中将其打开，可以看到该音频文件是只有一个波形频谱的单声道音频，如图9-17所示。

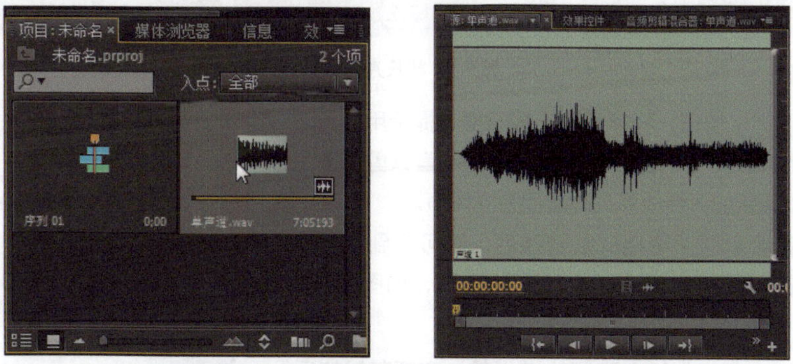

图9-17 查看音频素材

04 为方便进行声道格式转换前后的效果对比，先将当前的单声道音频素材加入一次到时间轴窗口的音频轨道1中，可以看到音频轨道中的音频剪辑也显示为一个波形频谱，如图9-18所示。

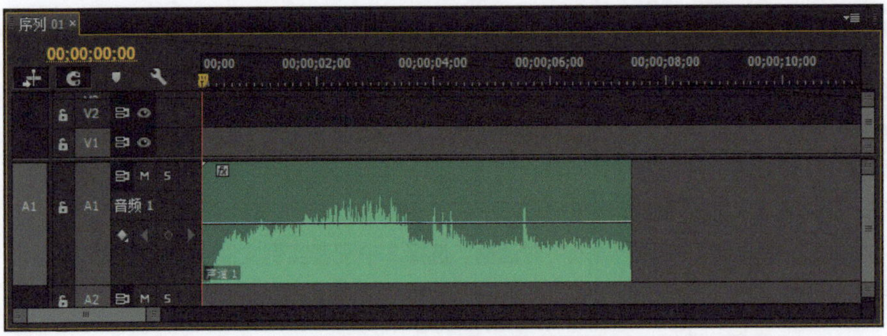

图 9-18 加入音频剪辑

05 点选项目窗口中的单声道音频素材，执行“剪辑→修改→音频声道”命令，在打开的“修改剪辑”对话框中，可以在声道列表中查看到当前音频素材只有一个声道。单击“声道格式”选项后的下拉按钮并选择“立体声”，然后在声道列表中单击新增的声道条目名称，在其下拉列表中选择“声道1”选项，即可将原音频的单声道复制为立体声音频的右声道，原来的单声道则自动设置为左声道，如图9-19所示。

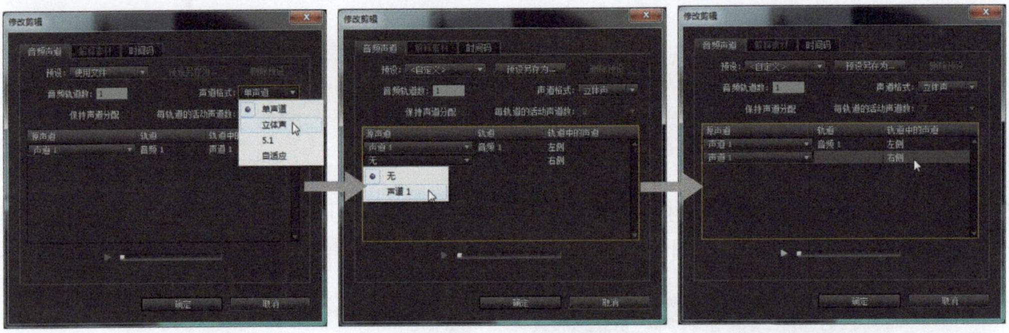

图 9-19 转换声道格式

06 单击“确定”按钮，程序将弹出提示框，提示用户对音频声道格式的修改不会对已经加入合成序列的音频剪辑发生作用，将在以后新加入合成序列时应用为立体声。

07 应用对音频素材声道格式的修改后，即可看到在源监视器窗口中的音频素材变成了立体声的波形，如图9-20所示。

08 再次将该音频素材加入音频轨道中前一音频剪辑的后面，即可查看到两段音频剪辑的波形不同，如图9-21所示。按下空格键进行播放预览，可以分辨出音频在播放时的效果差别。

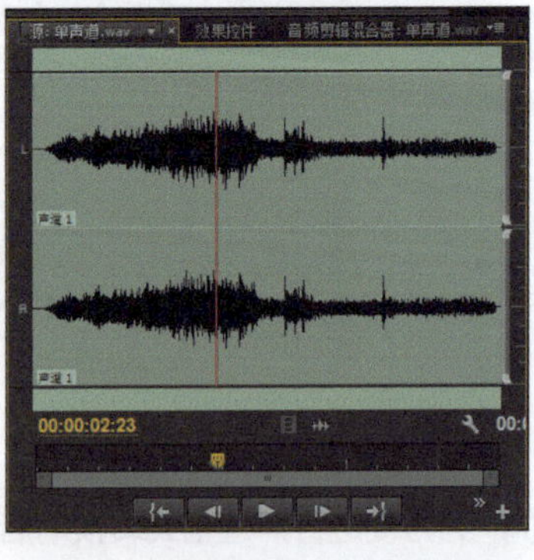

图 9-20 源监视器窗口中的音频波形

用同样的方法，也可以将立体声音频素材转换为单声道素材。在“修改剪辑”对话框中单击“声道格式”选项后的下拉按钮并选择“单声道”，然后在声道列表中单击声道条目名称，在其下拉列表中选择要保留的声道内容即可，如图9-22所示。

图 9-21 加入音频素材

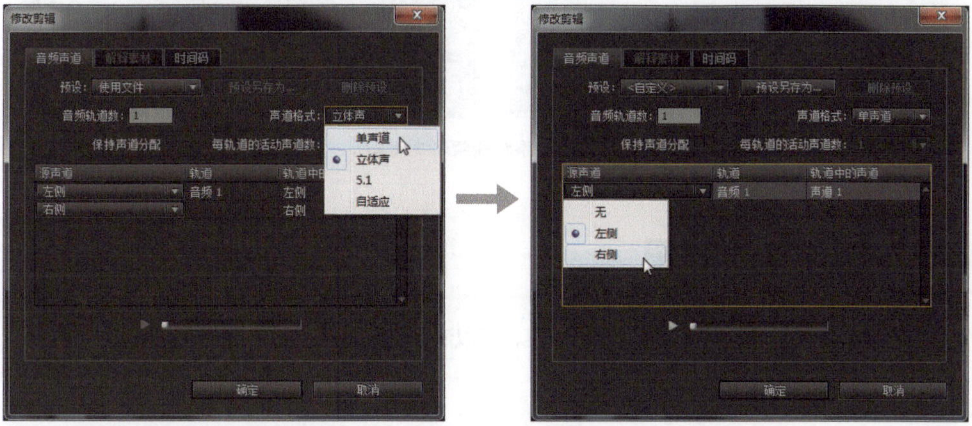

图 9-22 将立体声转换为单声道

立体声音频的左右两个声道中可以包含不同的音频内容，通常应用在影视项目中，可以在一个声道中保存语音内容，另一个声道保存音乐内容。在项目窗口中选中立体声音频素材后，执行“剪辑→音频选项→拆分为单声道”命令，即可将立体声素材的两个声道拆分为两个单独的音频素材，得到两个包含单独声道内容的音频素材，以满足影片编辑的需要，如图9-23所示。

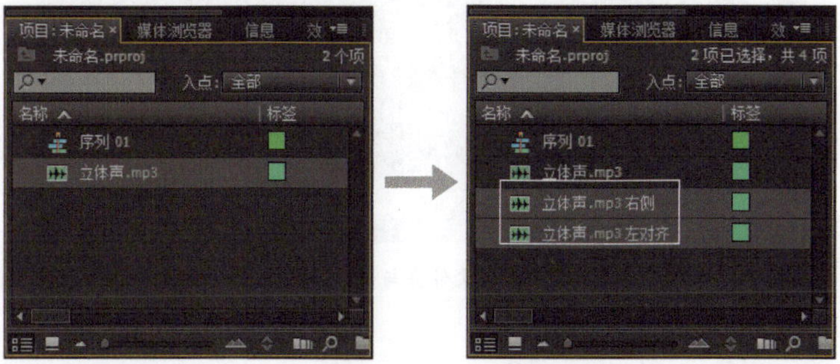

图 9-23 将立体声拆分为单声道

9.3 应用音频过渡

音频过渡效果的作用，与视频过渡效果的作用相似，即用于添加在音频剪辑的头尾或相邻音频剪辑之间，使音频剪辑产生淡入淡出效果，或在两个音频剪辑之间产生播放过渡效果。

在效果面板中展开“音频过渡”文件夹，在其中的“交叉淡化”文件夹下面提供了“恒定功率”“恒定增益”“指数淡化”3种音频过渡效果，它们的应用效果基本相同，在将其添加到音频剪辑上以后，在“效果控件”面板中设置好需要的持续时间、对齐方式即可，如图9-24所示。

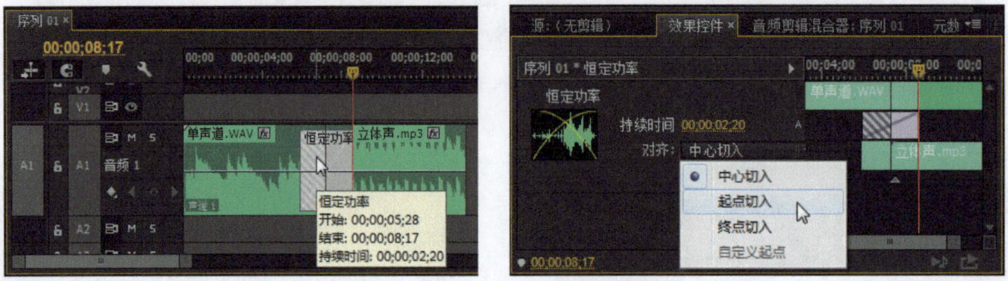

图 9-24 添加音频过渡效果

9.4 应用音频效果

Premiere Pro CC提供了大量的音频效果，可以满足多种音频特效的编辑需要。

9.4.1 音频效果的应用设置

音频效果的应用方法与视频特效一样，只需在添加到音频剪辑上后，在“效果控件”面板中对其进行参数选项设置即可，如图9-25所示。

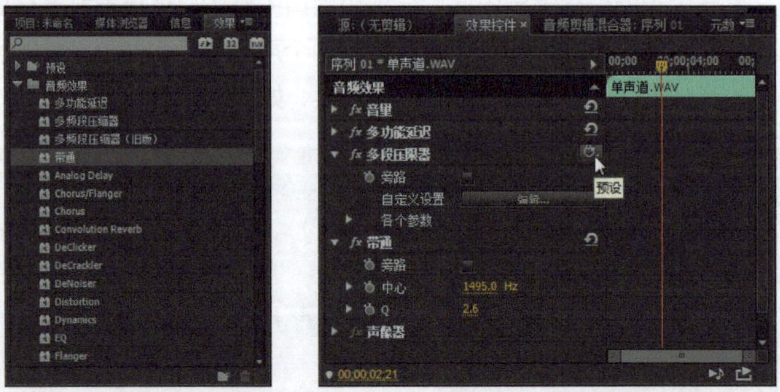

图 9-25 音频效果文件夹与音频效果设置选项

9.4.2 常用音频效果介绍

下面对一些常用的、典型的音频效果的应用与设置方法进行介绍。

1. 多功能延迟

延迟效果可以使音频剪辑产生回音效果，“多功能延迟”特效则可以产生4层回音，通过参数设置，对每层回音发生的延迟时间与程度进行控制，其参数如图9-26所示。

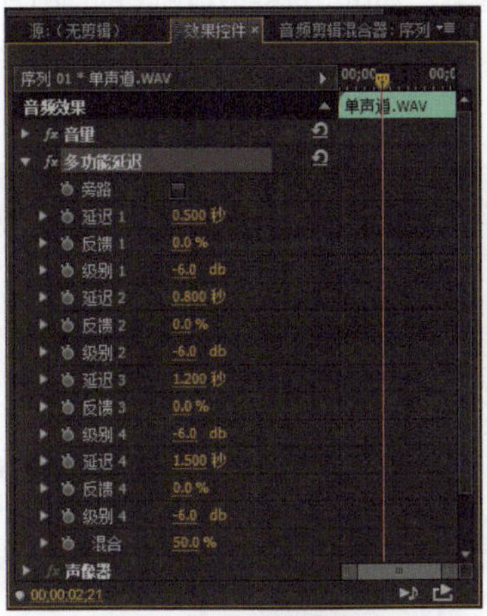

图 9-26 多功能延迟

- 延迟1～4：指定原始音频与回声之间的时间量。
- 反馈1～4：指定延时信号的叠加程度，以产生多重衰减回声的百分比。
- 级别1～4：控制每一层回声的音量大小。
- 混合：控制延迟声音与原始音频的混合程度。

2. DeNoiser（降噪）

该效果是比较常用的音频效果之一，用于自动探测音频中的噪声并将其消除，其参数如图9-27所示。

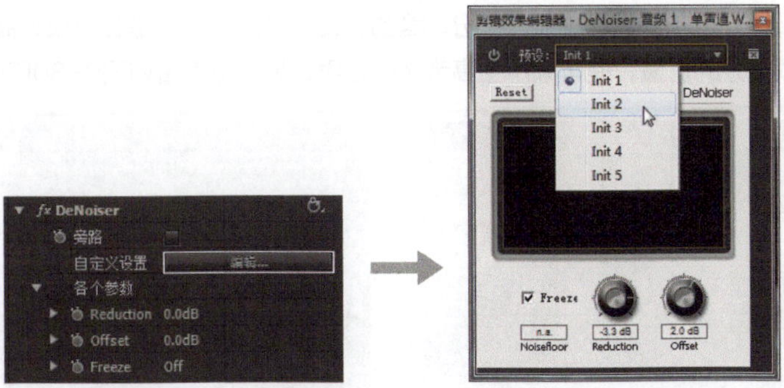

图 9-27 DeNoiser（降噪）

- Noisefloor（基线）：指定素材播放时的噪声基线。
- Freeze（冻结）：将噪声基线停止在当前值，使用这个控制来确定素材消除的噪声量。
- Reduction（消减）：指定消除在-20～0dB范围内的噪声数量。
- Offset（偏移）：设置自动消除噪声和用户指定基线的偏移量。当自动降噪不充分时，通过设置偏移来调整附加的降噪控制。

3. EQ（均衡器）

该特效类似一个多变量均衡器，可以通过对音频的多个频段进行频率、带宽以及电平的调整，来改变音频的音响效果，通常用于提升背景音乐的效果。和常见音频播放器程序中的EQ均衡器的作用相同，除了可以自行设置调整参数，还可以选择多种预设的均衡方案，如Master eq（主均衡）、Bass enhance（低音增强）、Notch（降级）、Sweep maker（清澈）等，其参数设置如图9-28所示。

图 9-28 EQ（均衡器）

4. 低通/高通

低通效果用于删除高于指定频率界限的频率，使音频产生浑厚的低音音场效果；高通效果用于删除低于指定频率界限的频率，使音频产生清脆的高音音场效果，其参数设置如图9-29所示。

5. 低音/高音

低音效果用于提升音频的波形中低频部分的音量，使音频产生低音增强效果；高音效果用于提升音频的波形中高频部分的音量，使音频产生高音增强效果，其参数设置如图9-30所示。

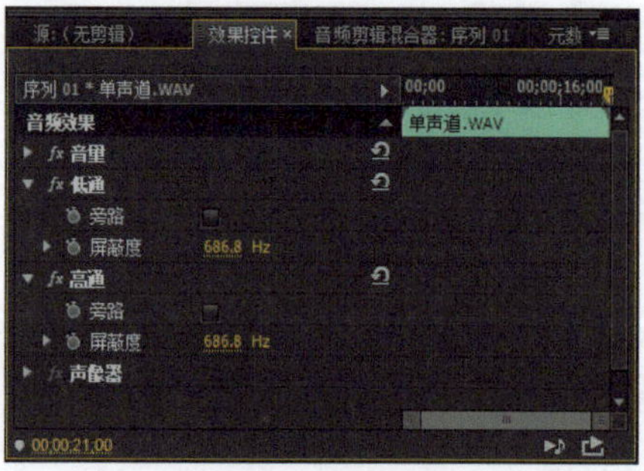

图 9-29 低通/高通

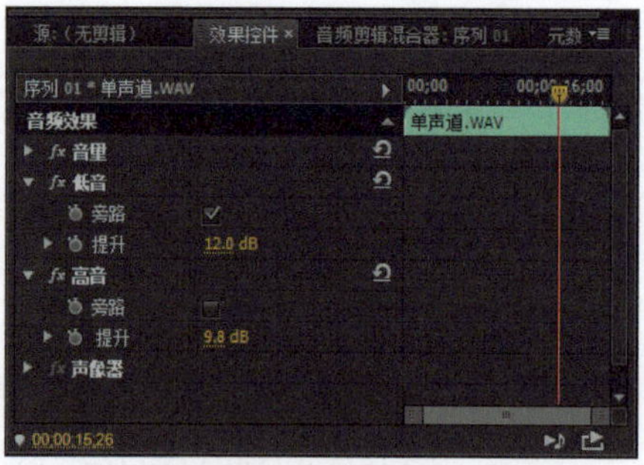

图 9-30 低音/高音

6. Pitch Shifter（变调）

该效果用来调整音频的输入信号基调，使音频的波形产生扭曲的效果，通常用于处理人物语音的声音，改变音频的播放音色，例如，将年轻人的声音变成老年人的声音、模拟机器人语音效果等，其参数设置如图9-31所示。

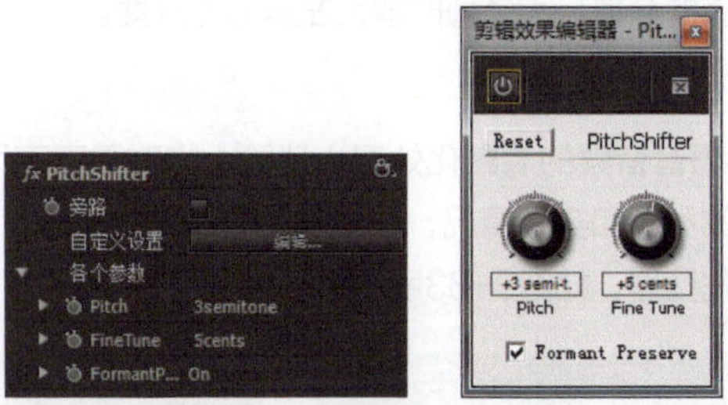

图 9-31　Pitch Shifter（变调）

- Pitch（倾斜）：指定半音过程中定调的变化。
- FineTune（微调）：确定定调参数的半音格之间的微调。
- Formant Preserve（共振保护）：保护音频素材的共振峰免受影响。

7. Reverb（回响）

该特效可以对音频素材模拟出在室内剧场中的音场回响效果，可以增强音乐的感染氛围，其参数设置如图9-32所示。

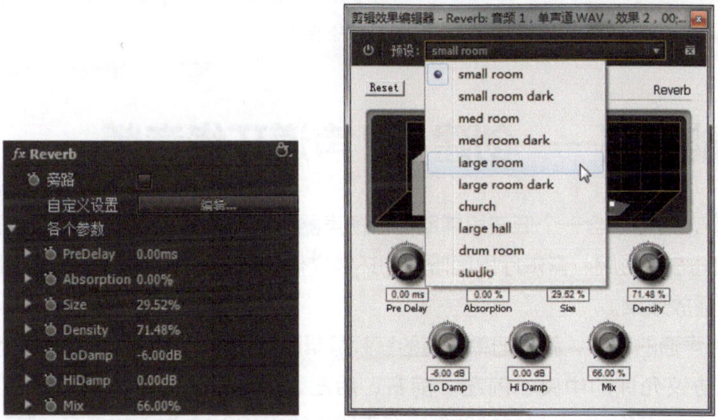

图 9-32　Reverb（回响）

- PreDelay（预延迟）：指定信号与回声之间的时间。
- Absorption（吸收）：指定声音被吸收的百分比。
- Size（大小）：指定空间大小的百分比。
- Density（密度）：指定回响声音拖尾效果的密度。
- LoDamp（低频衰减）：指定低频的衰减。衰减低频可以防止嗡嗡声造成的回响。
- HiDamp（高频衰减）：指定高频的衰减。设置的数值越低，产生的回响声音越柔和。
- Mix（混合）：设置回响声音与原音频的混合程度。

8. 平衡

该特效只能用于立体声音频素材，用于控制左右声道的相对音量。该效果只有一个“平衡”参数，参数值为正时增大右声道的分量，为负值时增大左声道的分量。

9. 消除齿音

该特效主要用于对人物语音音频的清晰化处理，消除人物对着麦克风说话时产生的齿音。在其参数设置中，可以根据语音的类型和实际情况，选择对应的预设处理方式，对指定的频率范围进行限制，快速完成音频内容的优化处理，如图9-33所示。

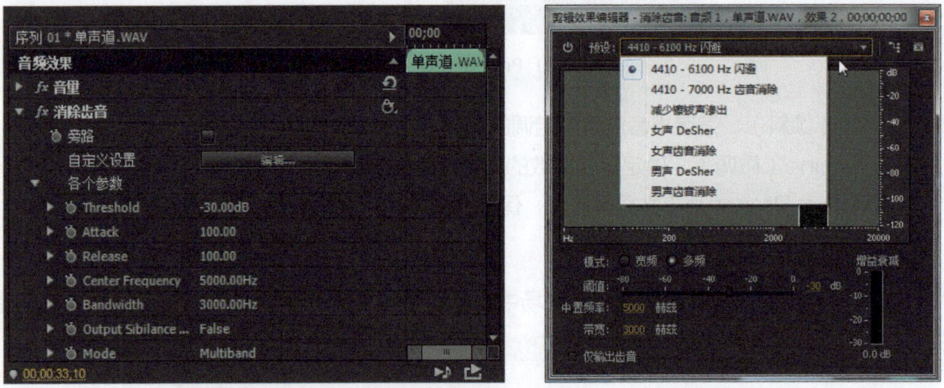

图 9-33 消除齿音

9.5 功能实例——创建5.1声道环绕音频

所谓5.1声道，是指包含一个低波段辅助低音扬声器、两个前置、两个后置和一个中央的音频系统，可以得到如同在电影院、音乐厅里面听到的环绕立体声效果；在制作高清DVD影片时，可以得到更精彩的音频播放效果。

创建5.1环绕声道的音频，就是把单声道的音频剪辑配置到这六个声道上，把每个Pan/Balance分配到5.1声道协议允许的中央、前左、前右、后左、后右以及LFE的辅助低音扬声器。LFE（Low-Frequency Effects）通过辅助低音扬声器来输出120 Hz以下的低音。除了LFE之外的其他轨道分别接声道独立输出，低音部分混合5个声道输出，所以不被称为6个声道，而称为5.1声道。接下来介绍在Premiere Pro CC中创建5.1声道环绕音频的具体方法。

01 在新建的空白项目中新建一个序列，在打开的“新建序列”对话框中单击“轨道”选项卡，在“主音轨”下拉列表中选择“5.1”选项，“声道数”设置为6，然后单击“确定”按钮，如图9-34所示。

02 单击三次 + 按钮，为新建的序列添加三个音频轨道，如图9-35所示。

03 创建好序列项目后，执行“窗口→工作区→音频”命令，以音频编辑模式进行操作，如图9-36所示。

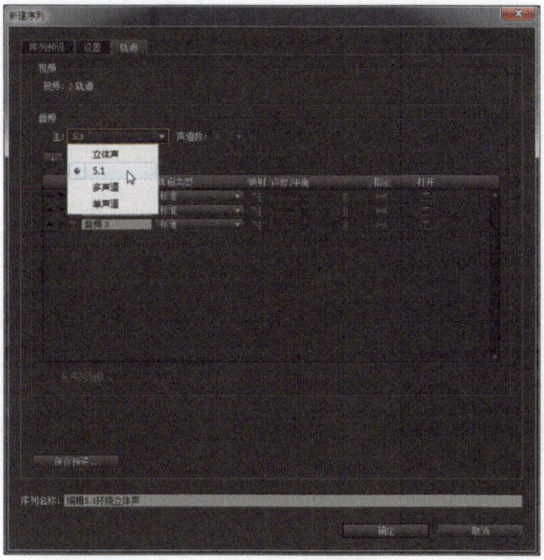

图9-34 新建项目

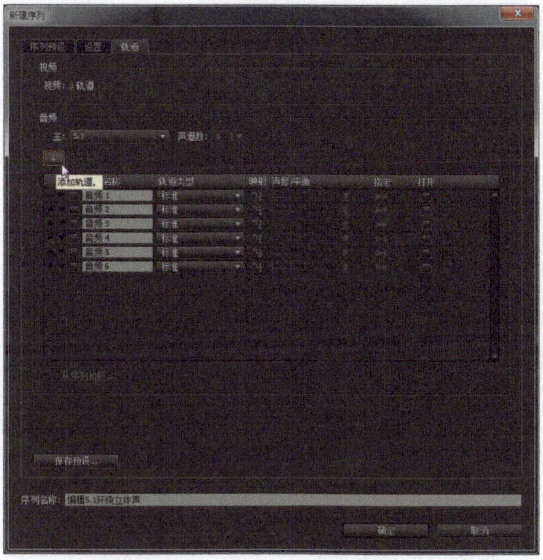

图9-35 添加音频轨道

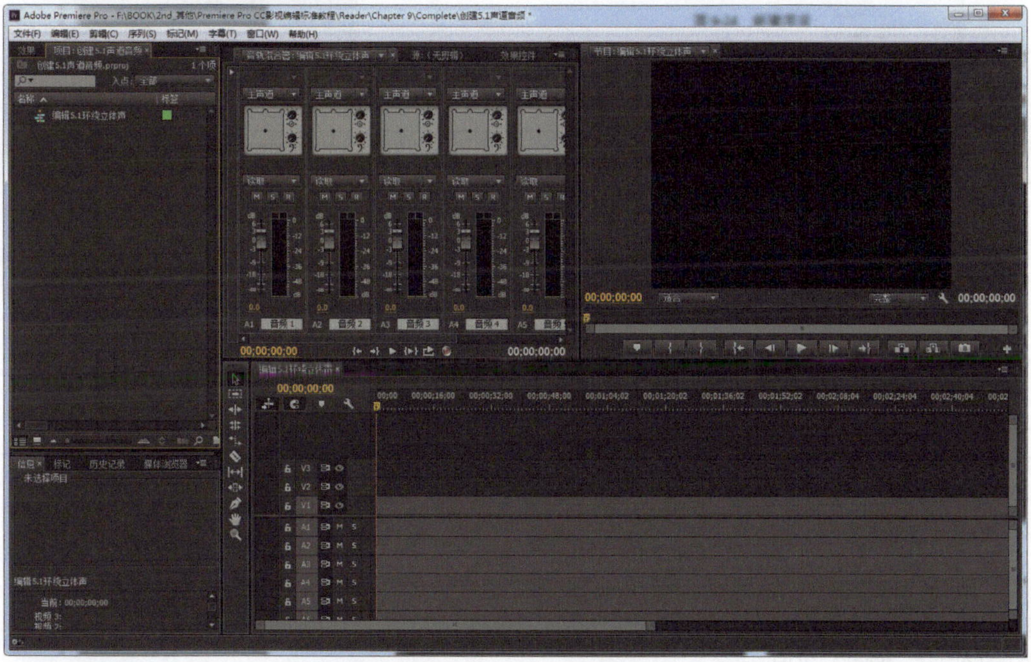

图9-36 音频编辑模式

04 打开“音轨混合器”面板，双击音频1至音频6中的文本框选项，分别以“中央”“前左”“前右”“后左”“后右”和“综合”命名，如图9-37所示。

05 执行“文件→导入”命令，打开“导入”对话框，选择本书配套实例文件中Chapter 9\Media目录下的m1.wav~m6.wav音频文件，将它们导入项目窗口，如图9-38所示。

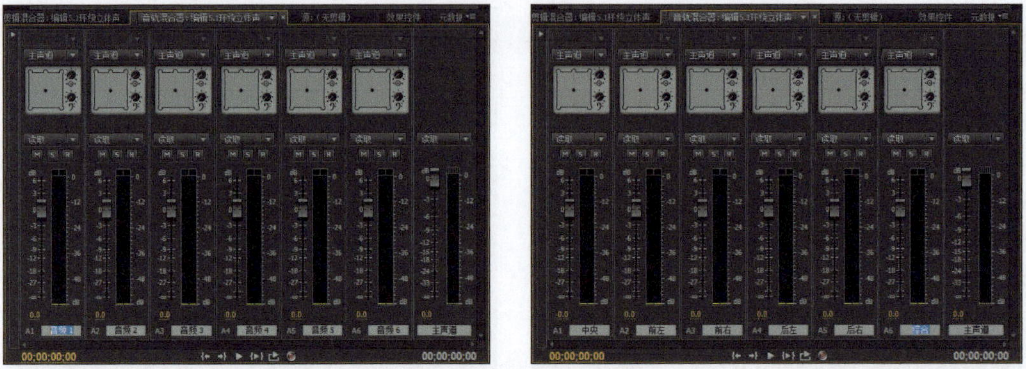

图 9-37 命名各个轨道

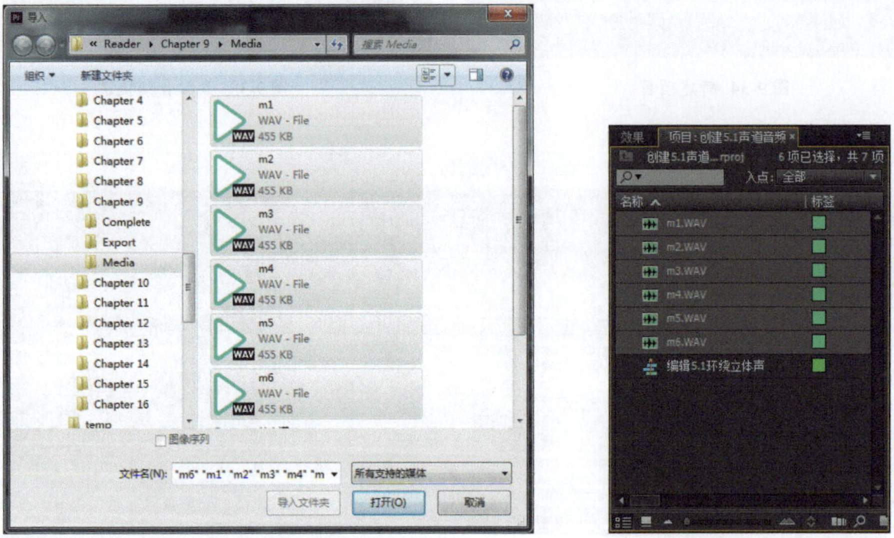

图 9-38 导入音频

提示 导入的素材为单声道音频，无法添加到立体声音频轨道上，因此需要将素材转换为立体声音频。

06 在项目窗口中选中所有导入的音频文件，执行“剪辑→修改→音频声道”命令，打开“修改剪辑”对话框，在“声道格式”下拉列表中选中“立体声”选项，然后将右侧声道选择为“声道1”中的音频内容，如图9-39所示。

07 从项目窗口中将声音文件m1.wav~m6.wav拖放到时间轴窗口，并按图9-40所示进行排列。

08 单击“播放”按钮或按下空格键，执行播放预览。

09 在播放预览时，根据各音频轨道所处声道音源位置的安排，在“音轨混合器”面板中的5.1声像调整区域中，拖动中心的黑色圆点到对应的位置，设置对应的音源效果，如图9-41所示。

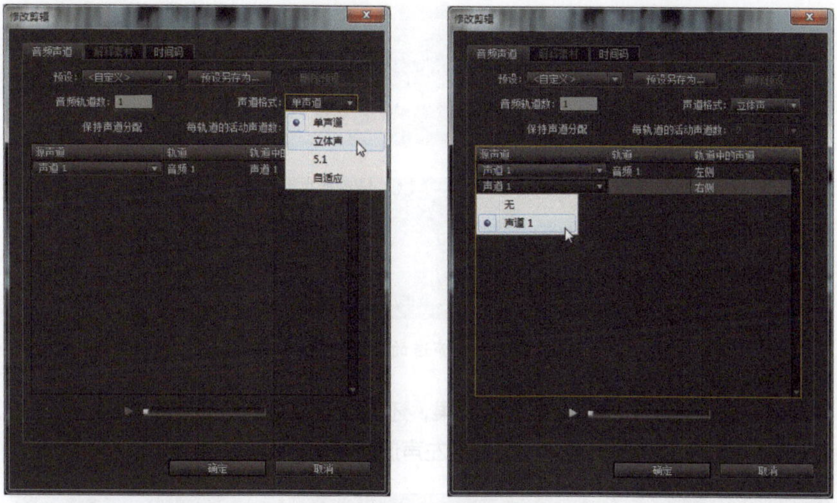

图9-39 修改音频素材属性

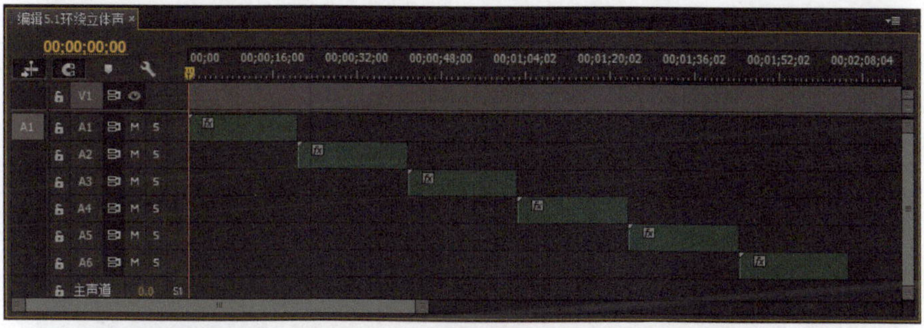

图9-40 导入声音文件到各个轨道

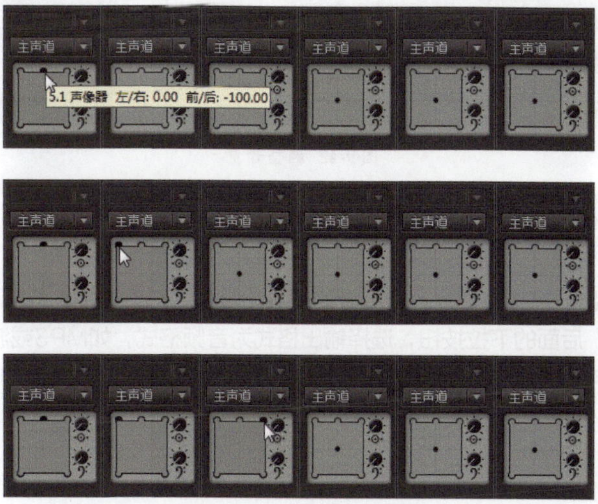

图9-41 设置各声道的音源位置

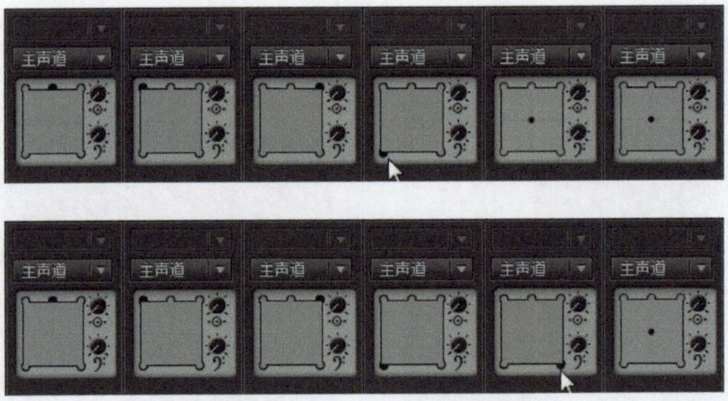

图 9-41 设置各声道的音源位置（续）

10 为了更逼真地模拟出各声道音源位置的效果，还可以对各个声道的音量做对应的调整。例如，向上拖动后左声道中的音量滑块，可适当增加后左声道的音量，如图9-42所示。

图 9-42 调整音量

11 执行“文件→保存”命令，保存编辑完成的工作。单击播放按钮▶，收听5.1立体声环绕音频效果。

12 执行“文件→导出→媒体”命令，在打开的“导出设置”对话框中，取消对“导出视频”选项的勾选；单击“格式”后面的下拉按钮，选择输出格式为音频格式，如MP3或波形音频（WAV），然后设置好输出目录和文件名称，单击“导出”按钮，将项目内容以5.1声道的格式文件导出音频，如图9-43所示。

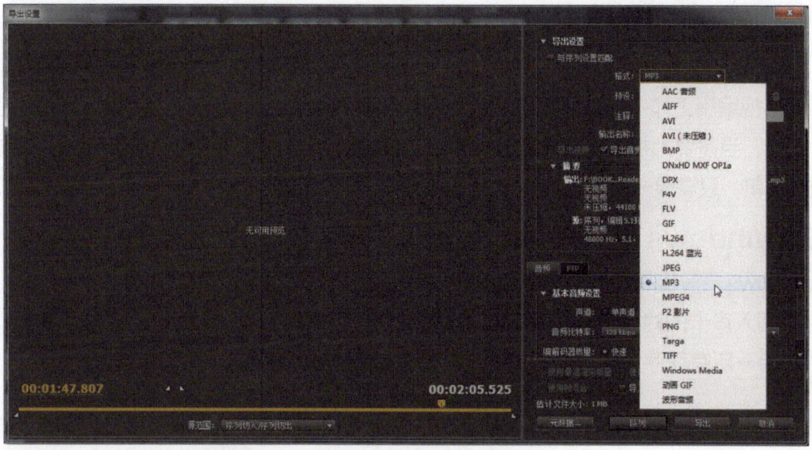

图 9-43 音频导出设置

上面的实例中，为了便于区分在不同声道中播放时的音场效果，在序列中安排的音频剪辑是前后相连依次播放。而实际的影片项目中，则可以是同时在多个声道中都有声音内容的，在编辑时应根据实际需要进行安排。

在欣赏5.1声道的声音时，通常都有专门的环境音效，例如，家庭影院中需要根据声道配置两个前置、两个后置、一个中置音箱和一个重低音，这样才能达到较好的效果。有时在电视或计算机上欣赏DVD时，可能就没有这种音场感觉，而Premiere Pro为了解决这个问题，就提供了一个5.1混合功能的设置。所谓5.1混合，就是在低声道环境下欣赏5.1声道音效。

01 在编辑好的5.1声道项目中执行“编辑→首选项→音频”命令，打开“首选项”对话框。

02 在“5.1混音类型”下拉列表中选择“前置+后置环绕+重低音”选项，即5.1声道，如图9-44所示。

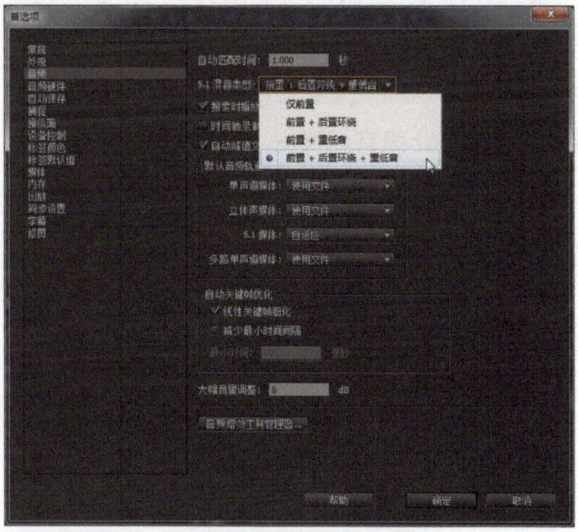

图 9-44 设置 5.1 混合功能

03 单击“确定”按钮执行应用，再进行播放预览，就可以在低声道的环境下感受到类似于标准5.1声道的效果了。

9.6 录制音频素材

在实际的影视编辑工作中，除了需要应用到各种声音内容的音频素材，还常常需要录制音频来得到素材文件。例如，当需要为视频影片添加语音解说的音频内容时，就需要通过录制音频来完成。录制音频的设备相当简单，只需要一台个人计算机、一款具备录音功能的声卡以及一个麦克风就可以了。

1. 使用Windows录音机

使用Windows录音机是所有声音录制方法中最简单和最常见的，其具体操作步骤如下。

01 将麦克风插入声卡的对应插口中，确保麦克风能够正常工作。

02 执行“开始→所有程序→附件→录音机”命令，打开录音机程序，如图9-45所示。

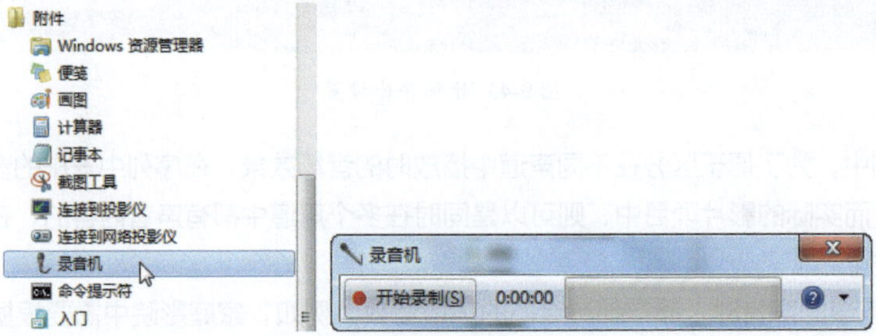

图 9-45 Windows 录音机

03 单击“开始录制”按钮开始录制音频，此时“开始录制”按钮变成“停止录制”按钮，如图9-46所示。

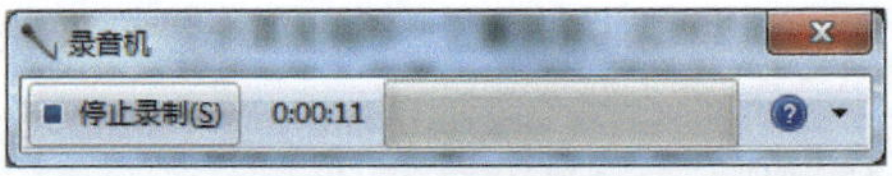

图 9-46 开始录制音频

04 单击“停止录制”按钮停止录音，弹出“另存为”对话框。在对话框中设置好保存的位置和名称后，单击“保存”按钮保存录制的音频，如图9-47所示。

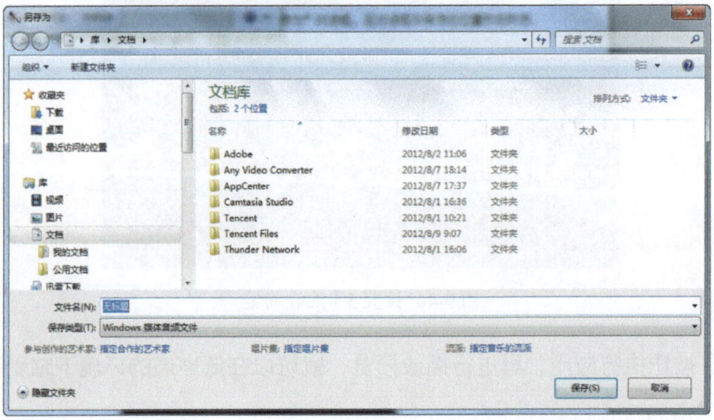

图 9-47 保存音频文件

05 打开保存音频文件的文件夹，使用播放器播放录制的音频，如图9-48所示。

图 9-48 播放录制的音频

2. 其他录音应用程序

录制音频非常简单，除了上述方法外，还可以使用其他具有音频捕捉能力的程序，如Cool Edit（被ADOBE收购后改名为 Audition）、Sound Forge等进行录制，如图9-49所示。

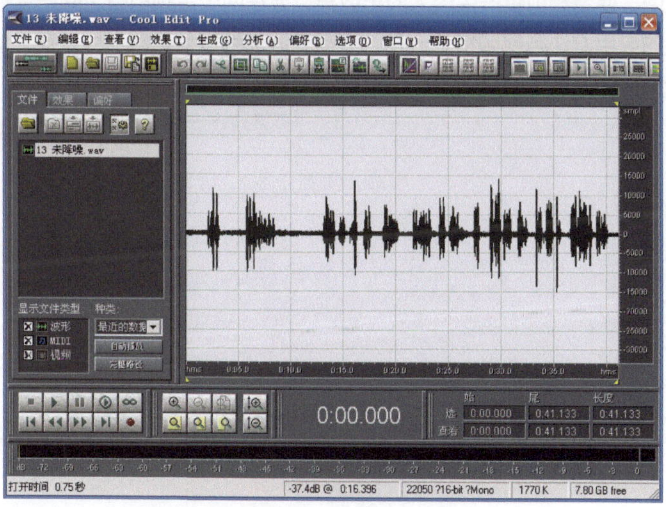

图 9-49 Cool Edit 音频编辑软件

9.7 本章知识小结

在Premiere Pro CC中提供了丰富的音频编辑处理功能，对影片中的音频内容进行恰当的编辑处理，可以对影片制作起到锦上添花的作用。本章主要介绍在Premiere Pro CC中进行音频内容的基本编辑方法、各种常用音频特效的应用与设置等。对音频内容的编辑，相比对图像素材的编辑操作要简单些，但在添加使用、应用和设置特效方面的操作基本相同。

- 在Premiere Pro CC中，可以通过以下5种方式，对音频素材或音频剪辑进行对应的编辑处理。1.在时间轴窗口的音频轨道中，可以对音频剪辑进行持续时间调整与修剪，以及通过添加/删除关键帧、移动关键帧的位置、调整关键帧控制线等操作，对音频内容进行音量调节、特效设置等处理。2.使用菜单中的相应命令，对所选音频素材或音频剪辑进行对应的编辑。3.在“效果控件”面板中，通过为音频剪辑的基本属性选项或添加的音频特效进行参数设置，来改变音频剪辑的应用播放效果。4.双击音频素材或音频剪辑，在源监视器中打开该音频素材，可以对音频素材进行播放预览、持续时间的修剪、添加标记、插入指定音频轨道等基本编辑处理。5.在音轨混合器或音频剪辑混合器面板中，可以对音频素材或音频剪辑进行调整音量、调整声道平衡、添加特效等编辑处理。
- 对音频素材在加入合成序列的持续时间调整，也有两种不同的处理方式。一种方式是不改变音频内容的播放速率，通过调整音频剪辑的入点和出点位置，对音频剪辑的持续时间进行修剪，使音频剪辑在影片中播放时只播放其中的部分内容；另一种方式是对音频的播放速度进行修改，可以加快或减慢音频内容的播放速度，进而改变音频剪辑在影片中应用的持续时间。与对视频素材播放速率的调整一样，对音频素材的播放速率调整，也包括对项目窗口中的音频素材与对时间轴窗口中的音频剪辑的不同处理。
- 音频过渡效果的作用，与视频过渡效果的作用相似，即用于添加在音频剪辑的头尾或相邻音频剪辑之间，使音频剪辑产生淡入淡出效果，或在两个音频剪辑之间产生播放过渡效果。
- 音频效果的应用方法与视频特效一样，只需在添加到音频剪辑上后，在“效果控件”面板中对其进行参数选项设置即可。

第 10 章

字幕的编辑应用

本章知识介绍

本章主要介绍字幕的制作方法，并对字幕的创建、保存以及字幕窗口中的各项功能及使用方法进行了详细的介绍。通过学习本章内容，读者应掌握编辑字幕的基本方法。

本章学习要点

- 熟悉创建字幕的3种常用方法
- 熟悉字幕设计器窗口中各组成部分的功能和使用方法
- 熟练掌握对字幕文本进行属性和效果设置的操作方法
- 对滚动字幕和游动字幕的创建和编辑方法进行操作实践

10.1 字幕的创建方法

字幕的编辑，是影视编辑处理软件中的一项基本功能，用于在影视项目中添加字幕、提示文字、标题文字等信息表现元素，不仅可以更完整地展现相关内容信息，而且可以起到美化画面、表现创意的作用。

10.1.1 通过文件菜单创建字幕

在启动Premiere Pro CC并打开一个项目文件后，执行“文件→新建→字幕”命令，如图10-1所示，打开“新建字幕”对话框，在对话框中进行视频设置和名称设置后，单击“确定”按钮，即可打开一个新的字幕设计器窗口，开始编辑创建的字幕文件。

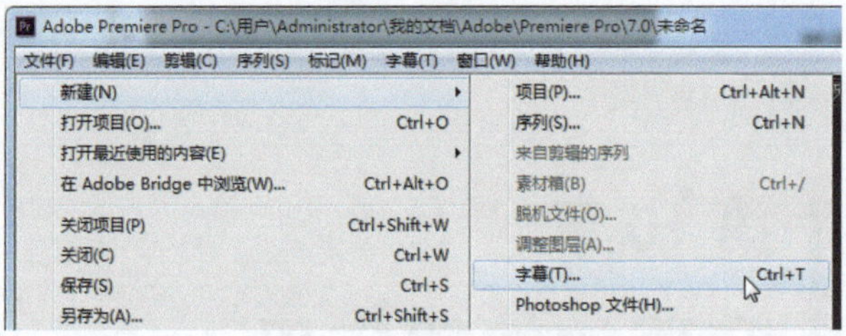

图 10-1 通过文件菜单创建字幕

10.1.2 通过字幕菜单创建字幕

在打开或新建一个项目文件后，执行“字幕→新建字幕”命令，可以在弹出的命令菜单中选择要创建的字幕类型，新建该类型的字幕文件，如图10-2所示。

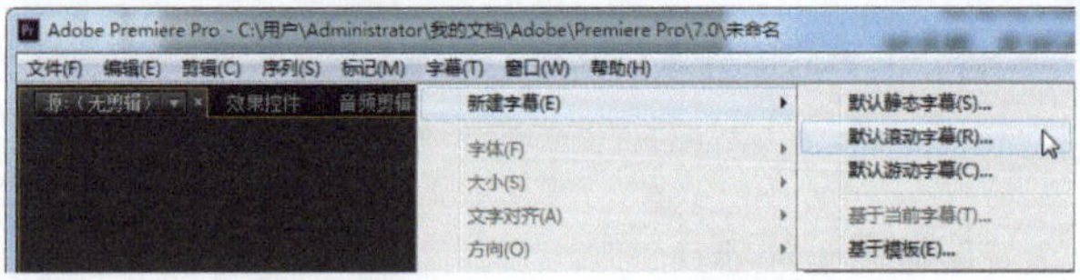

图 10-2 通过字幕菜单命令创建字幕

10.1.3 在项目窗口中创建字幕

打开或新建一个项目文件后，单击项目窗口下方的“新建项”按钮，在弹出的命令菜单中选择“字幕”命令，即可打开“新建字幕”对话框，创建需要的字幕文件，如图10-3所示。

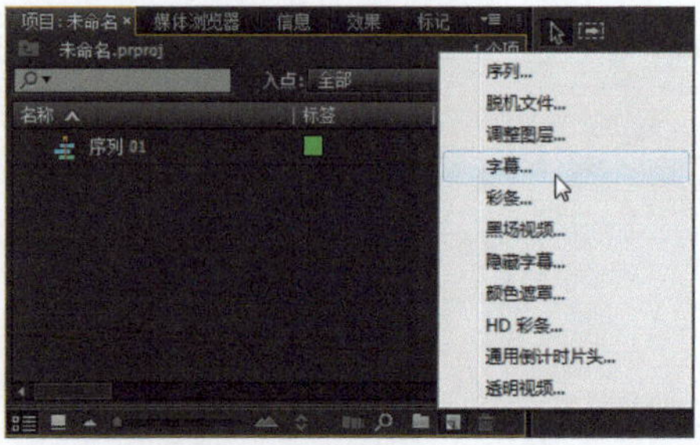

图 10-3 在项目窗口中创建字幕

10.2　详解字幕设计器窗口

执行创建字幕的命令后，在打开的“新建字幕”对话框中设置好视频属性和名称，单击“确定”按钮，即可打开字幕设计器窗口，如图10-4所示。

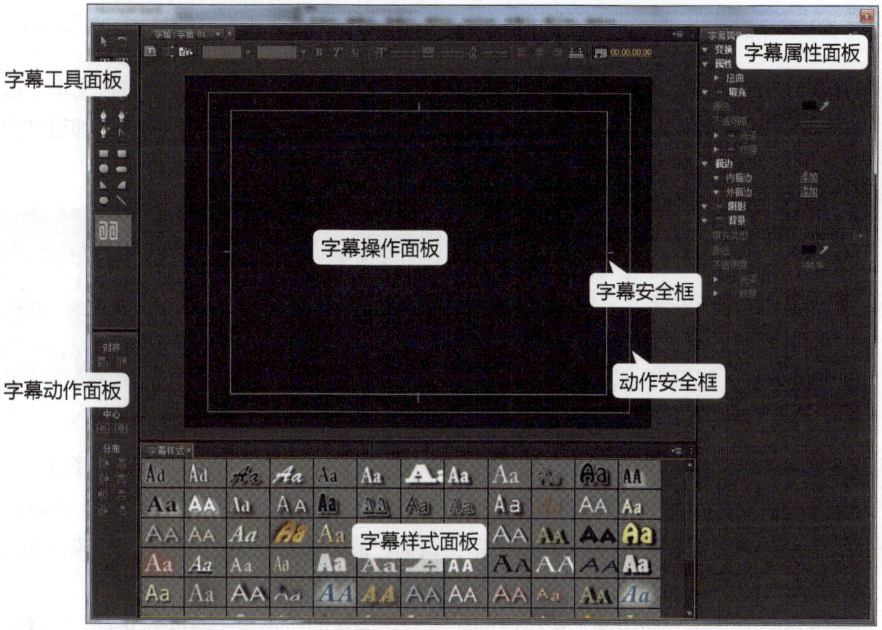

图 10-4　字幕设计器窗口

10.2.1　字幕工具面板

字幕工具面板中的工具，用于在字幕编辑窗口中创建字幕文本、绘制简单的几何图形，还可以定义文本的样式。下面对每个工具的具体功能进行详细介绍。

- 选择工具：用于在字幕编辑窗口中选取、移动以及缩放文字或图像对象，配合使用“Shift”键，可以同时选择多个对象。文本被选中后，会在该文本周围出现8个控制点，将鼠标指针移动到这些控制点上，当鼠标指针改变形状后按住并拖曳鼠标，可以改变文本对象的大小，如图10-5所示。
- 旋转工具：用于对文本或图形对象进行旋转操作。使用该工具时，将鼠标指针移动到所选对象边框的控制点上，当鼠标指针改变形状后按住并拖曳鼠标即可进行旋转，如图10-6所示。
- 文字工具：使用该工具可以在字幕编辑窗口中输入水平方向的文字。选择水平文字工具后，将鼠标指针移动到字幕编辑窗口的安全区内，单击鼠标左键，即可在出现的矩形框内输入文字，如图10-7所示。
- 垂直文字工具：使用该工具可以在字幕编辑窗口中输入垂直方向的文字。选择垂直文字工具后，将鼠标指针移动到字幕编辑窗口的安全区，单击鼠标左键，即可在出现的矩形框内输入文字，如图10-8所示。

图 10-5 缩放文本对象

图 10-6 旋转文本对象

图 10-7 输入水平文本

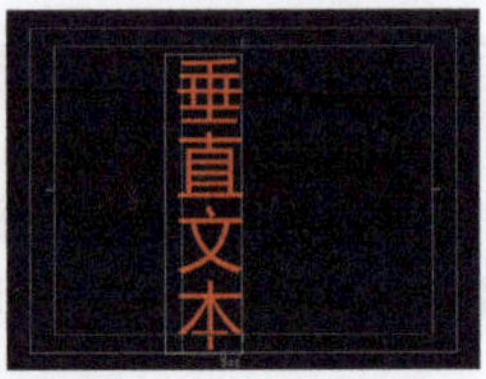

图 10-8 输入垂直文本

- 区域文字工具：使用该工具可以在字幕编辑窗口中输入水平方向的多行文本。选择该工具后，将鼠标指针移动到字幕编辑窗口的安全区内，按住鼠标左键并拖动，即可在出现的矩形框内输入文字，如图10-9所示。
- 垂直区域文字工具：使用该工具可以在字幕编辑窗口中输入垂直方向的多行文本。选择该工具后，在字幕编辑窗口的安全区内按住鼠标左键并拖动，即可在出现的矩形框内输入文字，如图10-10所示。

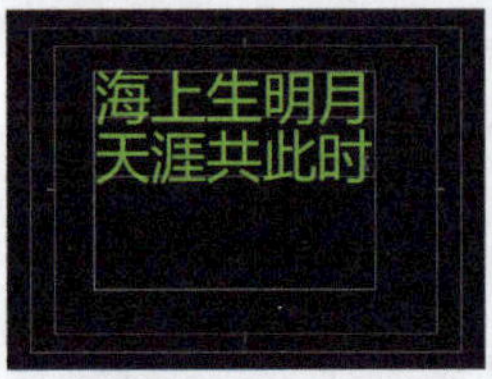

图 10-9 输入区域文本

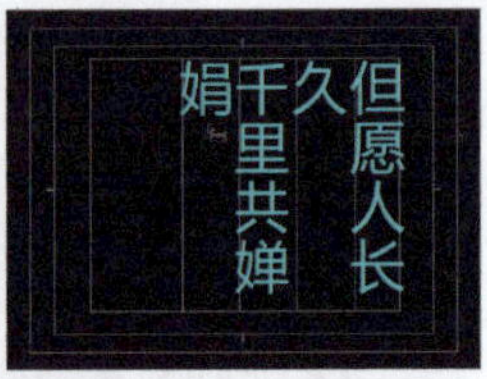

图 10-10 输入垂直区域文本

- 路径文字：使用该工具可以创建出沿路径弯曲且平行于路径的文本。选择该路径文字工具后，将自动切换为路径绘制工具，在字幕编辑窗口中绘制出需要的路径后，再次选取该工具，在字幕编辑窗口中的路径范围上单击鼠标左键，即可在输入光标显示出来后输入文字，如图10-11所示。
- 垂直路径文字：使用该工具可以创建出沿路径弯曲且垂直于路径的文本。选择该路径文字工具后，将鼠标指针移动到字幕编辑窗口的安全区内，单击鼠标指定文本的显示路径，再输入文字，如图10-12所示。

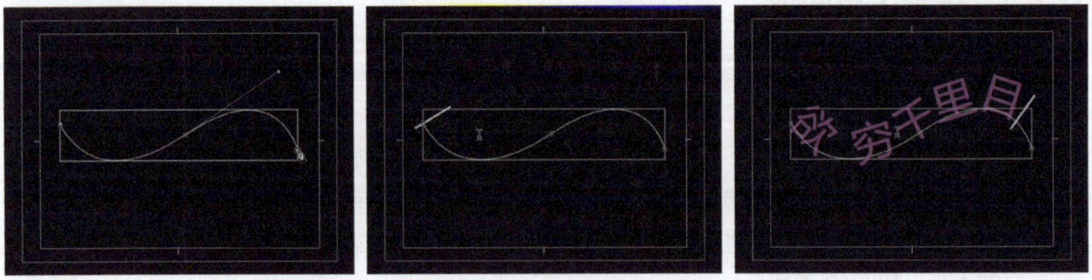

图 10-11 输入路径文本

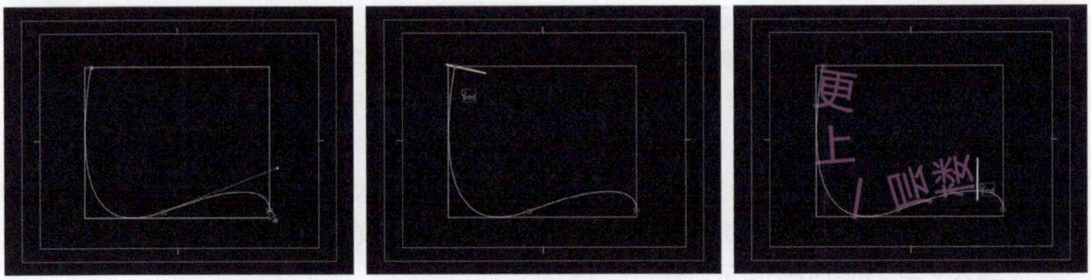

图 10-12 输入垂直路径文本

- 钢笔工具：该工具用于绘制和调整路径曲线，如图10-13所示。另外，还可以用于调节使用路径文字工具和垂直路径文字工具所创建路径文本的路径。选择钢笔工具后，将鼠标指针移动到路径文本的路径节点上，就可以对文本的路径进行调整，如图10-14所示。
- 添加锚点工具：该工具用于在所选曲线或文本路径上增加锚点，以方便对路径进行曲线形状的调整。

图 10-13 绘制路径曲线

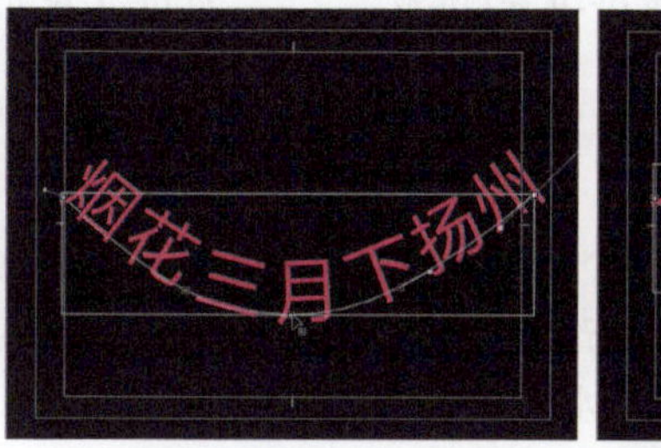

图 10-14 调整文本路径

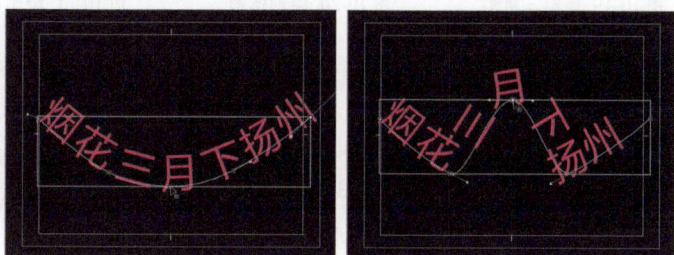

- 删除锚点工具：该工具用于删除曲线路径和文本路径上的锚点。
- 转换锚点工具：使用该工具单击路径上的圆滑锚点，可以将其转换为尖角锚点。在尖角锚点上按住并拖动鼠标，可以拖曳出锚点控制柄，将尖角锚点转换为圆滑锚点；拖动路径锚点的控制柄，可以调整锚点两端路径的平滑度。
- 矩形工具：该工具用于在字幕编辑窗口中绘制矩形；在按下“Shift”键的同时按住并拖动鼠标，可以绘制出正方形。通过字幕属性面板，可以定义矩形的填充色和线框色等，如图10-15所示。
- 圆角矩形工具：该工具用于绘制圆角矩形，使用方法和矩形工具一样，如图10-16所示。
- 切角矩形工具：该工具用于绘制切角矩形，如图10-17所示。
- 圆边矩形工具：该工具用于绘制边角为圆形的矩形，如图10-18所示。

图 10-15 绘制矩形

图 10-16 绘制圆角矩形

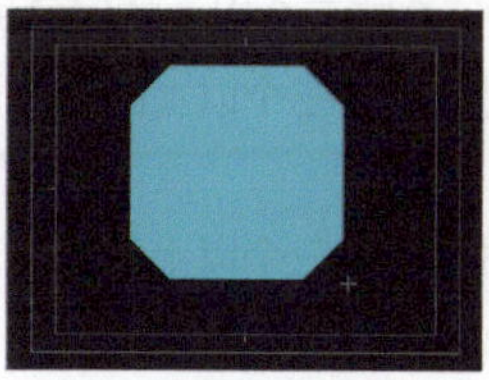

图 10-17 绘制切角矩形

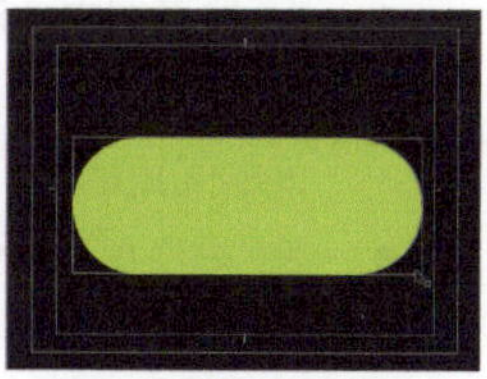

图 10-18 绘制圆边矩形

- 楔形工具：该工具用于绘制三角形。在按下“Shift”键的同时按住并拖动鼠标，可以绘制等边直角三角形，如图10-19所示。
- 弧形工具：该工具用于绘制弧形，如图10-20所示。
- 椭圆形工具：该工具用于绘制椭圆形。在按住“Shift”键的同时拖动鼠标，可以绘制出正圆形，如图10-21所示。
- 直线工具：该工具用于绘制直线线段，如图10-22所示。

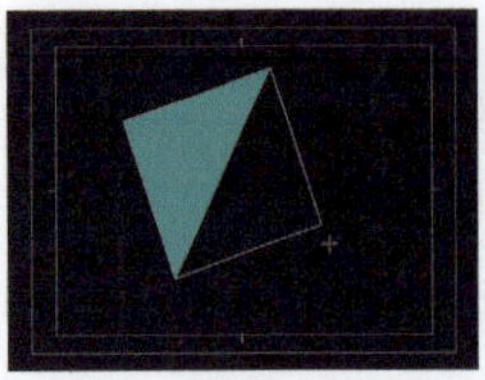

图 10-19 绘制三角形

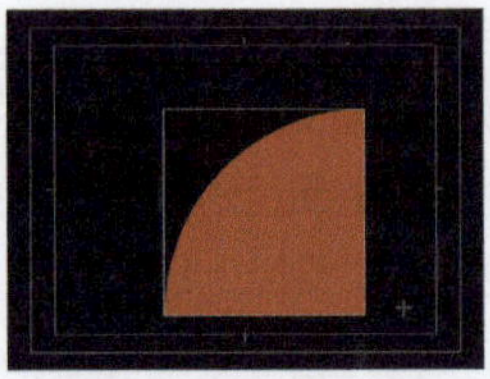

图 10-20 绘制弧形

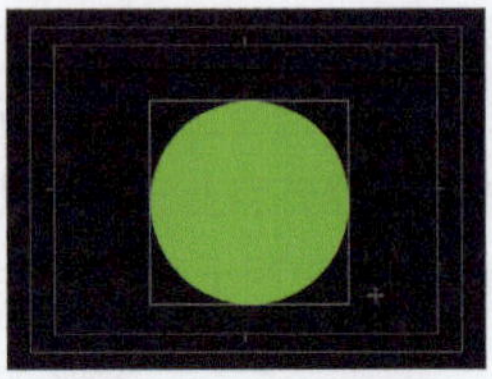

图 10-21 绘制圆形

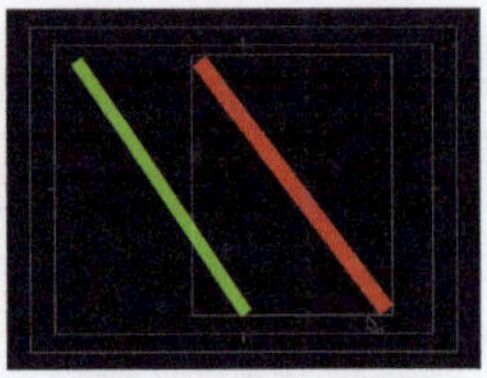

图 10-22 绘制直线

10.2.2 字幕动作面板

字幕动作面板主要用于对单个或者多个对象进行对齐、排列和分布的调整。单击对应的按钮，可以对选中的单个或者多个对象进行排列位置或间距分布的对齐调整。

- 水平靠左：使对象在水平方向上靠左边对齐显示。
- 垂直靠上：使对象在垂直方向上靠顶部对齐显示。
- 水平居中：使对象在水平方向上居中显示。
- 垂直居中：使对象在垂直方向上居中显示。
- 水平靠右：使对象在水平方向上靠右边对齐显示。
- 垂直靠下：使对象在垂直方向上靠底部对齐显示。
- 垂直居中：使所选对象进行垂直方向上的居中对齐。
- 水平居中：使所选对象进行水平方向上的居中对齐。
- 水平靠左：对三个或三个以上的对象进行水平方向上的左对齐，并且每个对象左边缘之间的间距相同。
- 垂直靠上：对三个或三个以上的对象进行垂直方向上的顶部对齐，且每个对象上边缘之间的间距相同。
- 水平居中：对三个或三个以上的对象进行水平方向的居中均匀对齐。
- 垂直居中：对三个或三个以上的对象进行垂直方向的居中均匀对齐。
- 水平靠右：对三个或三个以上的对象进行水平方向上的右对齐，并且每个对象右边缘之间的间距相同。
- 垂直靠下：对三个或三个以上的对象进行垂直方向上的底部对齐，且每个对象下边缘之间的间距相同。
- 水平等距间隔：对三个或三个以上的对象进行水平方向上的均匀分布对齐。
- 垂直等距间隔：对三个或三个以上的对象进行垂直方向上的均匀分布对齐。

10.2.3 字幕操作面板

字幕操作面板在字幕设计器窗口的中间，包括效果设置按钮区域和字幕编辑预览区域。窗口顶部的功能按钮，用于新建字幕、设置字幕动画类型、设置文本字体、字号、字体样式、对齐方式等常用的字幕文本编辑，如图10-23所示。

图 10-23　字幕操作面板

- 基于当前字幕新建字幕：单击该按钮，在弹出的“新建字幕”对话框中进行视频设置和名称设置后，单击“确定”按钮，如图10-24所示，可以基于当前字幕创建新的字幕，新的字幕中将保留与当前字幕窗口相同的内容，以方便在当前字幕内容的基础上编辑新的字幕效果。
- 滚动/游动选项：单击该按钮，将打开“滚动/游动选项”对话框，在其中可以对字幕的类型和运动方式进行设置，如图10-25所示。

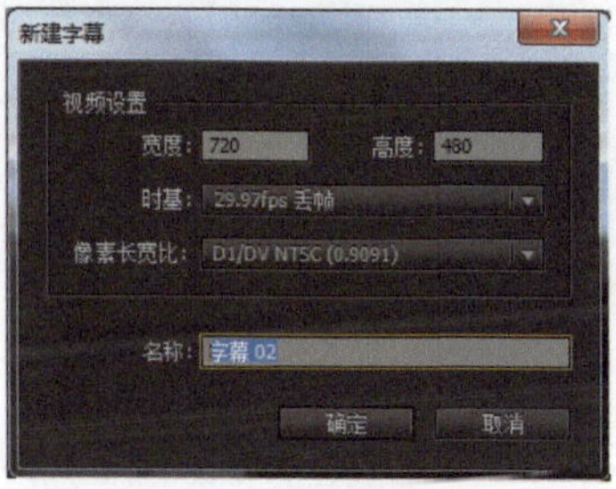

图 10-24 “新建字幕”对话框

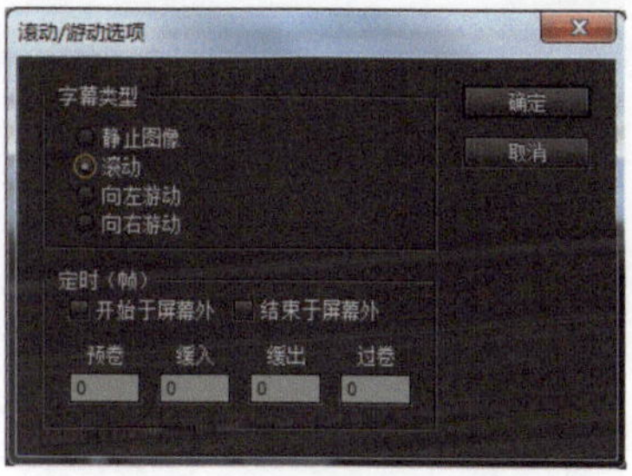

图 10-25 “滚动/游动选项”对话框

- 模板：单击该按钮，可以打开“模板”对话框，其中包含了程序自带的字幕模板文件，点选需要的模板后单击下面的“确定”按钮，即可创建基于该模板内容的字幕文件；单击右上角的按钮，可以在弹出的命令菜单中选择导入外部字幕模板、导入当前字幕为模板、设置默认模板等操作，如图10-26所示。
- Adobe... 字体：在该下拉列表中可以选择需要的字体。
- Semibold 样式：在该下拉列表中可以选择需要的文本样式，包括Bold（加粗）、Bold Italic（斜粗）、Italic（斜体）、Regular（常规）、Semibold（半粗）、Semibold Italic（半粗斜）等。
- 粗体、斜体、下划线：单击对应的按钮，可以将所选文本对象设置为对应的字体样式，如图10-27所示。

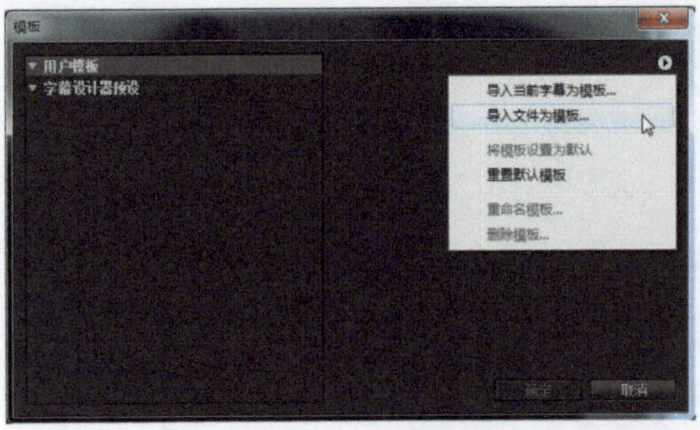

图 10-26 “模板”对话框

图 10-27 设置文字样式

- 大小：在该选项的文字按钮上按住鼠标并左右拖动，或直接单击并输入数值，可以设置需要的字号大小。
- 字偶间距：通过调整文字按钮或直接单击并输入数值，设置需要的文本字符间距，如图10-28所示。
- 行距：设置文本段落中文字行之间的间距，如图10-29所示。

图 10-28 设置字符间距

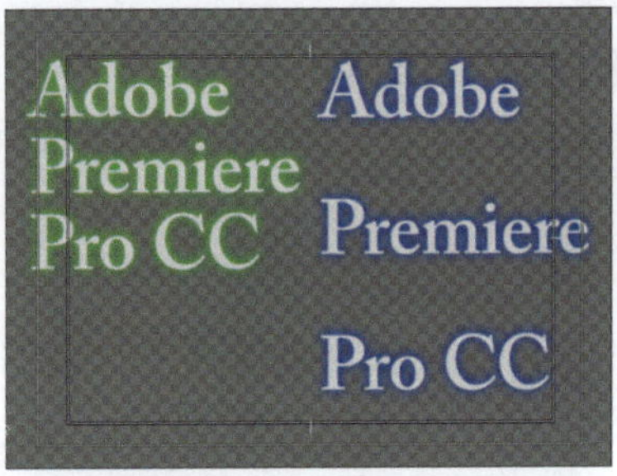

图 10-29 设置段落文字行距

- 靠左、居中、右侧：单击对应的按钮，可将所选文本段落设置为对应的对齐方式，如图10-30所示。

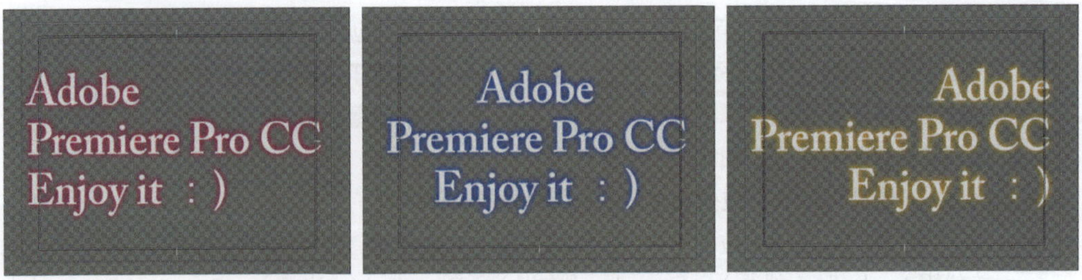

图 10-30 设置段落对齐

- 显示背景视频：单击该按钮，可以在字幕编辑区域中显示出合成序列中当前时间指针所在位置的图像画面；调整该按钮下面的时间码数值，可以调整需要显示的画面时间位置，如图10-31所示。
- 制表位：单击该按钮，可以在打开的“制表位”对话框中对所选段落文本的制表位进行设置，对段落文本进行排版的格式化处理，如图10-32所示。

图 10-31 显示背景视频

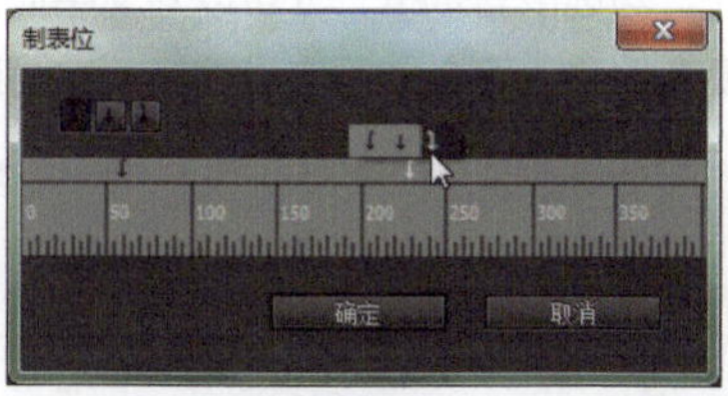

图 10-32 “制表位”对话框

10.2.4 字幕属性面板

字幕属性面板中的选项，用于对字幕文本进行多种效果和属性的设置，包括设置变换效果、设置字体属性、设置文本外观以及其他选项的参数设置。

1. 变换

“变换”选项组中的选项，用于对所选中的文本对象进行不透明度、位置、大小与旋转角度的调整，如图10-33所示。

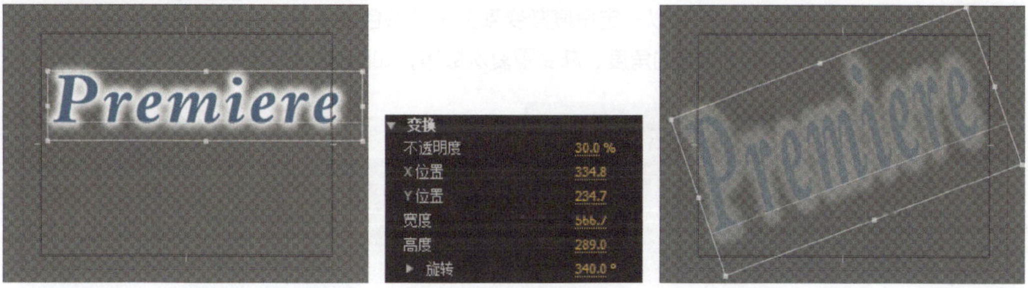

图 10-33 文本对象的变换处理

2. 属性

“属性”选项组中的选项，用于对所选中的文本对象进行字体、字体样式、字号大小、字符间距、行距、倾斜、字母大写方式、字符扭曲等基本属性的调整设置，如图10-34所示。

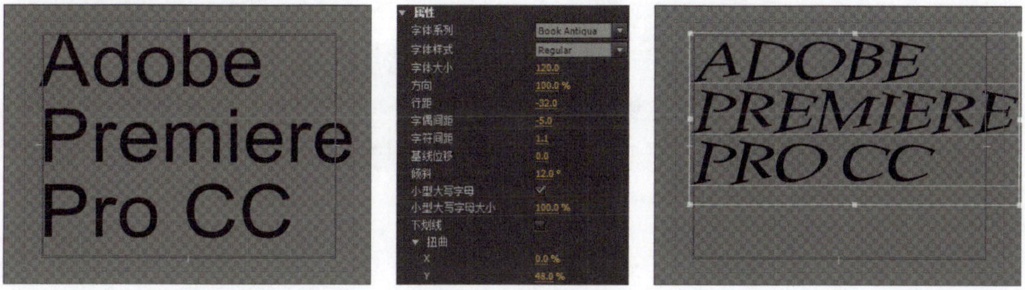

图 10-34 设置文本的基本显示属性

3. 填充

“填充”选项组中的选项，用于对所选中的文本对象进行填充样式、填充色、光泽、填充纹理等显示效果的设置，如图10-35所示。

- 填充：勾选该复选框，才可以对文字应用填充效果；取消对该选项的勾选，则不显示出文字的填充效果，可以显示出设置的文字阴影或描边，如图10-36所示。

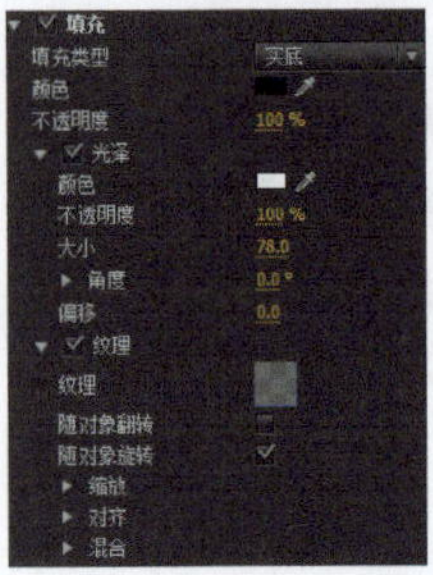

图 10-35 “填充”选项组

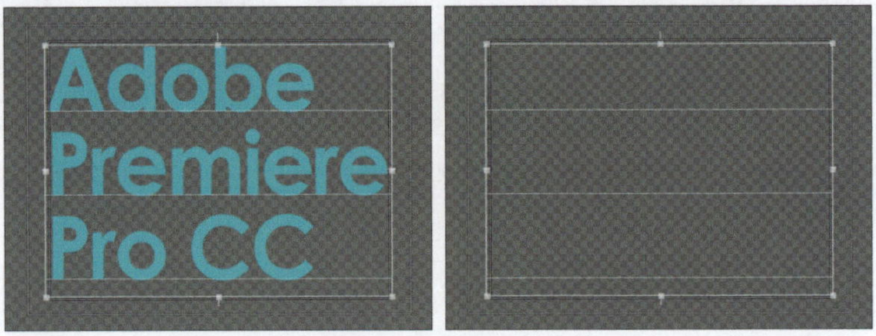

图 10-36 取消勾选“填充”复选框

- 填充类型：在该选项的下拉列表中选择一种填充类型后，在下面将显示对应的设置选项，分别编辑对应的色彩填充效果。

◎ 实底：单色填充是默认的填充类型。可以为所选文本对象设置一个填充色与填充的不透明度，如图10-37所示。

◎ 线性渐变：设置从一种颜色以一定角度渐变到另一种颜色的填充，并单独设置每种颜色的填充不透明度，以及渐变填充的角度、渐变重复次数等，如图10-38所示。

图 10-37 实底填充

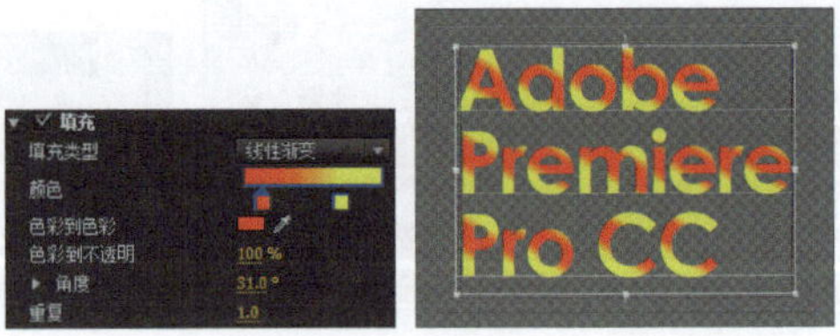

图 10-38 线性渐变

◎ 径向渐变：设置一种颜色从中心向外渐变到另一个颜色的填充，设置选项与“线性渐变”相同，如图10-39所示。

◎ 四色渐变：可以分别设置四个角的填充色，为每个字符应用四色渐变填充，如图10-40所示。

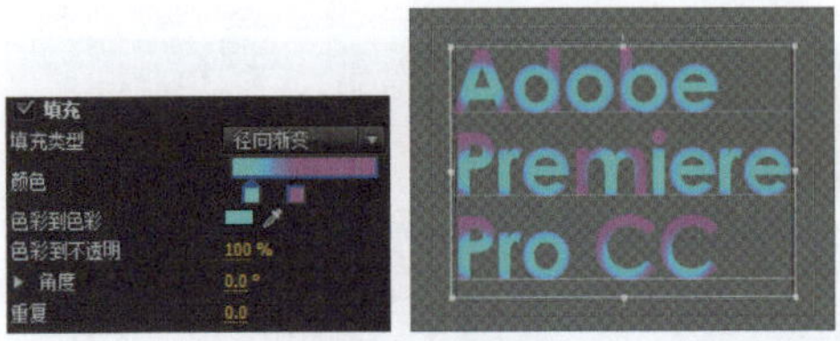

图 10-39 径向渐变

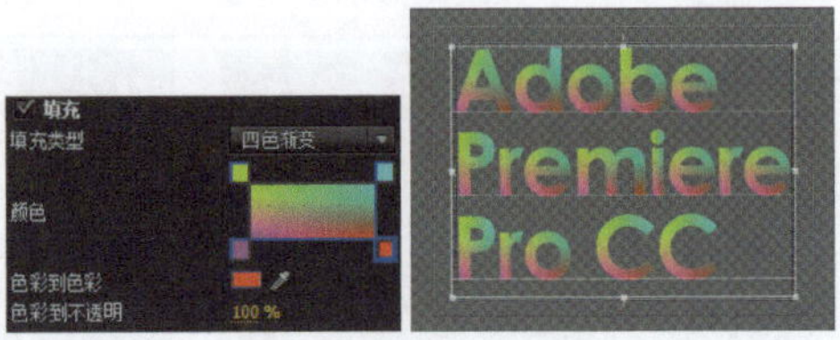

图 10-40 四色渐变

◎ 斜面：该填充类型可以分别为文字设置高光色和阴影色，并设置光照强度与角度，模拟出立体浮雕效果，如图10-41所示。

◎ 消除：该填充类型没有设置选项，用于消除文字内容的填充色，只显示设置的描边边框和边框的阴影，常与“描边”和“阴影”选项配合进行效果设置，如图10-42所示。

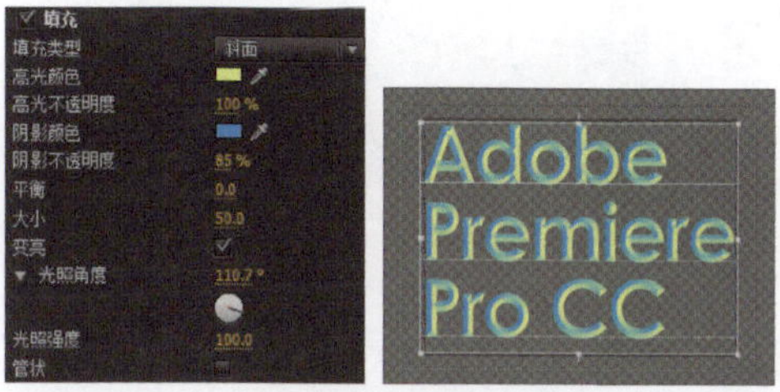

图 10-41 斜面填充

图 10-42 消除

◎ 重影：该填充类型没有设置选项，效果与“消除”相似，也是只显示设置的描边边框和原文字阴影，常与“描边”和“阴影”选项配合进行效果设置，如图10-43所示。

图 10-43 重影

● 光泽：勾选该选项，可以为字幕文本在当前填充效果上添加光泽效果，还可以配合渐变填充效果，设置多色渐变效果，如图10-44所示。

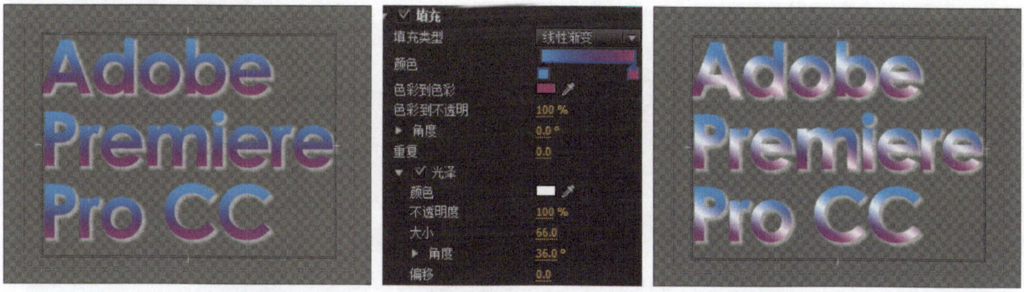

图 10-44 光泽应用效果

● 纹理：勾选该选项，可以为字幕文本在当前填充效果上添加位图纹理效果。单击“纹理”选项后面的预览框■，在弹出的“选择纹理图像”对话框中选取需要作为填充纹理的位图并单击“打开”按钮，即可将其应用为所选字幕文本的填充纹理，然后通过下面的选项参数，对应用的纹理效果进行缩放、对齐、混合效果等设置，如图10-45所示。

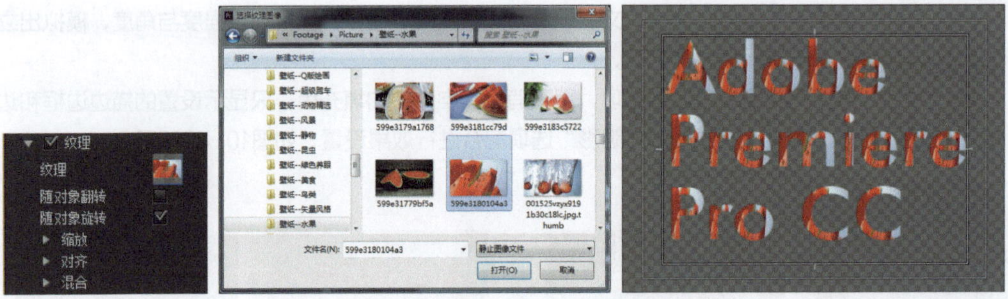

图 10-45 纹理应用效果

4. 描边

对文本对象的轮廓边缘描边，包括内描边和外描边两种方式，可以根据需要为文本添加多层描边效果。如果需要增加内描边或外描边，只需要单击对应选项后面的“添加”按钮，然后对出现的选项参数进行需要的效果设置即可，如图10-46所示。

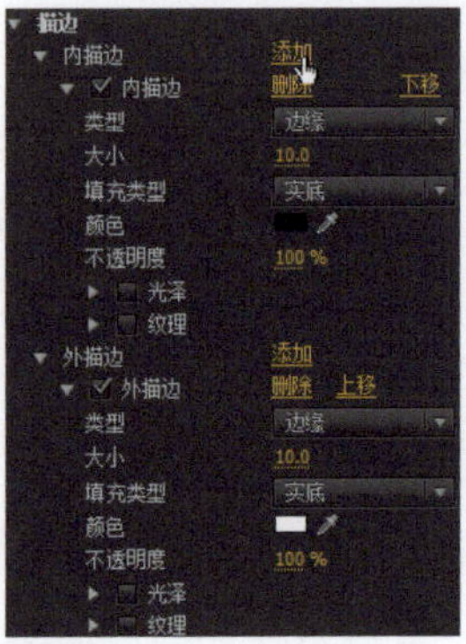

图 10-46 “描边”选项组

- 内描边/外描边：勾选对应的选项，可以为字幕文本应用对应的描边效果；单击后面的“添加”按钮，可以添加一层对应的轮廓描边；对于不再需要的轮廓描边，可以单击该描边后面对应的“删除”按钮进行删除。
- 类型：在该下拉列表中可以选择文字轮廓的描边类型，包括“深度”“边缘”“凹进”3种，以内描边为例，它们的应用效果如图10-47所示。

图 10-47 深度、边缘和凹进描边效果

- 大小：用于设置描边轮廓线框的宽度。
- 填充类型：与“填充”选项组中的“填充类型”相同，可以在该下拉列表中为描边轮廓选取并设置实底、线性渐变、径向渐变、四色渐变等填色效果，如图10-48所示。
- 光泽：与“填充”选项组中的“光泽”相同，勾选该复选框后，可以为描边轮廓设置光泽填色效果，如图10-49所示。

图 10-48 线性渐变的描边

图 10-49 描边的光泽效果

- 纹理：与“填充”选项组中的“纹理”相同，勾选该复选框后，可以为描边轮廓设置纹理填充效果。

5. 阴影

“阴影”选项组中的选项，用于为字幕文本设置阴影效果。勾选“阴影”复选框后，即可对阴影的颜色、不透明度、投射角度、投射距离、大小、扩展范围等进行设置，如图10-50所示。

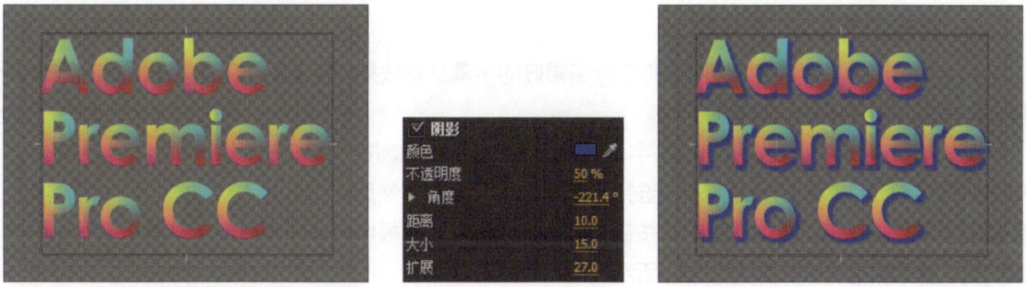

图 10-50 设置阴影效果

6. 背景

“背景”选项组中的选项，用于为字幕文本设置背景填充效果。勾选“背景”复选框后，即可对背景的填充类型、填充色、光泽等进行设置；勾选“纹理”复选框后，还可以将外部素材文件导入作为字幕的背景图像，如图10-51所示。

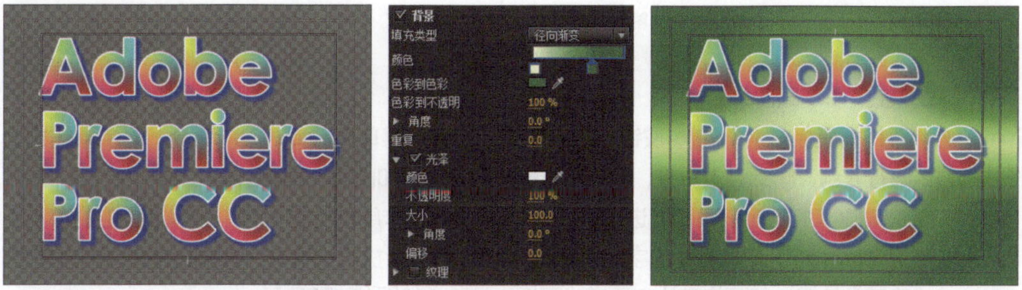

图 10-51 设置背景效果

10.2.5 字幕样式面板

字幕样式是编辑好了字体、填充色、描边以及投影等效果的预设样式，存放在字幕设计器窗口下方的字幕样式面板中，可以直接选取应用或通过菜单命令，应用一个样式中的部分内容，还可以自定义新的字幕样式或导入外部样式文件。

1. 应用字幕样式

选取字幕文本后，在字幕样式面板中单击需要的字幕样式，即可应用该字幕样式，快速完成对字幕文本的效果编辑，如图10-52所示。

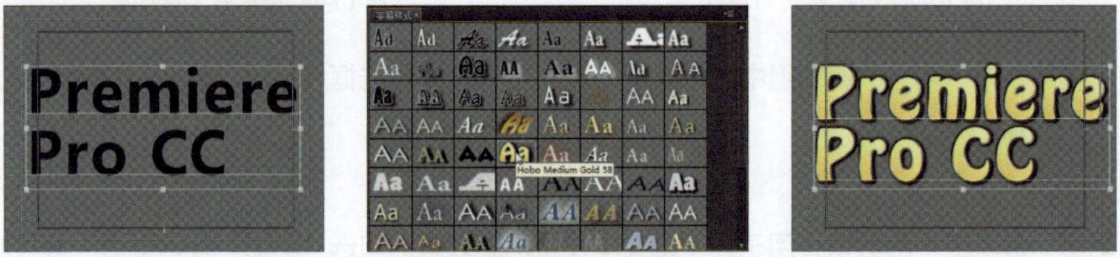

图 10-52 应用字幕样式

2. 创建自定义字幕样式

Premiere Pro CC还允许用户将自行编辑好的字幕文本效果，创建为新的字幕样式保存在字幕样式面板中，方便以后快速选取应用。

编辑好字幕文本的效果后，单击字幕样式面板右上角的▤按钮，或在字幕样式面板中的空白处单击鼠标右键，在弹出的命令菜单中选择“新建样式”命令，然后在弹出的“新建样式”对话框中为新建的字幕样式命名，单击“确定”按钮，即可在字幕样式面板中将当前所选取字幕文本的属性与效果设置创建为新的样式，如图10-53所示。

图 10-53 创建自定义字幕样式

3. 字幕样式的管理

单击字幕样式面板右上角的▤按钮，可以在弹出的命令菜单中选择对应的命令，对字幕样式面板中的样式进行复制、删除、重命名、追加、重置等的管理，如图10-54所示。

- 复制样式：对当前点选的样式进行复制，在样式列表的末尾复制出一个相同效果设置的副本。
- 删除样式：对于不再需要的字幕样式，可以在点选后执行该命令，在弹出的对话框中单击“确定”按钮，即可将其从字幕样式面板中删除，如图10-55所示。

- 重命名样式：默认情况下，字幕样式的名称以其所应用的字体名称和字号大小来命名。点选一个字幕样式后执行该命令，在弹出的“重命名样式”对话框中为该样式输入新的名称，然后单击“确定”按钮，即可完成对该样式的重命名，如图10-56所示。

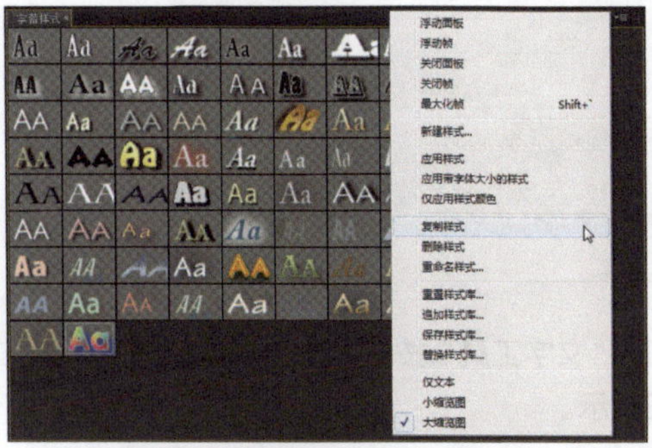

图 10-54 字幕样式面板扩展命令

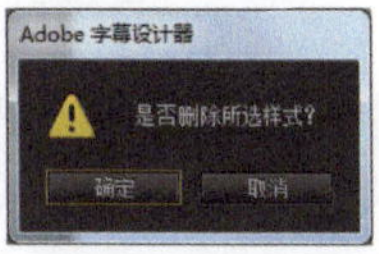

图 10-55 删除所选样式

图 10-56 重命名样式

- 重置样式库：执行该命令，在弹出的对话框中单击“确定”按钮，可以将字幕样式面板中的字幕样式列表恢复为默认状态，新创建的字幕样式将不再出现，被删除的预设样式也将恢复。
- 追加样式库：执行该命令，在弹出的“打开样式库”对话框中选取外部字幕样式库文件（*.prsl），可以将外部样式库文件中的样式设置添加到当前字幕样式列表中。
- 保存样式库：在创建了多个自定义字幕样式后，执行该命令，可以将当前字幕样式列表中的所有样式保存为一个字幕样式库文件，方便在以后的编辑工作中追加导入使用。
- 替换样式库：执行该命令，可以在打开的对话框中选取其他样式库文件，将其导入并替换掉字幕样式面板中当前的所有样式。

10.3 三种字幕类型的创建

在Premiere Pro CC中可以创建静态字幕、滚动字幕和游动字幕，这3种字幕分别适用于不同的编辑需要。下面分别对这3种字幕类型的创建方法进行介绍说明。

10.3.1 静态字幕

静态字幕是默认的字幕类型，通常用于编辑影片的标题文字或提示文字，只需要在字幕编辑窗口输入文本内容，并为其设置好字幕属性即可，不需要再进行额外的设置。静态字幕没有动画效果，但是可以在加入时间轴窗口以后，通过“效果控件”面板对其创建位置、缩放、不透明度等属性的关键帧动画效果，或添加视频过渡特效，编辑更丰富的字幕效果。静态字幕的创建步骤如下。

01 新建一个项目文件，执行“字幕→新建字幕→默认静态字幕”命令，打开“新建字幕”对话框。在对话框中设置字幕的尺寸和名称，通常保持和当前序列相同的画面尺寸，设置好名称后，单击“确定”按钮，如图10-57所示。

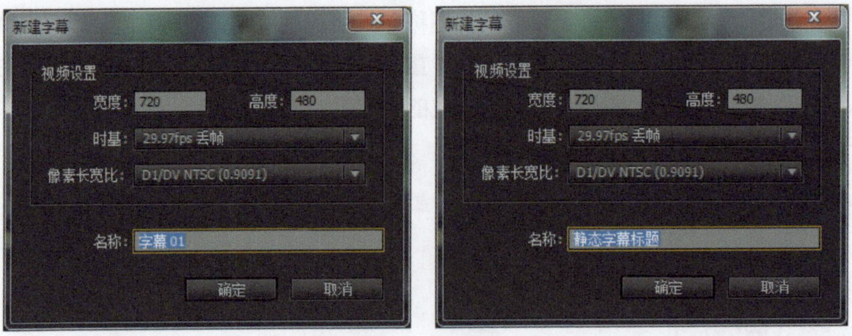

图 10-57 新建字幕

02 在打开的字幕编辑窗口中，选中左侧工具面板中的“文字工具”按钮，在字幕输入窗口中输入文本内容，并为其设置字体、大小等样式，如图10-58所示。

图 10-58 创建静态字幕

03 完成文字内容样式的设置后，将字幕编辑窗口关闭，在项目窗口中可以看到创建的静态字幕，如图10-59所示。

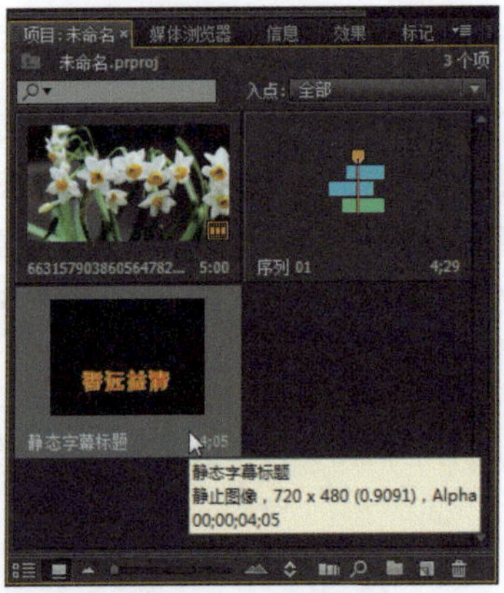

图 10-59 查看字幕

10.3.2 滚动字幕

滚动字幕是指在画面的垂直方向从下往上运动的动画字幕。选择该项后，屏幕的右边会出现滑块，此时如果输入了若干行文字并超出了屏幕的高度，那么可以通过滚动滑块看到向上滚屏的效果。创建滚动字幕可以通过“滚动/游动选项”面板对字幕的变化进行详细的设置，下面介绍创建滚动字幕的具体操作步骤。

01 新建一个项目文件，执行“字幕→新建字幕→默认滚动字幕”命令，打开“新建字幕”对话框。在对话框中输入字幕的尺寸和名称，单击“确定”按钮，如图10-60所示。

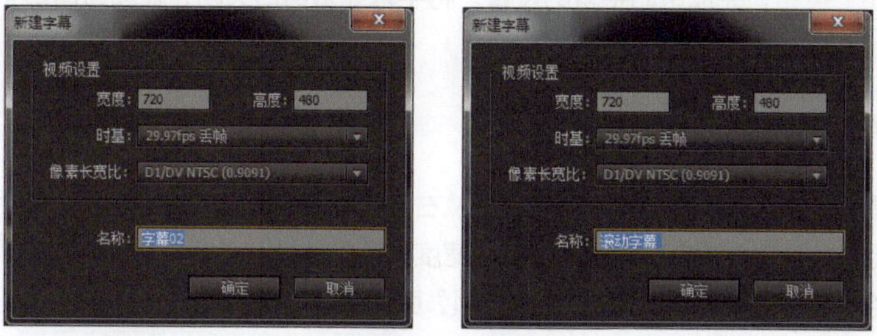

图 10-60 新建字幕

02 在打开的字幕编辑窗口中，选中左侧工具面板中的“文字工具”按钮，在字幕输入窗口中输入文本内容，并为其设置字体、大小等样式，如图10-61所示。

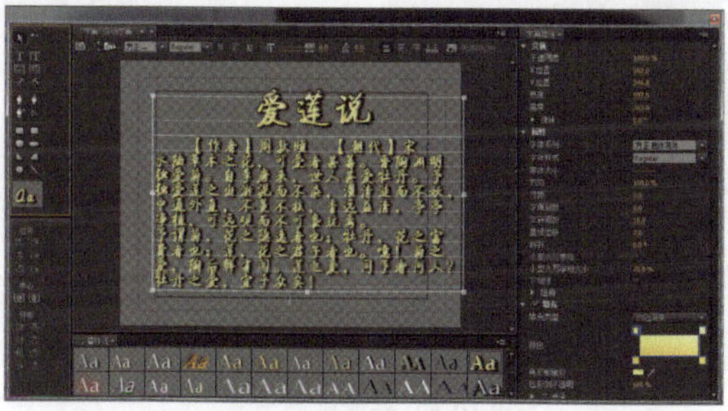

图 10-61 创建滚动字幕

03 单击编辑窗口左上角的“滚动/游动选项”按钮，打开“滚动/游动选项”对话框，“字幕类型”中的选项即为“滚动”，勾选“开始于屏幕外”和“结束于屏幕外”复选框，如图10-62所示。

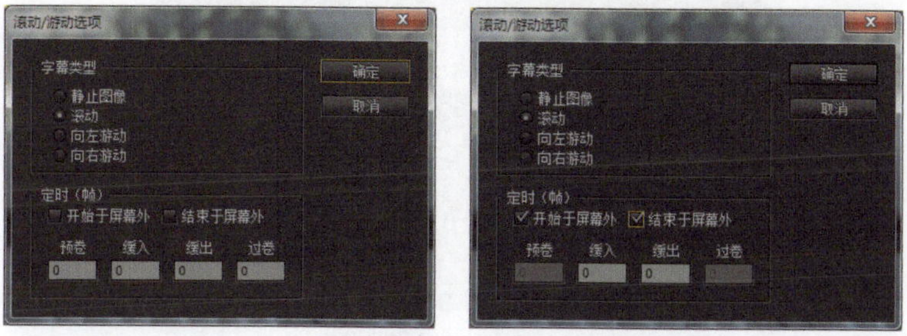

图 10-62 “滚动/游动选项”对话框

- 字幕类型：为当前编辑的字幕选择字幕类型，包括静止图像、滚动（从下往上）、向左游动、向右游动。即使创建时选择的是静态字幕，也可以在这里为其另外选择是否变为动画字幕。
- 开始于屏幕外：勾选该复选框，滚动或游动字幕将在动画开始时从屏幕外进入屏幕中。
- 结束于屏幕外：勾选该复选框，滚动或游动字幕将在动画结束时完全离开屏幕。
- 预卷：设置字幕滚动或游动之前保持静止状态的等待帧数。
- 缓入：设置字幕滚动或游动达到正常播放速度前从静止到逐渐加速运动的帧数。
- 缓出：设置字幕滚动或游动在动画结束前逐渐减速运动到静止的帧数。
- 过卷：设置字幕滚动或游动完成后保持静止等待的帧数。

04 单击“确定”按钮，完成滚动字幕的设置。将字幕编辑窗口关闭，在项目窗口中可以看到创建的滚动字幕。

10.3.3 游动字幕

游动字幕是指在画面的水平方向从左向右或从右向左运动的动画字幕。选择该项后，屏幕的下边会出现滑块，此时如果输入的文字超出了屏幕的宽度，可以通过滚动滑块看到向左滚屏的效果。同滚动字幕一样，游动字幕可以通过“滚动/游动选项”面板对字幕的变化进行详细的设置，下面介绍创建游动字幕的具体操作步骤。

01 新建一个项目文件，执行“字幕→新建字幕→默认游动字幕”命令，打开“新建字幕”对话框。在对话框中输入字幕的尺寸和名称，单击“确定”按钮，如图10-63所示。

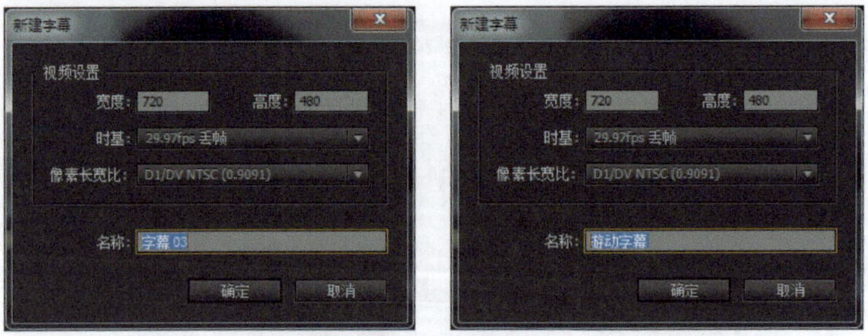

图 10-63 新建游动字幕

02 在打开的字幕编辑窗口中，选中左侧工具面板中的“文字工具”按钮，在字幕输入窗口中输入文本内容，并为其设置字体、大小等样式，如图10-64所示。

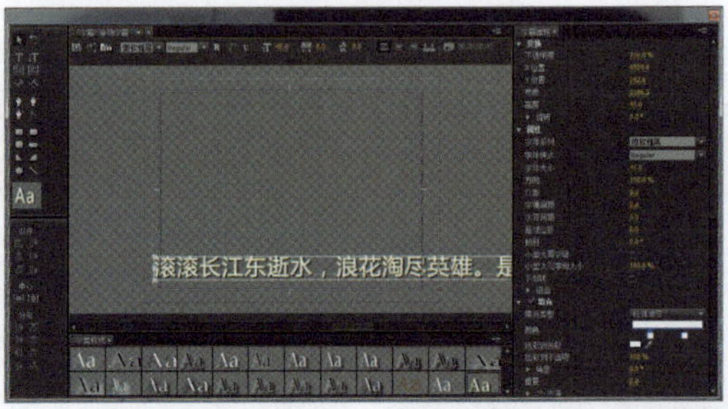

图 10-64 添加字幕内容

03 单击编辑窗口左上角的“滚动/游动选项”按钮，打开“滚动/游动选项”对话框，将“字幕类型”设置为“向左游动”，并勾选“开始于屏幕外”和“结束于屏幕外”复选框，如图10-65所示。

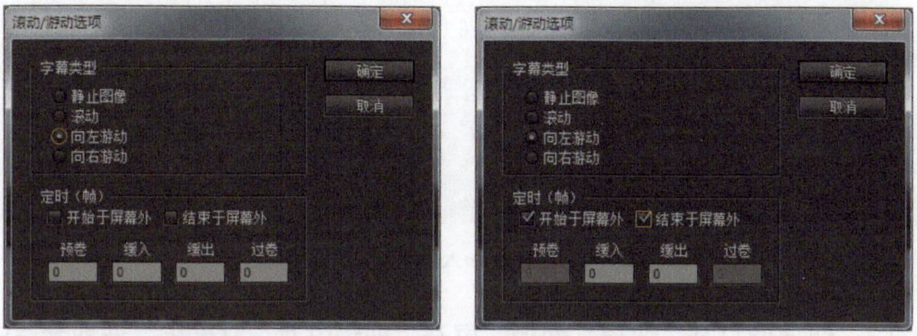

图 10-65 “滚动/游动选项”对话框

04 单击“确定”按钮，完成游动字幕的设置。将字幕编辑窗口关闭，在项目窗口中可以看到创建的游动字幕。

10.4 字幕制作应用实例

在实际的编辑过程中，为了得到更丰富的文字效果，对于标题文字等需要进行特别效果处理的文字对象，常常是通过Photoshop制作好后，应用到Premiere中。用于本章知识介绍的文字内容，则可以在Premiere的字幕编辑窗口中完成。下面通过两个动手实例的操作讲解，带领读者进一步掌握在Premiere中制作字幕的方法。

10.4.1 功能实例——滚动字幕：豪华游轮

01 新建一个项目文件后，在项目窗口中创建一个DV PAL视频制式的合成序列。

02 按“Ctrl+I”快捷键，打开“导入”对话框，选择本书配套实例文件中Chapter 10\豪华游轮\Media目录下的ship01.jpg~ship10.jpg素材文件并导入，如图10-66所示。

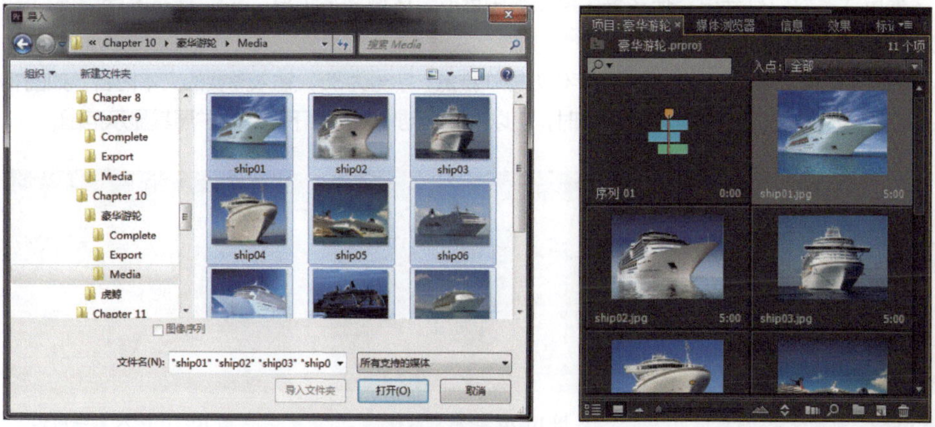

图 10-66 导入素材

03 将导入的图像素材按文件名序号，依次加入时间轴窗口的视频1轨道，如图10-67所示。

图 10-67 加入素材剪辑

04 按“Shift+7”快捷键打开“效果”面板，展开“视频过渡”文件夹，选取合适的视频过渡效果，添加到时间轴窗口中相邻的图像素材之间，并在“效果控件”面板中设置所有视频过渡效果的对齐方式为“中心切入”，编辑好所有图片的幻灯播放效果，如图10-68所示。

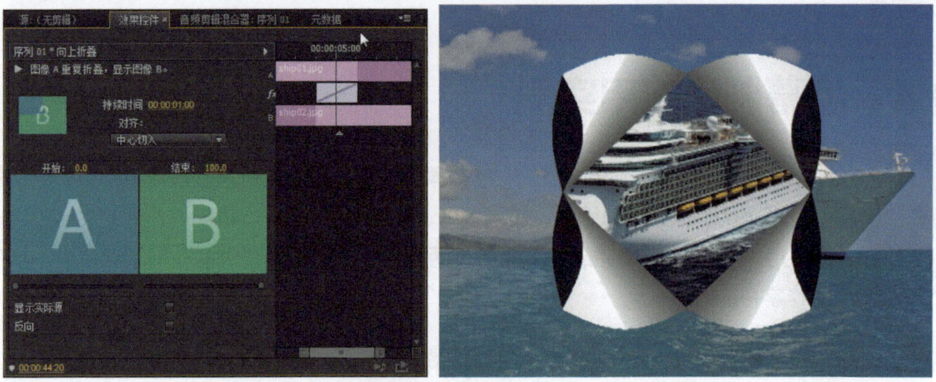

图 10-68 编辑视频过渡效果

05 执行“字幕→新建→默认滚动字幕”命令，在打开的“新建字幕”对话框中输入需要的字幕名称，然后单击“确定”按钮，如图10-69所示，打开字幕设计器窗口。

06 字幕设计器窗口打开后，在字幕工具面板中选取“区域文字工具”，在字幕编辑窗口中绘制一个文本输入框，如图10-70所示。

07 在字幕属性面板中设置输入文本的字体为微软雅黑，字号为35，输入需要的文本内容，如图10-71所示。当文本内容超过绘制的文本输入框时，可以向下拖动输入框的下边缘，扩展其显示范围。

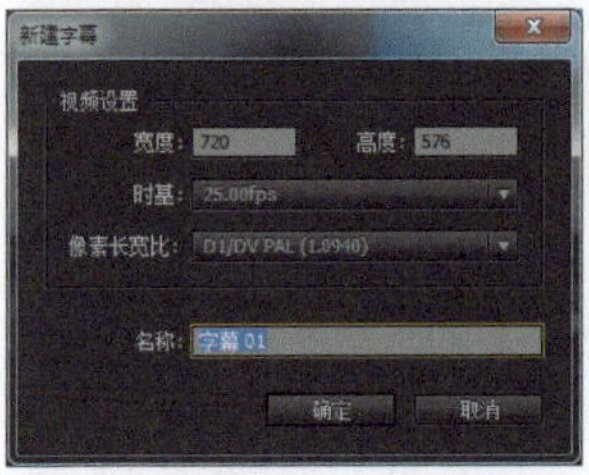

图 10-69 “新建字幕”对话框

图 10-70 绘制文本框

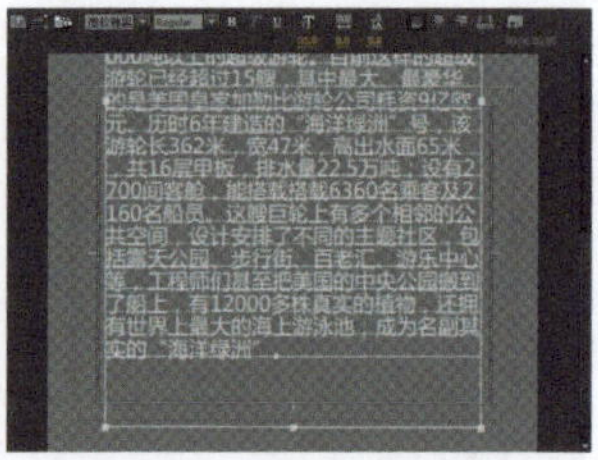

图 10-71 输入文字内容

08 在字幕属性面板中的“填充”选项组中，设置“填充类型”为“线性渐变”，为字幕文本设置从黄色到红色的线性渐变色；单击“外描边”选项后面的“添加”按钮，为其设置大小为20.0的深红色描边色，如图10-72所示。

09 在字幕工具面板中选取“矩形工具”，在字幕编辑窗口中绘制一个覆盖所有文字范围的矩形，然后在字幕属性面板中设置其填充色为50%不透明度的浅蓝色到50%不透明度的深蓝色的线性渐变，并取消描边边框，如图10-73所示。

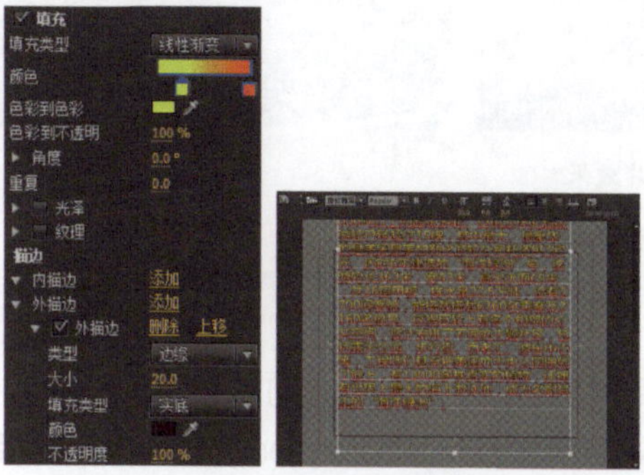

图 10-72 设置文本填充与描边

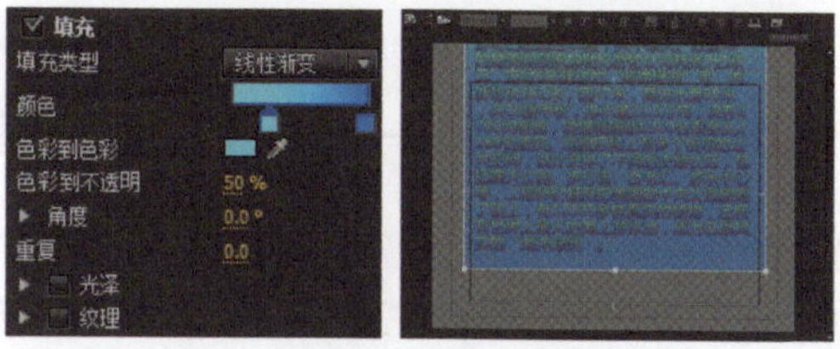

图 10-73 绘制矩形并设置填充色

10 新绘制的矩形位于字幕文本的上层，需要将其移到文本的下层作为背景色。在矩形上单击鼠标右键并选择“排列→移到最后”命令，将其移动到字幕文本的下层，如图10-74所示。

11 单击“滚动/游动选项”按钮，在打开的“滚动/游动选项”对话框中，勾选“开始于屏幕外”和“结束于屏幕外”复选框，然后单击“确定”按钮，使编辑的字幕在影片开始时从画面底部向上滚动，在影片结束时滚动出画面顶部，如图10-75所示。

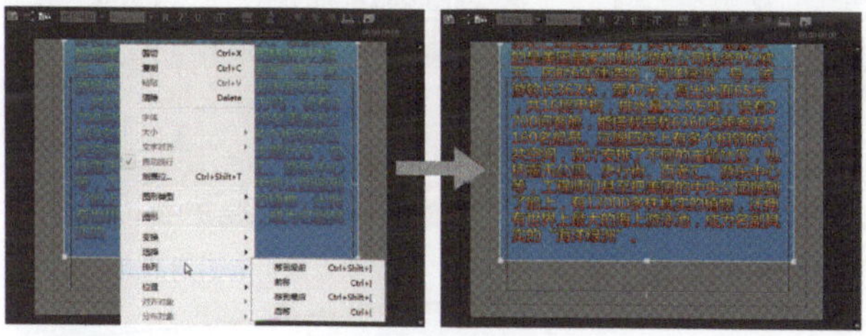

图 10-74 移动矩形到下层

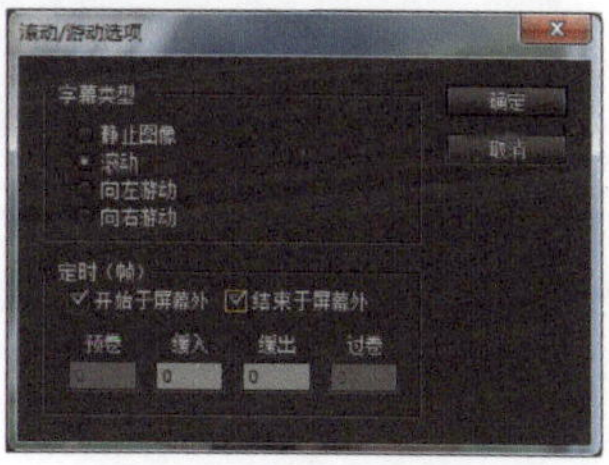

图 10-75 设置滚动时间

12 关闭字幕设计器窗口，回到项目窗口中，将编辑好的字幕素材加入时间轴窗口的视频2轨道，并延长其持续时间到与视频1轨道中的素材剪辑结束时间对齐，如图10-76所示。

图 10-76 加入字幕素材

13 编辑好需要的影片效果后，按“Ctrl+S”快捷键执行保存。按下空格键预览编辑完成的影片效果，如图10-77所示。

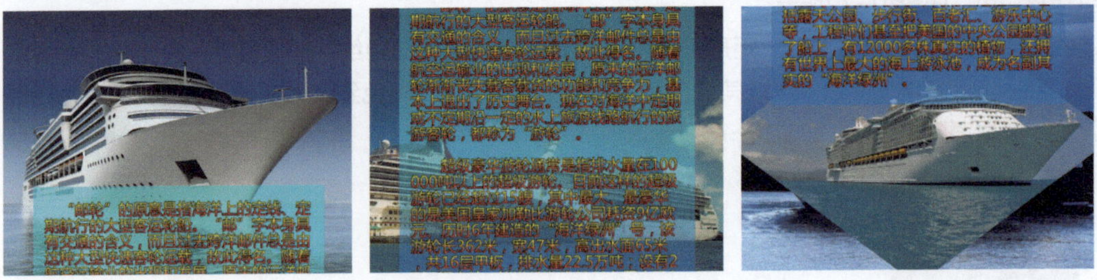

图 10-77 预览影片效果

10.4.2 功能实例——游动字幕：虎鲸

01 新建一个项目文件后，在项目窗口中创建一个DV-PAL视频制式的合成序列。

02 按“Ctrl+I”快捷键，打开“导入”对话框，选择本书配套实例文件中Chapter 10\虎鲸\ Media目录下的whale01.jpg~whale12.jpg素材文件并导入，如图10-78所示。

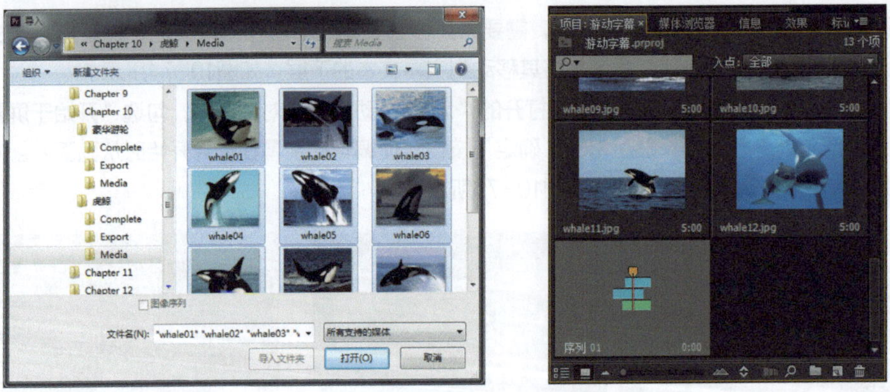

图 10-78 导入素材

03 将导入的图像素材按文件名序号，依次加入时间轴窗口的视频1轨道，如图10-79所示。

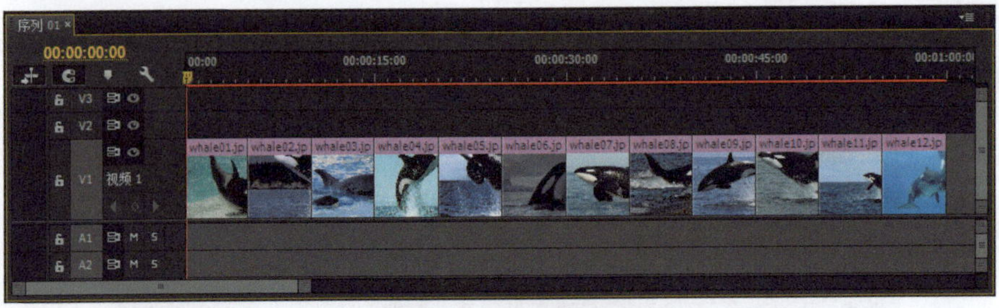

图 10-79 加入素材剪辑

04 按“Shift+7”快捷键打开“效果”面板，展开“视频过渡”文件夹，选取合适的视频过渡效果，添加到时间轴窗口中相邻的图像素材之间，并在“效果控件”面板中设置所有视频过渡效果的对齐方式为“中心切入”，编辑好所有图片的幻灯播放效果，如图10-80所示。

05 执行“字幕→新建→默认游动字幕”命令，在打开的“新建字幕”对话框中输入需要的字幕名称，然后单击“确定”按钮，打开字幕设计器窗口；选取“文字工具”，设置字体为微软雅黑，字号为40，在字幕编辑窗口中字幕安全框的左下角单击确定输入光标位置，输入需要的文字内容，如图10-81所示。

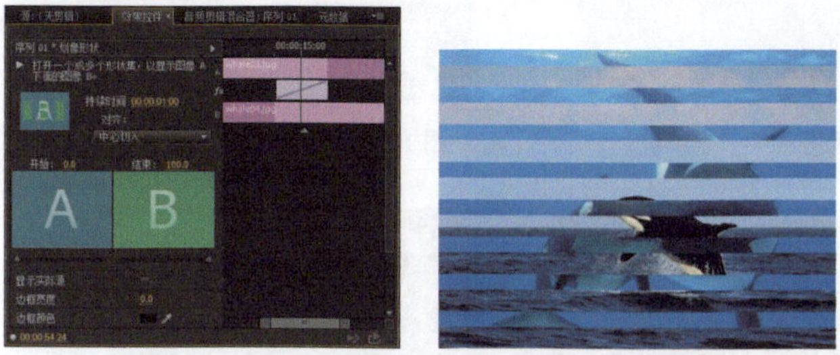

图 10-80 编辑视频过渡效果

图 10-81 输入文字

提示 当输入内容较多的游动字幕时，文本框会自动向后面延展。可以先在其他文本编辑工具中编辑好需要的文本内容并进行复制，然后在字幕设计器窗口中确定文本输入光标位置后执行粘贴即可。保持文本框的默认位置，即文本框的中间控制点与编辑窗口的底边滑块都处于中间且对齐的位置，这样在应用到序列中以后，才可以跟随播放进度正常显示出游动字幕。以“向左游动”为例，在编辑器窗口中向左移动过游动文本框，即是将文本框的初始位置向前移动，则在播放时就会从中间内容位置开始显示字幕内容；反之，若在编辑器窗口中将游动字幕向右移动过，即是将文本框的初始位置向后移动，则在播放时，需要多等一些时间才会出现字幕。

06 在字幕属性面板中的“填充”选项组中，设置“填充类型”为“线性渐变”，为字幕文本设置从绿色到黄色的线性渐变色；单击“外描边”选项后面的“添加”按钮，为其设置类型为“深度”，大小为40.0，角度为45°的蓝色描边色，如图10-82所示。

07 单击“滚动/游动选项”按钮，在打开的“滚动/游动选项”对话框中，勾选“开始于屏幕外”和“结束于屏幕外”复选框，设置“缓入”“缓出”的时间为15帧，然后单击“确定”按钮，如图10-83所示，使编辑的字幕在影片开始后，从第15帧开始从画面右边向左游动进入，在影片结束前15帧向左游动出画面左边。

08 关闭字幕设计器窗口，回到项目窗口中，将编辑好的字幕素材加入时间轴窗口的视频3轨道，并延长其持续时间到与视频1轨道中的素材剪辑结束时间对齐，如图10-84所示。

09 单击项目面板下面的“新建项”按钮，在弹出的命令菜单中选择“颜色遮罩”命令，在弹出的“新建颜色遮罩”对话框中单击“确定”按钮，在打开的“拾色器”窗口中设置新建颜色遮罩的色彩为浅橙色，如图10-85所示。

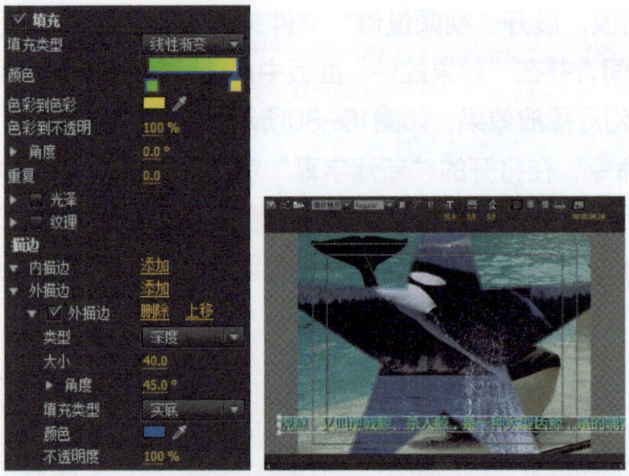

图 10-82 设置字幕填充色

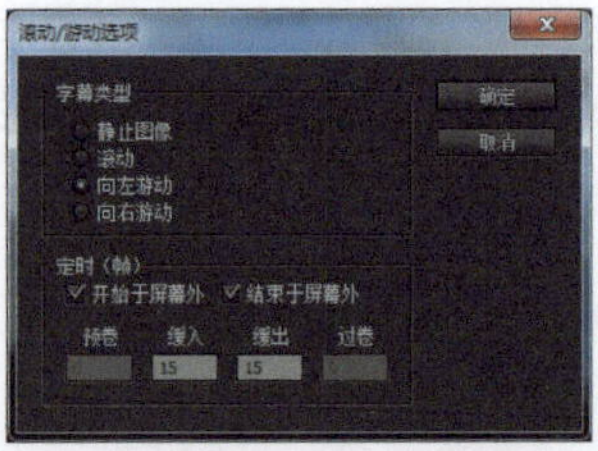

图 10-83 设置游动的持续时间

图 10-84 加入字幕素材

图 10-85 新建并设置颜色遮罩

10 单击“确定”按钮并在弹出的对话框中为新建颜色遮罩命名后，单击“确定”按钮，然后将项目面板中新增的颜色遮罩素材加入时间轴窗口的视频2轨道，并延长其持续时间到与视频1轨道中的素材剪辑结束时间对齐，如图10-86所示。

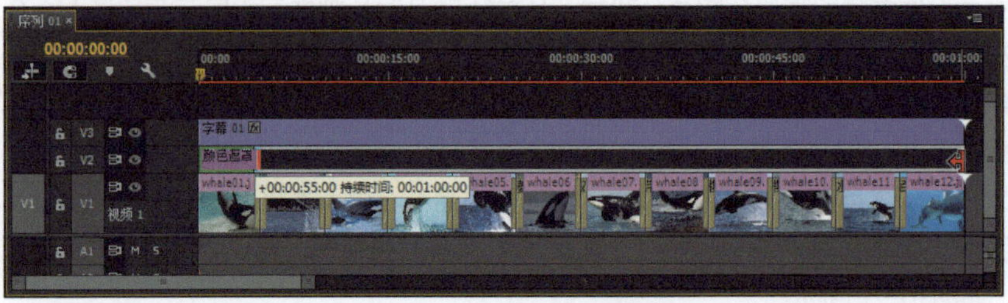

图 10-86 加入颜色遮罩素材

11 打开“效果控件”面板，取消“运动”选项组中对“等比缩放”选项的勾选，设置“缩放高度”为10%，将其移动到画面中字幕文本的下层对应位置；为其创建从第0秒到第2秒，“不透明度”选项从0到40%的关键帧动画，作为字幕文字的背衬色条，使字幕的显示可以更清晰，如图10-87所示。

图 10-87 编辑颜色遮罩的显示

12 编辑好需要的影片效果后，按“Ctrl+S”快捷键执行保存。按下空格键预览编辑完成的影片效果，如图10-88所示。

图 10-88 预览影片效果

10.5 本章知识小结

本章主要介绍了字幕的制作方法，并对字幕的创建、保存以及字幕窗口中的各项功能及使用方法进行了详细的介绍。通过对本章的学习，读者应掌握编辑字幕的基本方法。相对来说，在Premiere Pro CC中对中文字幕进行处理的功能还是比较有限的，因此在实际的视频编辑工作中，常常利用其他软件（如Photoshop）制作好包含所需文字内容的图形文件，再导入Premiere中使用，以达到更满意的效果。

- 在Premiere Pro CC中，可以使用3种方法来创建字幕文件。1.选择“文件→新建→字幕”命令，即可打开一个新的字幕设计器窗口，开始创建字幕文件。2.单击项目窗口下方的“新建项”按钮，在弹出的命令菜单中选择“字幕”命令，即可创建一个新的字幕。3.执行“字幕→新建字幕”命令，可以在弹出的命令菜单中选择要创建的字幕类型，然后新建该类型的字幕。

- 窗口左侧为字幕工具面板，这里存放着一些与标题字幕制作相关的工具。利用这些工具，可以加入标题文本、绘制简单的几何图形，还可以定义文本的样式。
- 字幕动作面板主要用于对单个或者多个对象进行对齐、排列和分布的调整。单击对应的按钮，可以对选中的单个或者多个对象进行排列位置或间距分布的对齐调整。
- 字幕操作面板在字幕设计器窗口的中间，包括效果设置按钮区域和字幕编辑预览区域。窗口顶部的功能按钮，用于新建字幕、设置字幕动画类型、设置文本字体、字号、字体样式、对齐方式等常用的字幕文本编辑。
- 在字幕属性面板中的选项，用于对字幕文本进行多种效果和属性的设置，包括设置变换效果、设置字体属性、设置文本外观以及其他选项的参数设置。
- 字幕样式是编辑好了字体、填充色、描边以及投影等效果的预设样式，存放在字幕设计器窗口下方的字幕样式面板中，可以直接选取应用或通过菜单命令，应用一个样式中的部分内容，还可以自定义新的字幕样式或导入外部样式文件。
- 在字幕设计器窗口左上角单击“滚动/游动选项”按钮，打开“滚动/游动选项”对话框，可以为编辑的字幕选择字幕类型，分别为静态、滚动和游动。
- 静态字幕是默认的字幕类型，通常用于编辑影片的标题文字或提示文字，只需要在字幕编辑窗口输入文本内容，并为其设置好字幕属性即可，不需要再进行额外的设置。
- 滚动字幕是指在画面的垂直方向从下往上运动的动画字幕。
- 游动字幕是指在画面的水平方向从左向右或从右向左运动的动画字幕。

第 11 章

视频影片的输出

本章知识介绍

本章主要介绍项目输出以及相关的知识。通过对本章的学习，读者应该了解各种视频或者音频的输出方式，了解各种编码格式的设置选项，掌握常用的输出文件的方法。

本章学习要点

- 了解 Premiere Pro CC 的输出类型
- 熟悉输出文件的常用方法
- 了解各种输出文件的方式以及设置

11.1 影片输出类型

当视频、音频素材的编辑都完成后，接下来就可以对编辑好的项目进行输出，将其发布为最终作品。将项目文件编辑好以后，针对不同的要求，Premiere Pro CC提供了多种输出设置，以输出不同的文件类型。在“文件→导出”命令菜单中选择对应的命令，即可将影片项目输出成指定的文件内容，如图11-1所示。

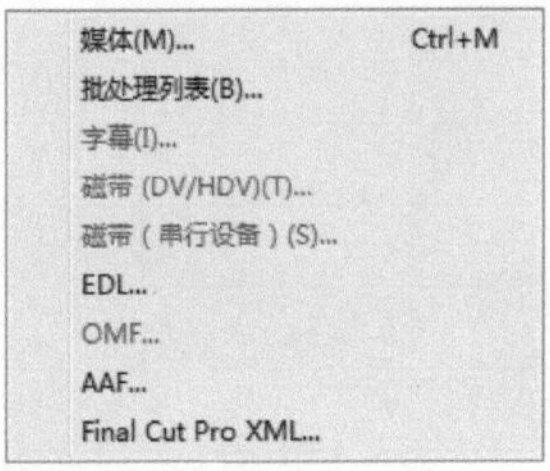

图 11-1 “导出”命令子菜单

- 媒体：将编辑好的项目输出成指定格式的媒体文件（包括图像、音频、视频等）。
- 批处理列表：将在项目中的一个或多个素材剪辑添加到批处理列表中，导出生成批处理列表文件，方便在编辑其他项目时快速导入使用同样的素材文件。
- 字幕：在项目窗口中点选创建的字幕剪辑，将其输出为字幕文件（*.prtl），可以在编辑其他项目时导入使用。
- 磁带：将项目文件直接渲染输出到磁带。需要先连接相应的DV/HDV等外部设备。
- EDL：将项目文件中的视频、音频输出为编辑菜单。
- OMF：输出带有音频的OMF格式文件。
- AAF：输出AAF格式文件。AAF比EDL包含更多的编辑数据，方便进行跨平台的编辑。
- Final Cut Pro XML：输出为Apple Final Cut Pro（苹果计算机系统中的一款影视编辑软件）中可读取的XML格式。

11.2 影片导出设置

在实际编辑工作中，将编辑完成的影片项目输出成视频影片文件是最基本的导出方式。在本书第3章介绍影片项目的编辑工作流程时已经执行过影片项目的导出操作。请打开本书配套实例文件中Chapter 10\虎鲸\Complete目录下的“虎鲸.prproj”项目文件，下面将以该项目文件为例，详细介绍Premiere Pro CC中影片的导出设置。

11.2.1 导出设置选项

在项目窗口中点选要导出的合成序列，然后执行“文件→导出→媒体”命令，打开“导出设置”对话框，如图11-2所示。

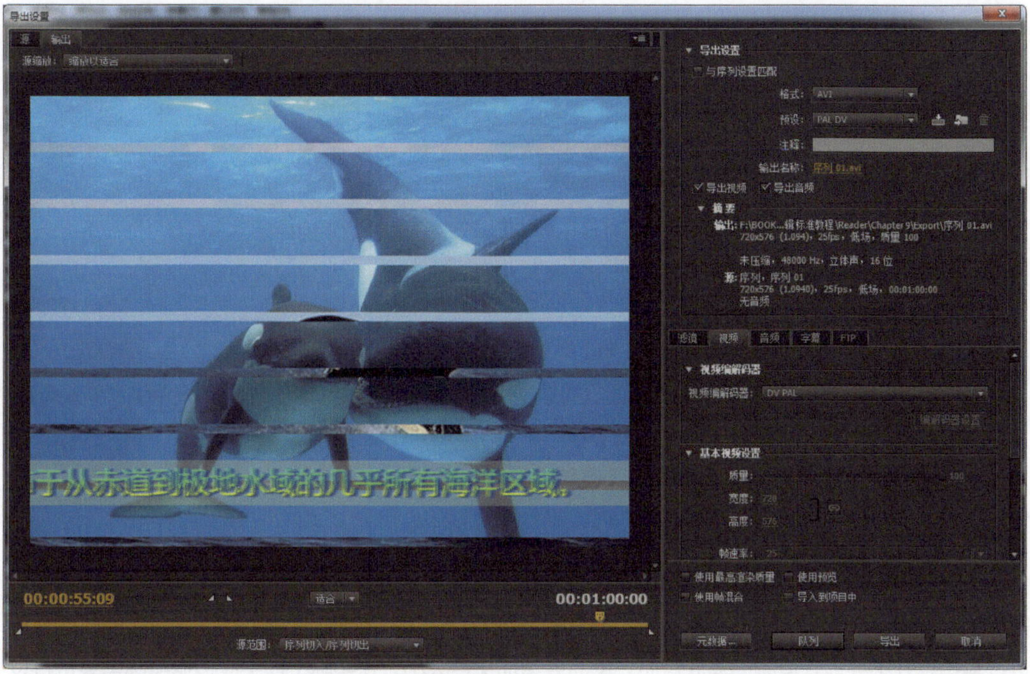

图 11-2 “导出设置”对话框

“导出设置”中的选项用于确定影片项目的导出格式、导出路径、导出文件名称等主要导出设置。

- 与序列设置匹配：勾选该复选框，则要用与合成序列相同的视频属性进行导出。
- 格式：在该下拉列表中选择导出所生成的文件格式，可以选择视频、音频或图像等格式。选择不同的导出文件格式，下面将显示不同的设置选项。
- 预设：在该下拉列表中选择与所选导出文件格式对应的预设制式类型。
- 注释：用以输入附加到导出文件中的文件信息注释，不会影响导出文件的内容。
- 输出名称：单击该选项后面的文字按钮，在弹出的“另存为”对话框中为将要导出生成的文件指定保存目录和输入需要的文件名称。
- 导出视频/音频：勾选对应的选项，可以在导出生成的文件中包含对应的内容。对于视频影片，默认为全部选中。
- 摘要：显示目前所设置的选项信息，以及将要导出生成的文件格式、内容属性等信息。

11.2.2　视频设置选项

“视频”选项卡中的设置选项，用于对目前所选导出文件的图像视频属性进行设置，包括视频解码器、影像质量、影像画面尺寸、视频帧速率、场序、像素长宽比等。选中不同的导出文件格式，设置选项也不同，可以根据实际需要进行设置，或保持默认的选项设置执行输出，如图11-3所示。

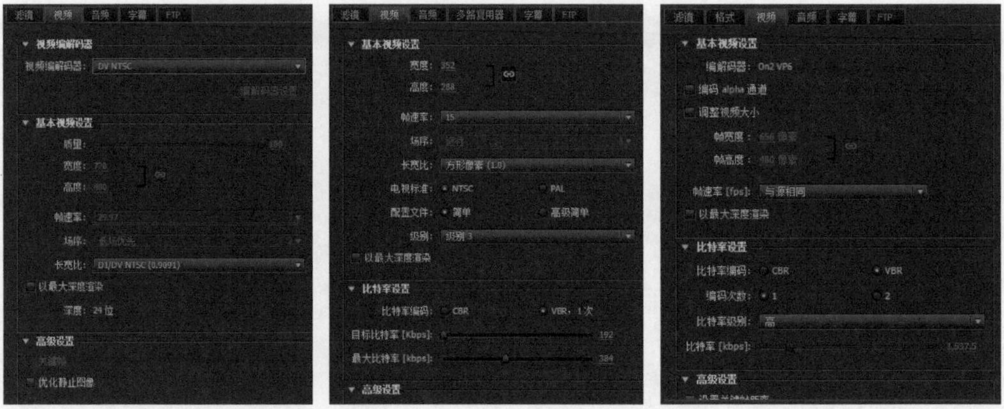

图 11-3 选择 AVI、MPEG4 和 FLV 格式时的视频设置选项

11.2.3 音频设置选项

“音频”选项卡中的设置选项，用于对目前所选导出文件的音频属性进行设置，包括音频编解码器类型、采样率、声道格式等，如图11-4所示。需要注意的是，采用比源音频素材更高的品质选项进行输出，并不会提升音频的播放音质，反而会增加文件大小，在实际工作中应根据实际需要进行设置，或保持默认的选项设置执行输出。

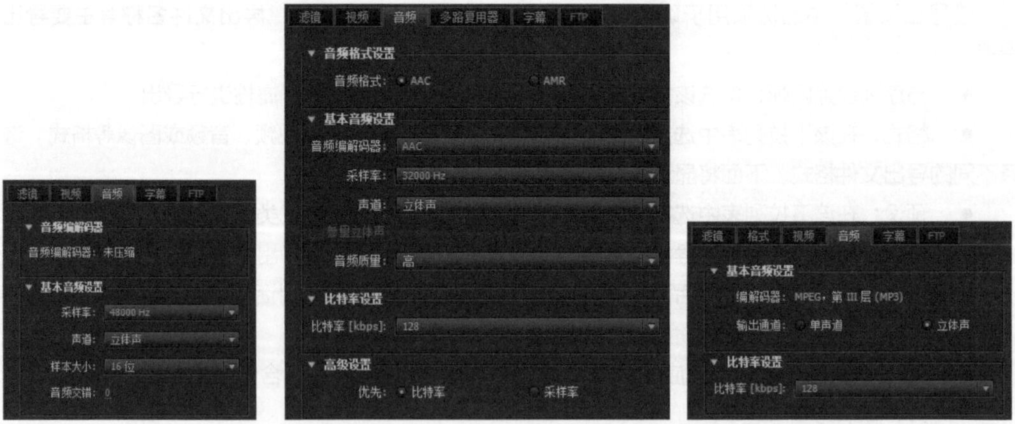

图 11-4 选择 AVI、MPEG4 和 FLV 格式时的音频设置选项

11.2.4 滤镜设置选项

“滤镜”选项卡是在选择导出格式为图像、视频类文件时才有的选项，勾选“高斯模糊”复选框，可以为输出影像应用高斯模糊滤镜。可以在“模糊度”参数中设置模糊的程度，在“模糊尺寸”下拉列表中选择需要的模糊方向进行应用，如图11-5所示。

图 11-5 应用高斯模糊滤镜

11.2.5 其他设置选项

“导出设置”对话框中的其他选项分别用于对应的导出设置，它们的用途分别如下。

- 源缩放：当所选择的导出格式与合成序列的视频属性不一致时，就会因输出文件画面比例不匹配而在画面两侧或上下出现黑边，可以在此选项的下拉列表中选择对应的选项进行画面比例的调整或选择对黑边的处理方式，如图11-6所示。
- 源范围：在该下拉列表中选择合成序列中要输出成目标格式文件的时间范围，如图11-7所示。选择“自定义”选项时，可以通过调整视频预览窗口下方时间标尺头尾的标记来设置入点与出点，确定合成序列中间需要单独输出的部分内容。

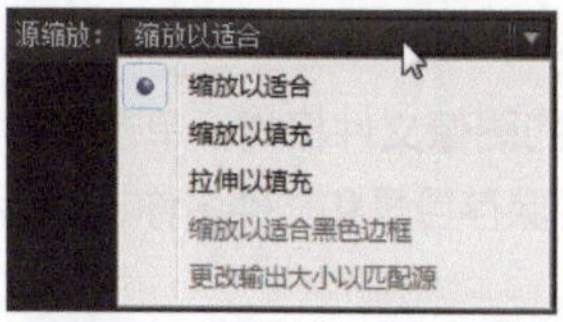

图 11-6 “源缩放”选项

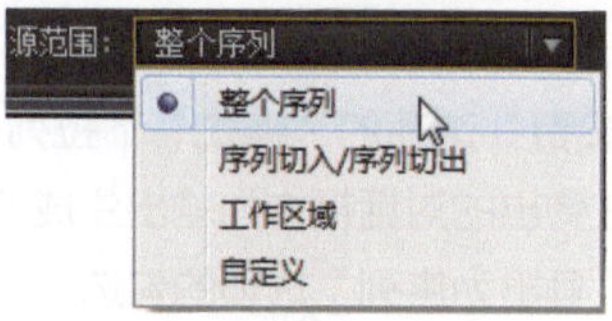

图 11-7 “源范围”选项

- 使用最高渲染质量：勾选该复选框，在时间标尺上拖动时间指针进行预览时，将使用最高渲染质量渲染序列影像。
- 使用预览：当设置将合成序列导出为序列图像时，勾选该复选框，可以启用对输出后序列图像的效果预览。
- 使用帧混合：勾选该复选框，可以启用输出影像画面的帧融合效果。
- 导入到项目中：勾选该复选框，可以在完成影片导出后，将导出生成的文件自动导入项目窗口中。

11.3 输出单帧画面

在实际编辑工作中，有时需要将项目中的某一帧画面输出为静态图片文件，如对影片项目中制作的视频特效画面进行取样，或者将某一画面单独作为素材进行使用等。此时，可以使用以下两种方法来完成。

方法一：通过节目监视器窗口导出帧画面。

01 在节目监视器窗口中，将时间指针定位到需要输出的帧画面，然后单击窗口下方工具栏中的“导出帧”按钮，如图11-8所示。

02 在弹出的“导出帧”对话框中，为要输出的图像文件设置好文件名称和保存格式，然后单击“浏览”按钮，在打开的对话框中为输出图像设置保存路径，单击“确定”按钮，即可将选定的帧画面输出为指定格式的图像文件，如图11-9所示。

图 11-8 单击“导出帧”按钮

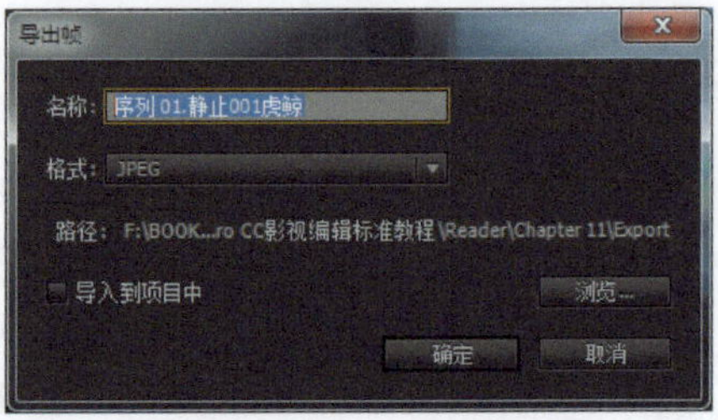

图 11-9“导出帧”对话框

方法二：通过“导出设置”对话框输出单帧图像。

01 在“导出设置”对话框中，将预览窗口下面的时间标尺移动到需要单独输出的帧画面，如图11-10所示。

02 在“导出设置”选项的“格式”下拉列表中选择需要的图像文件格式，单击“输出名称”后面的文字按钮，在弹出的对话框中为输出生成的图像文件设置保存目录和文件名称，然后在“视频”选项卡中取消对“导出为序列”选项的勾选，如图11-11所示。

图 11-10 设置需要输出的帧画面

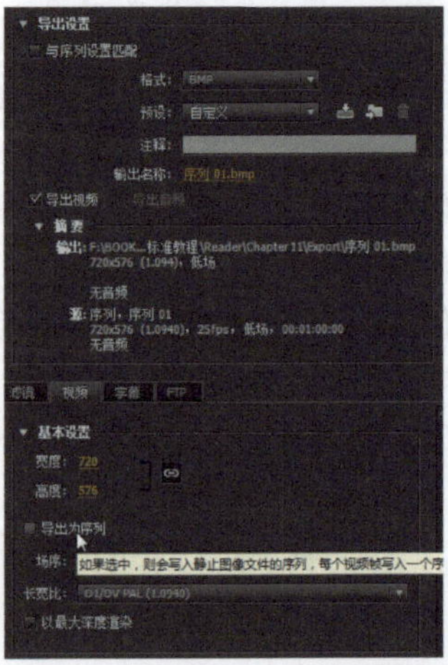

图 11-11 取消勾选“导出为序列”选项

03 保持其他选项的默认状态，单击“导出”按钮，即可完成对所选帧画面单独输出成图像文件的操作。

11.4 输出音频内容

单独将合成序列中的音频内容输出成音频文件，首先需要在“源范围”中选择并设置好需要输出的时间范围，再在“格式”下拉列表中选择需要的音频文件格式后，为输出生成的音频文件设置好保存目录和文件名称，然后在下面的“音频”选项卡中设置好需要的音频属性选项，单击“导出”按钮，即可完成对合成序列中的音频内容进行单独输出的操作，如图11-12所示。

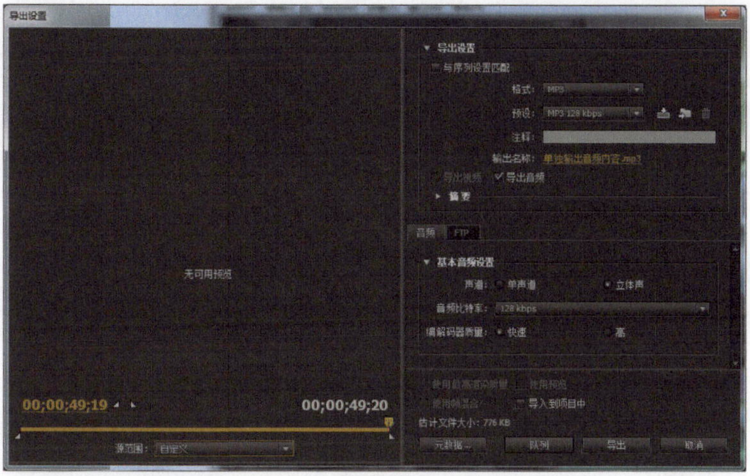

图 11-12 音频输出设置

11.5 本章知识小结

本章具体讲解了输出影片项目的各个选项设置。读者需要掌握常见的几种影片格式的输出设置方法，其他的可以作为了解。到本章的内容学完之后，相信读者对于整个Premiere Pro CC的功能和使用方法也基本掌握了，接着就需要发挥自己的想象力，制作出精彩的影片。

- 通过“导出”命令，可以将编辑完成的项目内容输出成完整的影片。针对不同的需要，可以在Premiere Pro CC中选择不同的输出方式进行项目内容输出，如输出为影片、单帧、音频和输出到磁带等。在“文件→导出”命令菜单下选择对应的命令，即可进行对应的输出处理。
- 在“导出设置”对话框中，“导出设置”中的选项，用于确定影片项目的导出格式、导出路径、导出文件名称等主要导出设置。“视频”选项卡中的设置选项，用于对目前所选导出文件的图像视频属性进行设置，包括视频编解码器、影像质量、影像画面尺寸、视频帧速率、场序、像素长宽比等；选中不同的导出文件格式，设置选项也不同，可以根据实际需要进行设置，或保持默认的选项设置执行输出。“音频”选项卡中的设置选项，用于对目前所选导出文件的音频属性进行设置，包括音频解码器类型、采样率、声道格式等。“滤镜”选项卡是在选择导出格式为图像、视频类文件时才有的选项，勾选“高斯模糊”复选框，可以为输出影像应用高斯模糊滤镜；可以在“模糊度”参数中设置模糊的程度，在“模糊尺寸”下拉列表中选择需要的模糊方向进行应用。

第 12 章

网络视频节目片头：书画课堂

本章知识介绍

本章主要通过实例的方式介绍如何制作节目片头视频。通过对本章的学习，读者应掌握制作片头视频的方法。

本章学习要点

- 编辑渐变文字图像
- 导入素材并编辑动画
- 编辑书写动画特效
- 编辑字幕并输出影片

影视节目内容的编辑制作，也是Premiere Pro的主要应用领域。影视栏目片头的制作，通常需要根据栏目内容的特点来设计影像动画效果。只要恰当地利用创意表现，贴合栏目的主题与特色，并不需要运用复杂的特效，便可以制作出优秀的片头作品。

12.1 实例效果

本实例是为小学语文中的一篇古诗制作的教学课件，主要包括配合诗句含义的图像展示、语音朗读、诗句释义等内容的展示。请打开本书配套实例文件中Chapter 12\Export目录下的“书画课堂.avi”，欣赏本实例的完成效果，如图12-1所示。

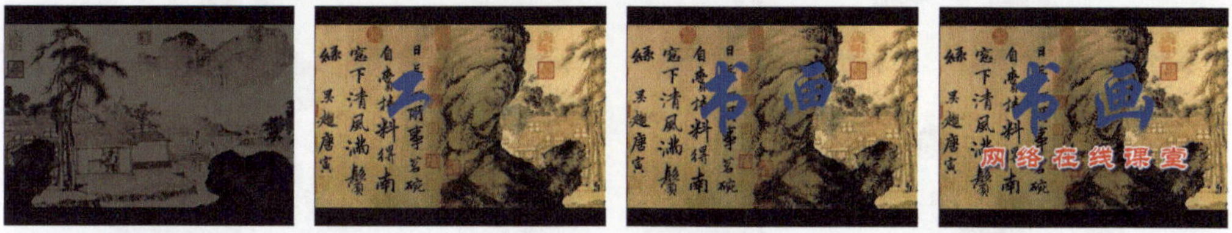

图 12-1 欣赏影片完成效果

12.2 实例分析

1. 本实例主要利用“渐变擦除”过渡特效会根据所选图像进行渐变擦除的特点，通过Photoshop和Premiere两个软件的配合使用，制作出优美的书写动画效果。

2. 除了以书写动画来点明片头主题外，影片中的背景图像、背景音乐等元素也选择了贴合栏目内容风格特点的书画图像和传统乐器音乐，起到恰当的辅助配合作用。

12.3 编辑渐变文字图像

01 启动Photoshop，创建一个720像素×480像素，背景为白色的文件，如图12-2所示。

02 使用“文字工具”在文件窗口中输入文字“书画”，字体为“华文行楷”，字号为200，如图12-3所示。

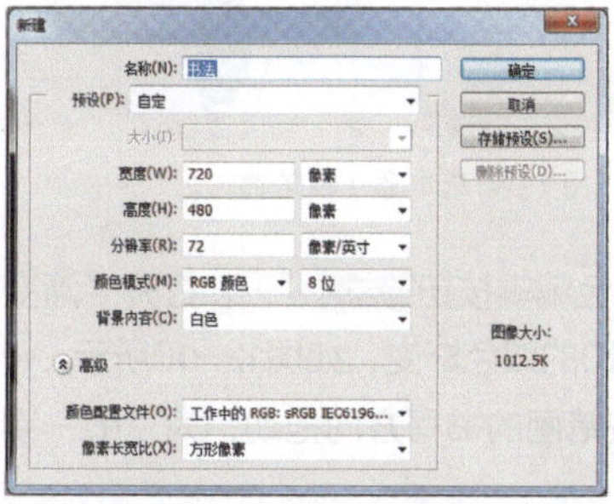

图 12-2 新建图像文件

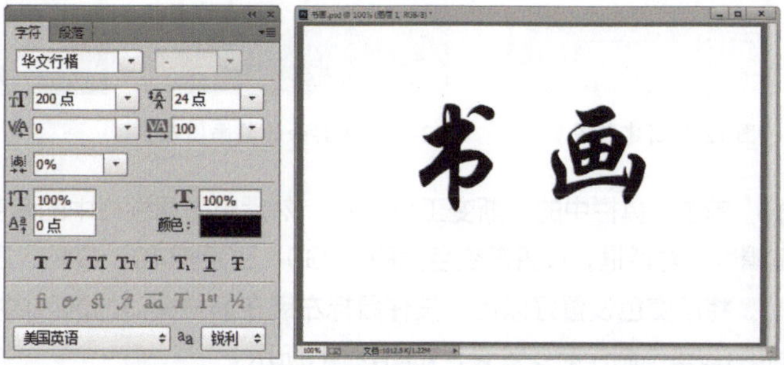

图 12-3 输入文字

03 在“图层”面板中的文字图层上单击鼠标右键并选择“栅格化文字”命令，将文字处理为图像。

04 在工具栏中选取“多边形套索工具”，在文字图层选取“书”字的第1段笔画，如图12-4所示。

05 执行“图层→新建→通过拷贝的图层”命令，或者直接按“Ctrl+J”快捷键，将选区中的文字部分复制到新图层中，如图12-5所示。

06 继续使用“多边形套索工具”，在文字“书画”所在的图层中，选取“书”字的第2段笔画，如图12-6所示。

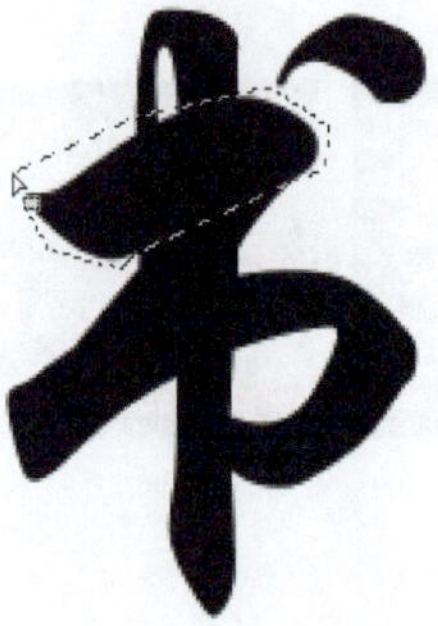

图 12-4 选取笔画

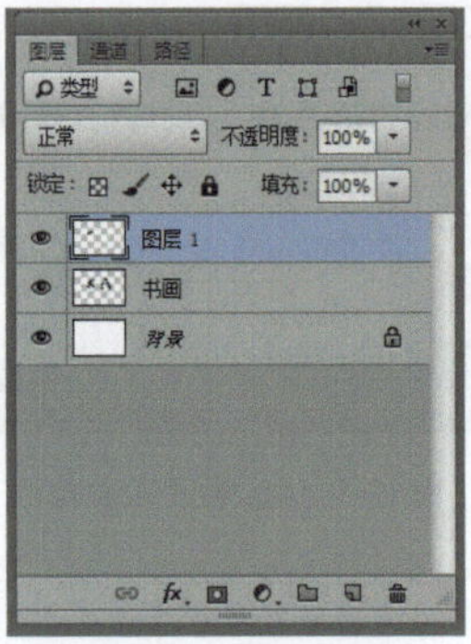

图 12-5 创建新图层

图 12-6 选取笔画

07 按“Ctrl+J”快捷键，将选取区域内的文字笔画复制到新的图层中，如图12-7所示。

08 用同样的方法，将“书”字剩余的每一段笔画以一个单独的图层保存下来，完成效果如图12-8所示。

09 按住“Ctrl”键，同时用鼠标单击“书”字第1段笔画所在的图层，将该图层中的图像部分选取出来，如图12-9所示。

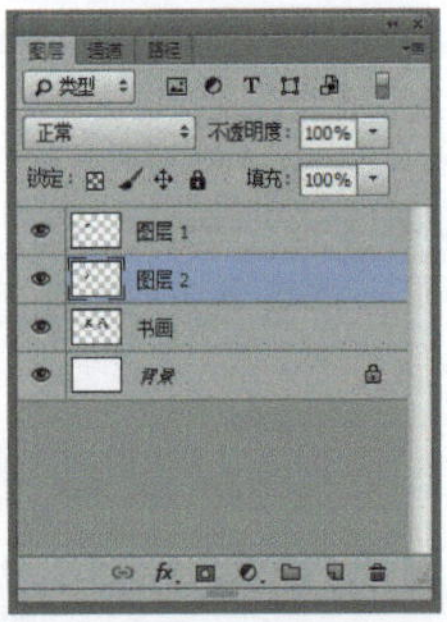

图 12-7 创建新图层

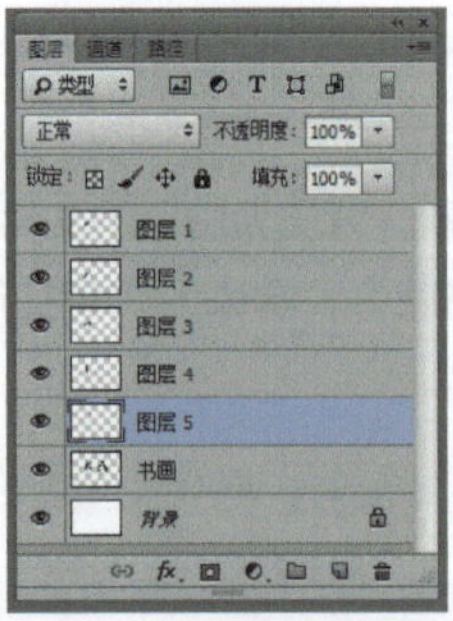

图 12-8 创建其余的笔画图层

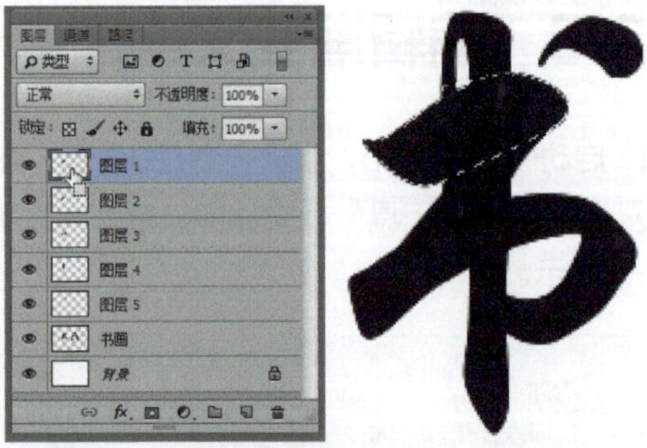

图 12-9 选取第 1 段笔画

10 单击工具栏中的“渐变工具”，然后单击属性栏中的渐变色编辑按钮，打开“渐变编辑器”对话框，设置渐变色为R0、G0、B0到R40、G40、B40的双色渐变，如图12-10所示。

11 将渐变色设置好以后，按住鼠标左键在编辑窗口的选区内按笔画的书写方向拖动，为“书”字的第1段笔画制作渐变效果，如图12-11所示。

12 选取“书”字的第2段笔画图层并建立选区，然后在“渐变工具”属性栏中设置渐变色为R40、

G40、B40到R80、G80、B80的双色渐变，按住鼠标左键在编辑窗口的选区内按笔画的书写方向拖动，为“书”字的第2段笔画制作渐变效果，如图12-12所示。

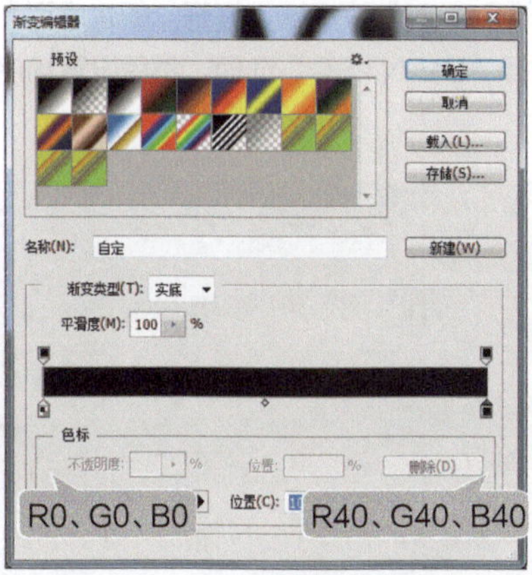

图 12-10 “渐变编辑器”对话框

图 12-11 填充渐变色

图 12-12 填充渐变色

13 用相同的方法，依次增加填充渐变的数值，为“书”字的每一段笔画制作出渐变效果，如图12-13所示。

14 选取根据“书”字创建的所有单独笔画图层，执行“图层→合并图层”命令，完成后的效果如图12-14所示。

图 12-13 文字渐变效果

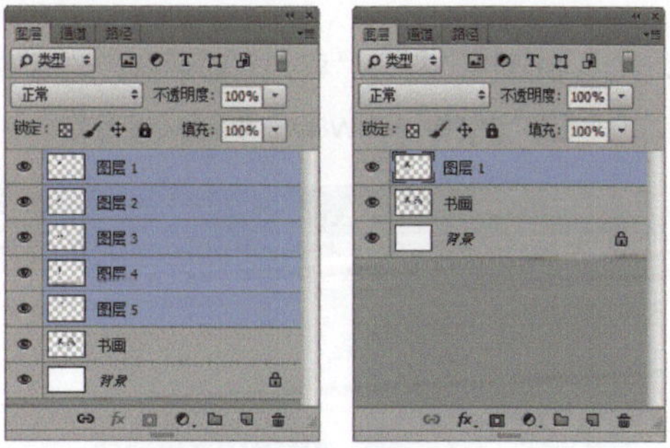

图 12-14 合并图层

15 取消“书画”图层的显示，执行“文件→存储为”命令，将编辑好的文字图片以“渐变:书”命名，选择保存格式为TGA，保存在计算机中指定的目录下。

16 使用同样的方法，将“画”字的每一笔画绘制为选区并创建图层，然后分别填充渐变效果，再保存为以“渐变:画”命名的TGA文件，如图12-15所示。

图 12-15 编辑渐变文字图像

12.4　导入素材并编辑动画

01 启动Premiere Pro CC，新建一个项目文件后，按“Ctrl+N”快捷键，打开“新建序列”对话框，展开“设置”选项卡，在“编辑模式”下拉列表中选择“DV NTSC”选项，然后设置场序类型为“无场”，单击“确定”按钮，如图12-16所示。

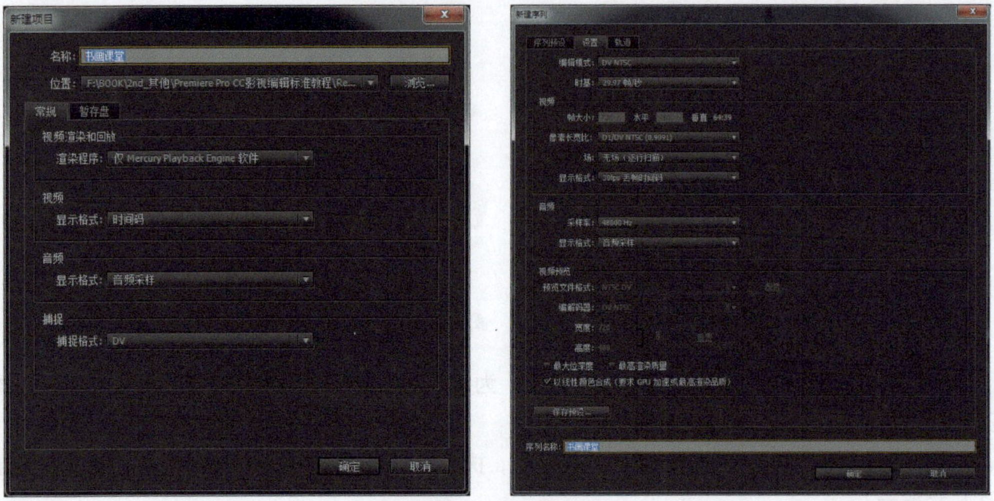

图 12-16　新建序列

02 按“Ctrl+I”快捷键，打开“导入”对话框，选择本书配套实例文件中Chapter 12\Media目录下的“背景.jpg”和“bgmusic.wav”素材文件并导入，如图12-17所示。

图 12-17　导入素材文件

03 将音频素材加入时间轴窗口，向左拖动素材剪辑的出点，将剪辑的持续时间调整为15秒，如图12-18所示。

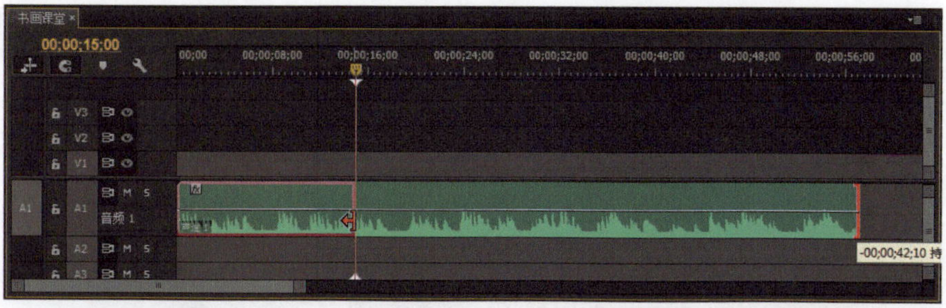

图 12-18 加入素材并调整持续时间

04 将导入的图像素材加入时间轴窗口的视频1轨道，并将素材剪辑的持续时间延长到与音频剪辑对齐，如图12-19所示。

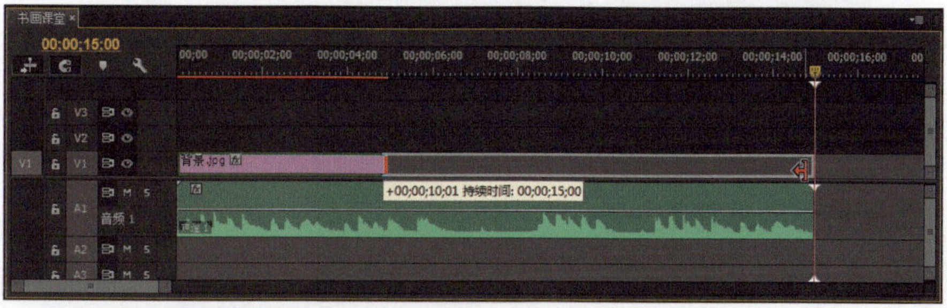

图 12-19 添加素材到时间轴窗口中

05 点选视频轨道中的素材剪辑，在“效果控件”面板中为其创建从左向右逐渐移动并显现的关键帧动画，如图12-20所示。

		00:00:00:00	00:00:02:00	00:00:08:00
	位置	40.0,240.0		680.0,240.0
	不透明度	0	100%	

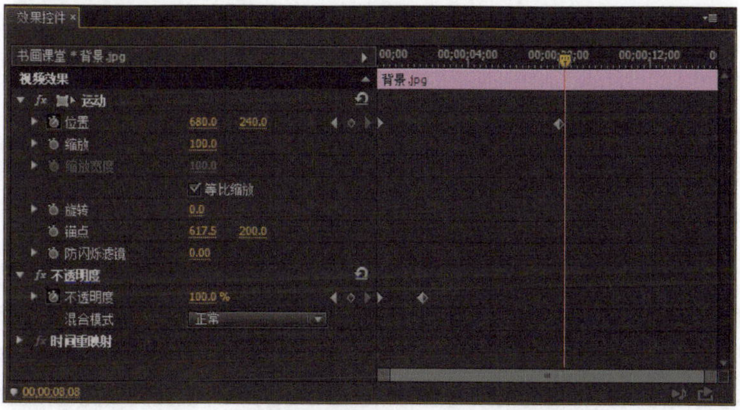

图 12-20 编辑关键帧动画

06 在“位置”选项中的第2个关键帧上单击鼠标右键并选择“临时插值→缓入”命令，使位移动画在接近该关键帧时逐渐减速至停止，如图12-21所示。

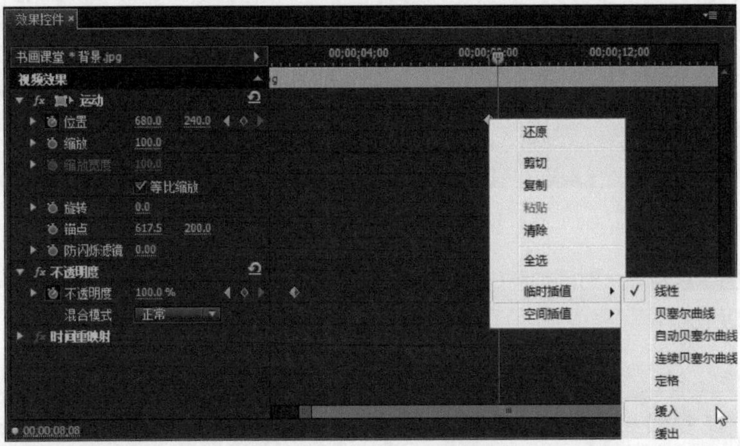

图 12-21 设置关键帧缓入

12.5 编辑书写动画特效

01 打开“效果”面板，选择“视频效果→颜色校正→色调”特效，并将其添加到时间轴窗口中的背景图像剪辑上；在“效果控件”面板中为该效果创建从开始到第5秒，“着色量”参数从100%到0的关键帧动画，得到背景图像从黑白逐渐恢复色彩的动画效果，如图12-22所示。

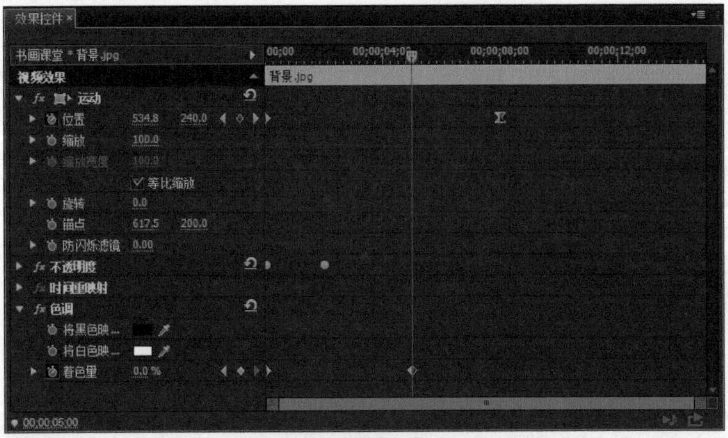

图 12-22 编辑效果关键帧动画

02 继续为背景图像剪辑添加“视频效果→颜色校正→均衡”效果，在“效果控件”面板中设置其“均衡量”参数为60%，使序列中的图像色彩更鲜明，提高色彩的饱和度，如图12-23所示。

03 在项目窗口中单击工具栏中的“新建项”按钮，在弹出的菜单命令中选择“颜色遮罩”命令，新建一个与合成序列具有相同视频属性的颜色遮罩素材，并设置其填充色为蓝色（0，90，225），如图12-24所示。

图 12-23 添加并设置“均衡”效果

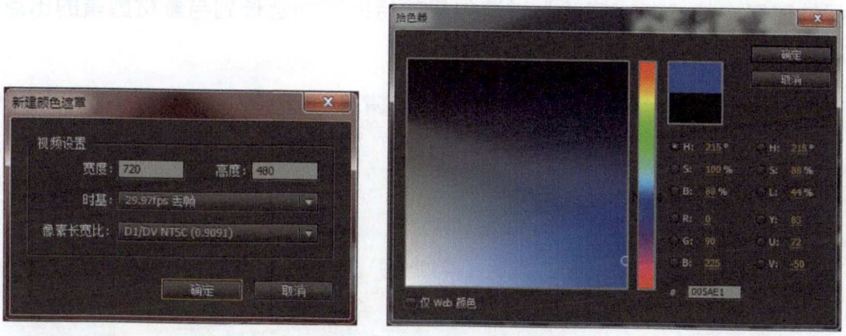

图 12-24 新建颜色遮罩

04 设置好颜色后单击“确定”按钮，在弹出的“选择名称”对话框中保持默认的新建素材命名，单击“确定”按钮。

05 将项目窗口中的“颜色遮罩”素材拖入时间轴窗口的视频2轨道中，设置其入点在第8秒，出点在第11秒，如图12-25所示。

图 12-25 添加素材到时间轴窗口

06 打开“效果”面板，展开“视频过渡”文件夹，在“擦除”文件夹中找到“渐变擦除”特效，然后将其添加到序列中的颜色遮罩素材剪辑的开始位置。

07 在弹出的“渐变擦除设置”对话框中单击“选择图像”按钮，在打开的对话框中选择本书配套实例文件中Chapter 12\Media目录下的“渐变:书.tga”素材文件，单击“打开”按钮将其导入，如图12-26所示。

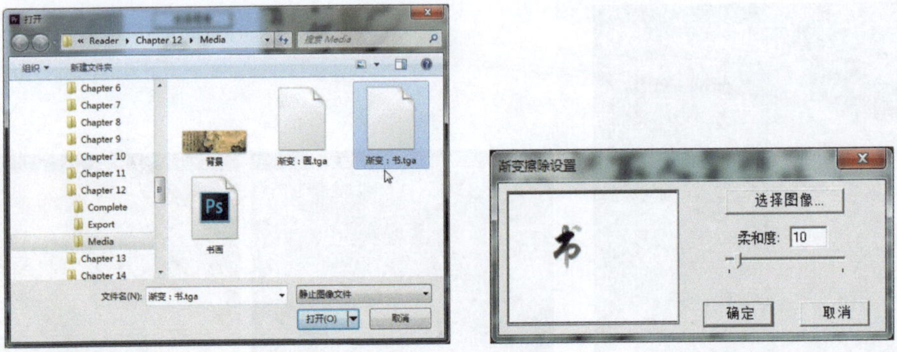

图 12-26 选择渐变图像

08 在“渐变擦除设置”对话框中保持其他选项的默认设置，单击“确定”按钮应用渐变设置。

09 在时间轴窗口中将“渐变擦除”过渡效果的持续时间延长到与素材剪辑的出点对齐，如图12-27所示。

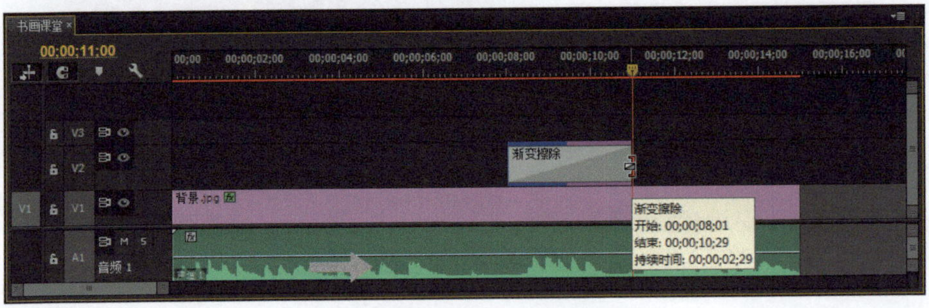

图 12-27 修改过渡特效的持续时间

10 将时间指针定位在00;00;10;29的位置，单击节目监视器窗口中的“导出帧”按钮，在弹出的“导出帧”对话框中设置导出格式为JPEG，单击“浏览”按钮，为导出图像指定保存路径后，勾选“导入到项目中”复选框，然后单击“确定”按钮，如图12-28所示。

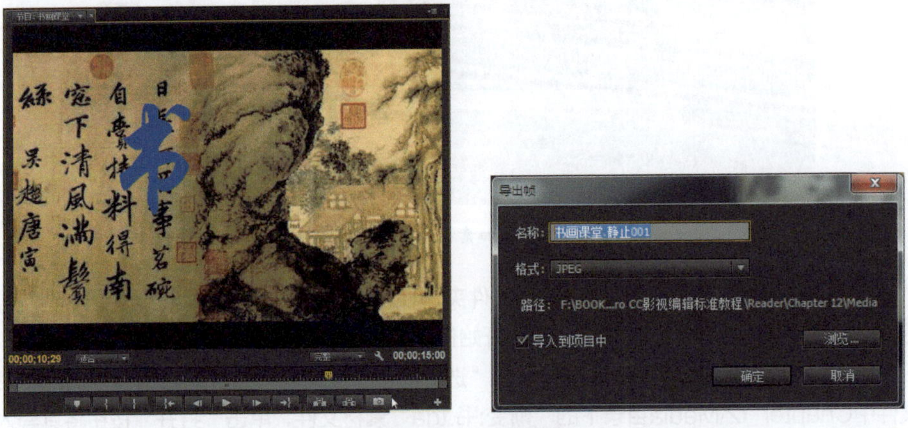

图 12-28 导入静止帧图像

11 将项目窗口中自动导入的静止帧图像添加到视频2轨道中的图像剪辑后面，并将其出点修剪到与视频1轨道中的出点对齐，如图12-29所示。

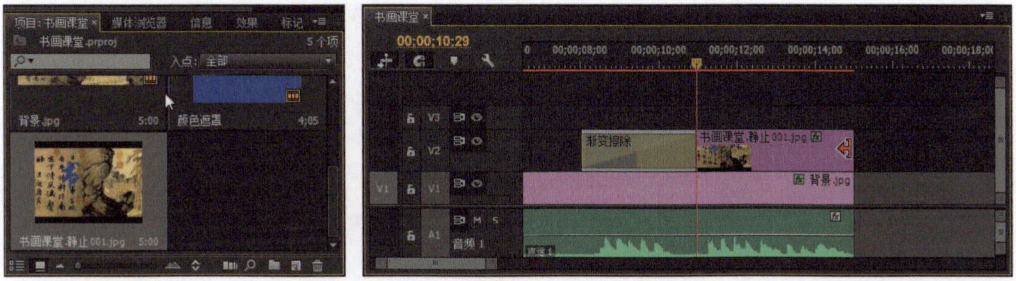

图12-29 加入导出生成的静止帧图像

12 再次将颜色遮罩素材加入视频3轨道，设置其入点为00;00;11;10，持续时间为3秒，如图12-30所示。

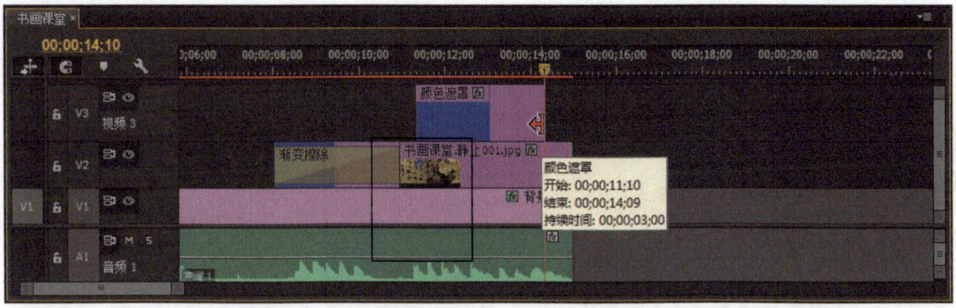

图12-30 加入颜色遮罩素材

13 同样为其应用“渐变擦除”过渡效果，在“渐变擦除设置”对话框中单击“选择图像”按钮，选择本书配套实例文件中Chapter 12\Media目录下的“渐变:画.tga”素材文件并应用渐变，如图12-31所示。

图12-31 设置渐变图像

14 在时间轴窗口中，设置渐变擦除过渡效果的持续时间为3秒，使其与该剪辑的持续时间对齐，如图12-32所示。

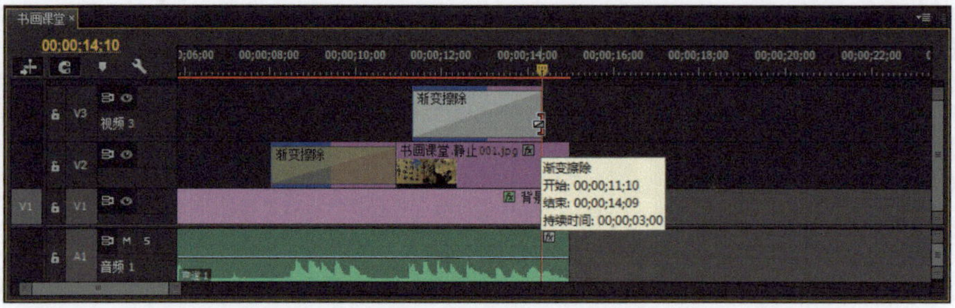

图 12-32 设置过渡效果的持续时间

15 用同样的方法，在该剪辑的出点位置导出帧画面并加入时间轴窗口，使过渡效果完成后，影片画面保持在书写动画完成的状态，如图12-33所示。

图 12-33 编辑结束画面

12.6 编辑字幕并输出影片

01 单击项目窗口下方的“新建项”按钮并选择“字幕”命令，在打开的“新建字幕”对话框中单击“确定”按钮，打开字幕设计器窗口，设置字体为华文隶书，字号大小为60，字偶间距为20，输入文字“网络在线课堂”，然后为其设置填充色为红色，大小为40的白色外描边，以及深蓝色的阴影，如图12-34所示。

02 关闭字幕设计器窗口，将新创建的字幕素材加入时间轴窗口的视频4轨道中，并设置其持续时间为与视频3轨道中末尾的剪辑对齐，如图12-35所示。

03 打开“效果控件”面板，为字幕剪辑编辑从入点到00;00;14;20之间，“不透明度”从0到100%的关键帧动画，如图12-36所示。

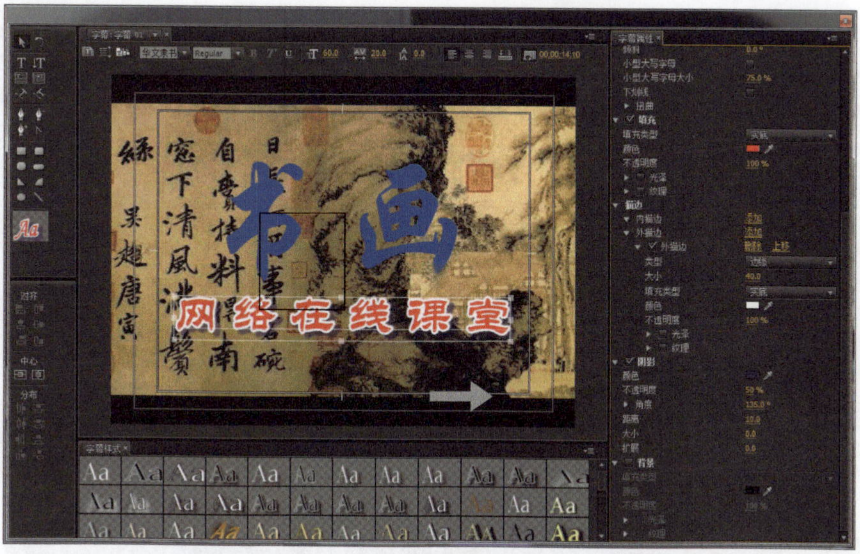

图 12-34 编辑副标题字幕

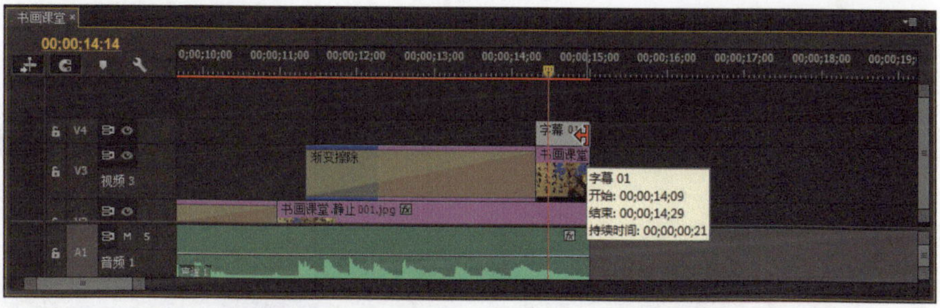

图 12-35 加入字幕素材

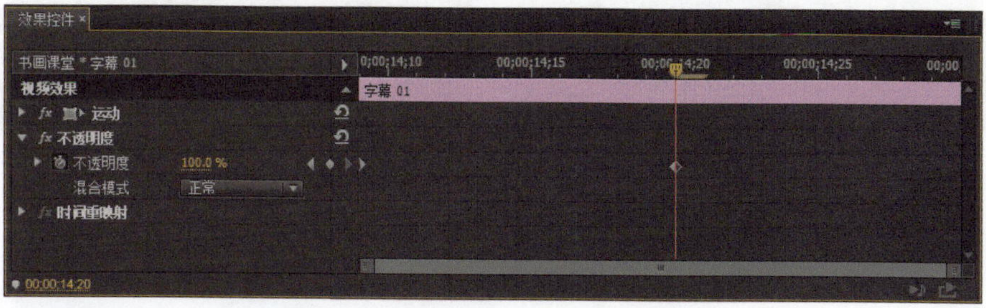

图 12-36 编辑“不透明度”关键帧动画

04 按“Ctrl+S”快捷键执行保存；按“Ctrl+M”快捷键，打开“导出设置”对话框。在“格式”下拉列表中选择AVI；单击“输出名称”后面的文字按钮，在弹出的对话框中为输出影片设置好保存目录和文件名称；保持其他选项的默认设置，单击“导出”按钮，开始输出影片，如图12-37所示。

图 12-37 输出影片

05 影片输出完成后，使用视频播放器播放影片的完成效果，如图12-38所示。

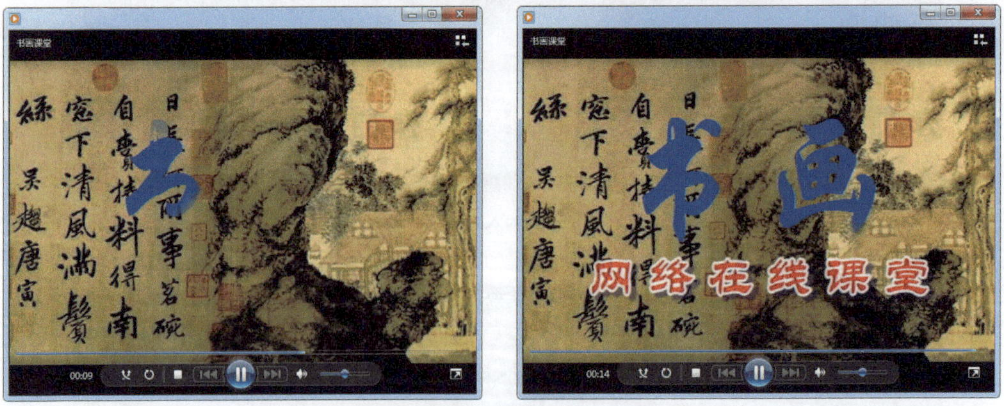

图 12-38 影片完成效果

第 13 章

音乐 KTV：牡丹之歌

本章知识介绍

本章主要通过实例的方式介绍制作音乐KTV影片的方法。通过对本章的学习，读者应该进一步掌握利用视频特效关键帧动画，表现具有精致动画和创意影片的方法。

本章学习要点

- 编辑 KTV 背景动画
- 编辑歌词字幕效果
- 预览并输出影片

13.1 实例效果

利用Premiere Pro CC的字幕编辑能力，配合视频过渡、视频特效的动画编辑，可以很方便地制作唱词字幕与伴奏音乐播放的同步动画。在实际工作中，配合照片、拍摄视频的素材应用，可以轻松地制作出个人专属的音乐MV影片。请打开本书配套实例文件中Chapter 13\Export\牡丹之歌.avi文件，欣赏本实例的完成效果，如图13-1所示。

图 13-1 实例完成效果

13.2 实例分析

1. 应用精美照片，在时间轴中编排并添加视频过渡效果，编辑出影片的背景画面。

2. 使用文字输入工具、绘图工具，编辑歌曲标题、影片结尾字幕的文字和图像并应用字幕样式。

3. 分别编辑播放前、播放后的歌词字幕，并将编辑好的文字效果、填色效果创建为新的字幕样式，方便快速编辑其余歌词的外观效果。

4. 在播放预览的同时，通过单击节目监视器窗口工具栏中的“添加标记”按钮来标记出每句歌词字幕的位置和持续时间，作为编排所有歌词字幕的时间定位参照。

5. 为歌词字幕添加“裁剪”效果，为“左对齐”选项创建关键帧动画，编辑出歌词与伴奏音乐中歌唱速度同步的字幕擦除动画效果。

13.3 编辑KTV背景动画

01 在Premiere Pro CC中新建一个项目文件后，按“Ctrl+N”快捷键，打开“新建序列”对话框，展开“设置”选项卡，在“编辑模式”下拉列表中选择“DV PAL”选项，然后设置场序类型为“无场”，单击“确定”按钮，如图13-2所示。

02 按“Ctrl+I”快捷键，打开“导入”对话框，选择本书配套实例文件中Chapter 13\Media目录下准备的所有素材文件并导入，如图13-3所示。

03 将导入的图像素材按文件名顺序全部加入时间轴窗口的视频1轨道中，然后将音频素材加入音频1轨道；将时间轴窗口的显示比例放大到最大，将音频剪辑的出点向前修剪到与视频轨道中的剪辑出点对齐，如图13-4所示。

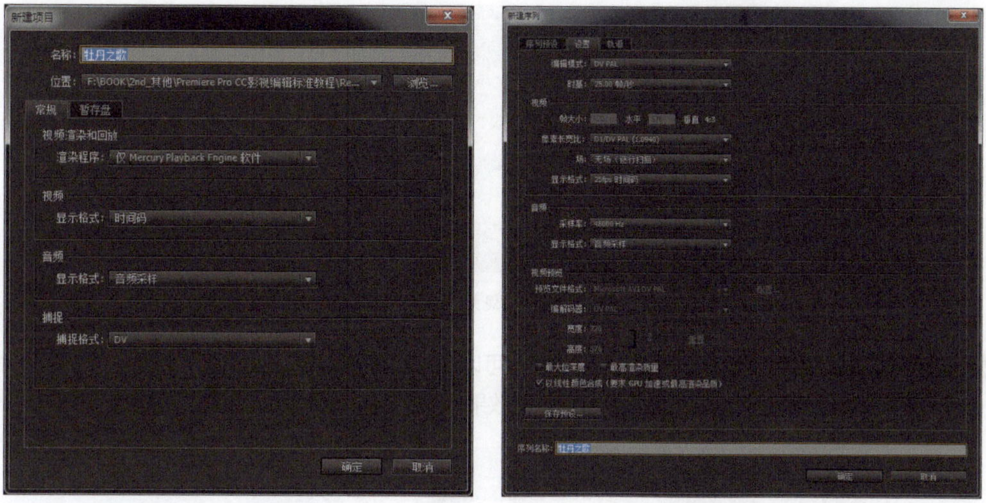

图 13-2 新建序列

图 13-3 导入素材

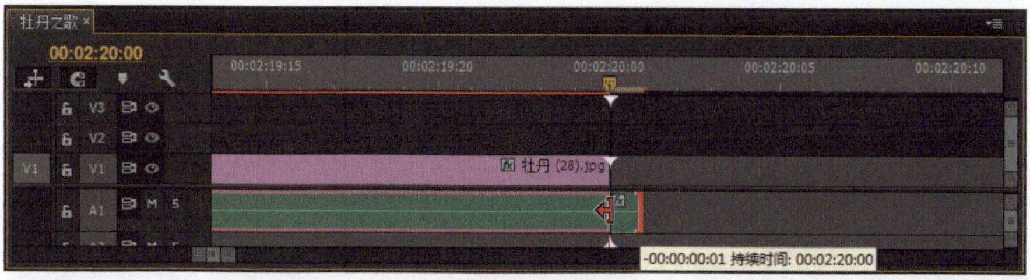

图 13-4 加入素材并调整持续时间

04 放大时间轴窗口中时间标尺的显示比例；选取合适的视频过渡效果，添加到时间轴窗口中素材剪辑之间的相邻位置，如图13-5所示，并在“效果控件”面板中设置所有视频过渡效果的对齐位置为“中心切入”。

图 13-5 加入视频过渡效果

05 对于可以进行自定义效果设置的过渡效果，可以通过单击“效果控件”面板中的“自定义”按钮，打开对应的设置对话框，对该视频过渡特效的效果参数进行自定义设置，如图13-6所示。

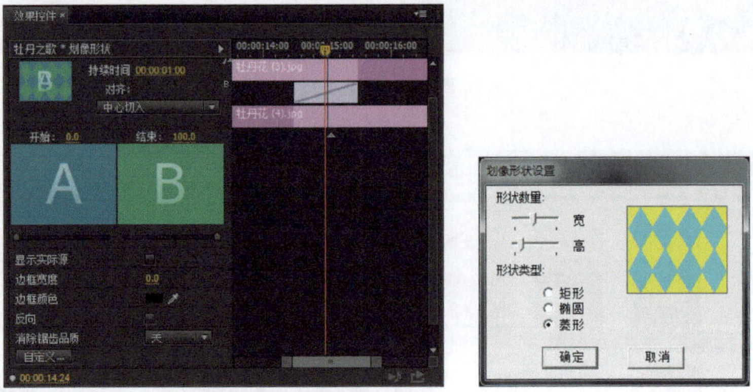

图 13-6 设置过渡效果自定义参数

06 执行“文件→新建→字幕”命令，打开“新建字幕”对话框，将新建的字幕素材命名为“歌曲名”，然后单击“确定”按钮，如图13-7所示。

07 字幕设计器窗口打开后，选取“文字工具” T 并输入歌曲名称“牡丹之歌”，然后在字幕样式面板中单击之前创建的自定义样式进行应用，如图13-8所示。

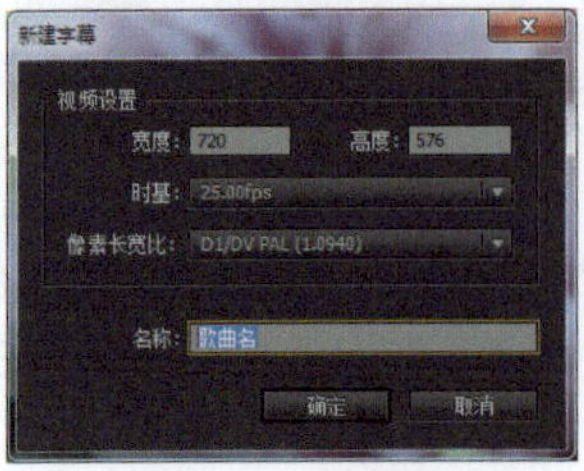

图 13-7 新建字幕

图 13-8 输入字幕文字并应用样式

08 在字幕工具面板中选取“矩形工具”，在字幕编辑窗口中绘制一个矩形，程序将默认以前操作中所选择的字幕样式对其进行填充，如图13-9所示。

09 在字幕属性面板中设置该矩形的填充类型为“实底”，填充色为蓝色，并修改其不透明度为50%，然后取消对“外描边”和“阴影”复选框的勾选，完成效果如图13-10所示。

10 用同样的方法，再绘制两个矩形并修改其填充色，得到的组合图形可以完全覆盖歌曲名称的文字，如图13-11所示。

11 按住“Shift”键的同时点选三个矩形，然后在矩形上单击鼠标右键并选择“排列→移到最后”命令，将其移动到字幕文本的下层，作为其背景底衬，如图13-12所示。

图 13-9 绘制的矩形

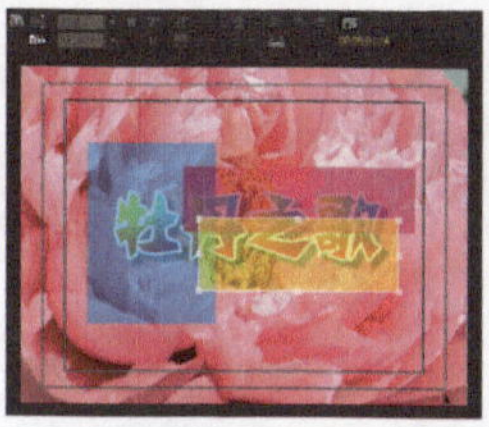

图 13-10 修改矩形的填充修改

图 13-11 绘制矩形并修改填充色

图 13-12 将矩形移至文字底层

12 关闭字幕设计器窗口，回到项目窗口中，将编辑好的字幕素材加入视频2轨道中的开始位置，并延长其持续时间到10秒，如图13-13所示。

图 13-13 加入素材剪辑并修改持续时间

13 在“效果”面板中展开“视频过渡→溶解”文件夹，选取“交叉溶解”效果并添加到“歌曲名”字幕剪辑的开始和结束位置，然后将它们的持续时间都调整到2秒，编辑出歌曲名字幕渐显渐隐的动画效果，如图13-14所示。

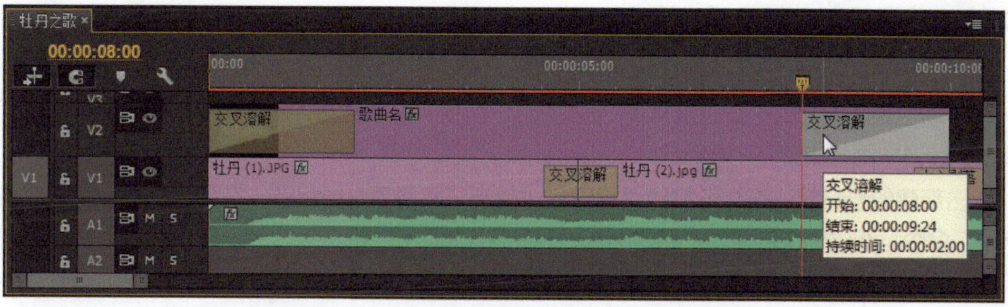

图 13-14 添加视频过渡效果

14 单击项目窗口下方的“新建项”按钮，在弹出的命令菜单中选择“字幕”命令，新建一个名称为“谢谢欣赏”的字幕，如图13-15所示。

15 字幕设计器窗口打开后，选取文字输入工具，在画面的右下方输入“谢谢欣赏”，并为其设置合适的文字属性和填充效果，如图13-16所示。

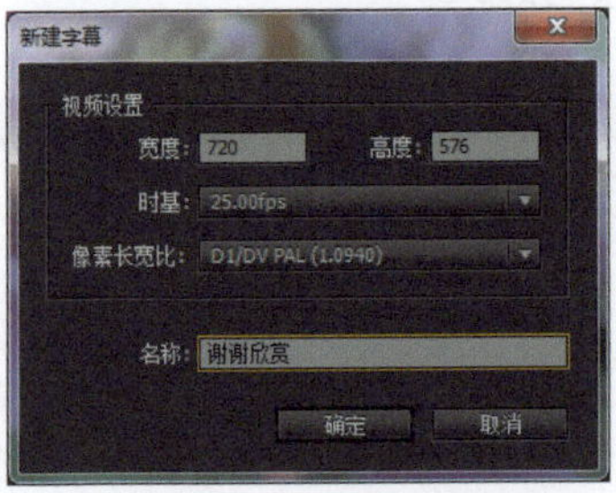

图 13-15 新建字幕

图 13-16 编辑字幕文字

16 关闭字幕设计器窗口，回到项目窗口中，将新编辑好的字幕素材加入视频2轨道中的结束位置，并将其出点与下面图像剪辑的出点对齐。

17 在“效果”面板中展开“视频过渡→溶解”文件夹，选取“交叉溶解”效果并添加到该字幕剪辑的开始位置，然后调整其持续时间为2秒，如图13-17所示。

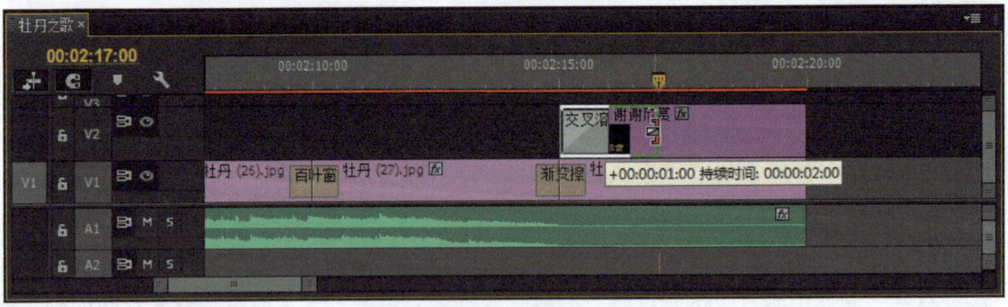

图 13-17 添加视频过渡效果

13.4 编辑歌词字幕效果

01 单击项目窗口下方的“新建素材箱”按钮，新建一个素材箱并命名为“歌词”，用于专门存放编辑的歌词字幕，如图13-18所示。

02 双击新建的素材箱，在打开其项目窗口后，单击“新建项”按钮，在弹出的命令菜单中选择“字幕”命令，新建一个名称为“歌词01A”的字幕，如图13-19所示。

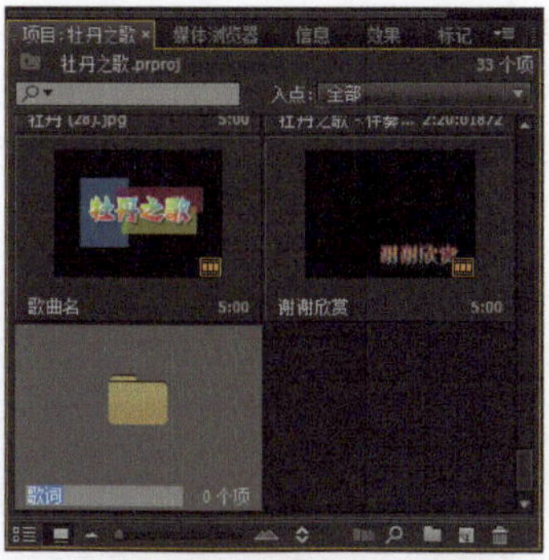

图 13-18　新建素材箱

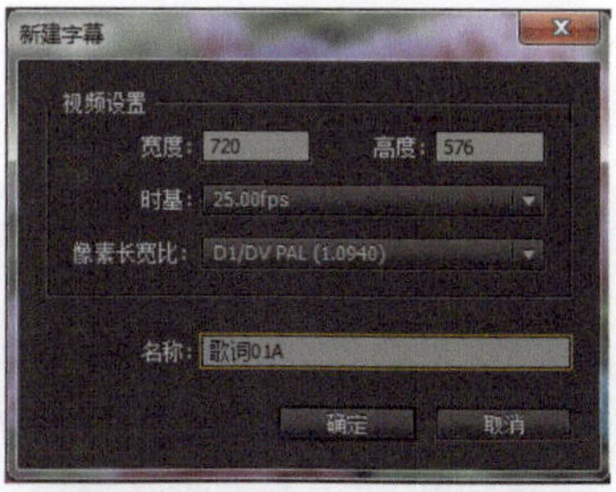

图 13-19　新建字幕

03 打开字幕设计器窗口，选取文本输入工具输入第1句歌词，设置合适的字体、字号、字间距后，为文字填充橙红色并设置白色的描边色，如图13-20所示。

图 13-20　编辑字幕文本

04 点选编辑好的字幕文字，然后单击字幕样式面板右上角的按钮，在弹出的命令菜单中选择“新建样式”命令，将该字幕效果新建为自定义的样式“歌词A”，作为KTV中预先显示但还未播放的字幕样式，方便在编辑其余歌词时直接应用，如图13-21所示。

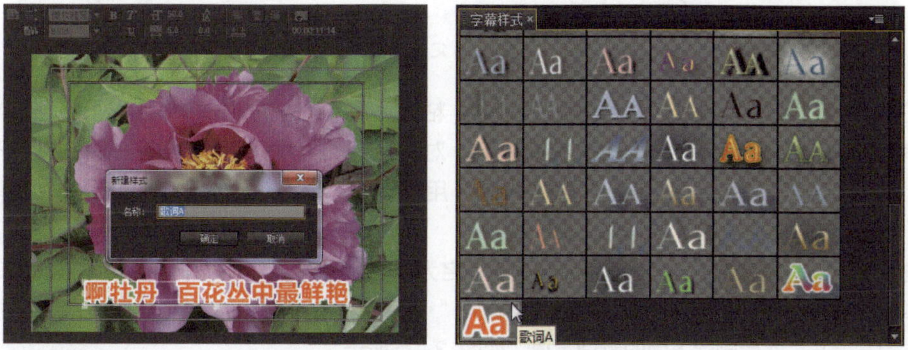

图 13-21　新建自定义字幕样式

05 关闭字幕设计器窗口，回到素材箱项目窗口，对其中的字幕“歌词01A”进行复制、粘贴，并将新得到的字幕重命名为“歌词01B”，如图13-22所示。

06 双击复制得到的字幕“歌词01B”，打开其字幕设计器窗口，修改字幕文字的填色为白色，描边色为橙色，如图13-23所示。

图 13-22 复制字幕

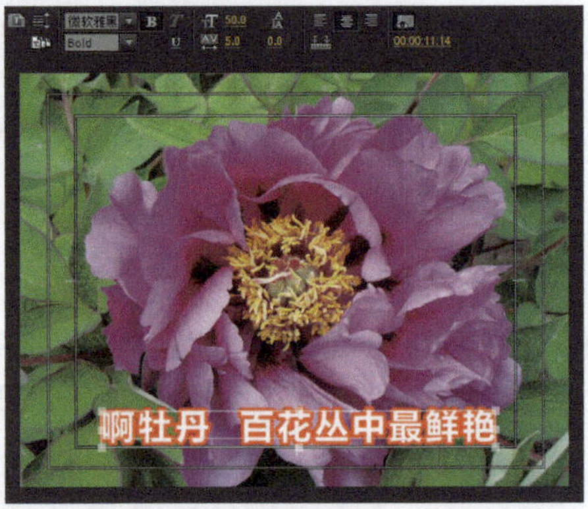

图 13-23 修改字幕填色与描边色

07 点选修改好填色的字幕文字，然后单击字幕样式面板右上角的▾≡按钮并选择“新建样式”命令，将该字幕效果新建为自定义的样式“歌词B”，作为KTV中歌词播放后的字幕样式，如图13-24所示。

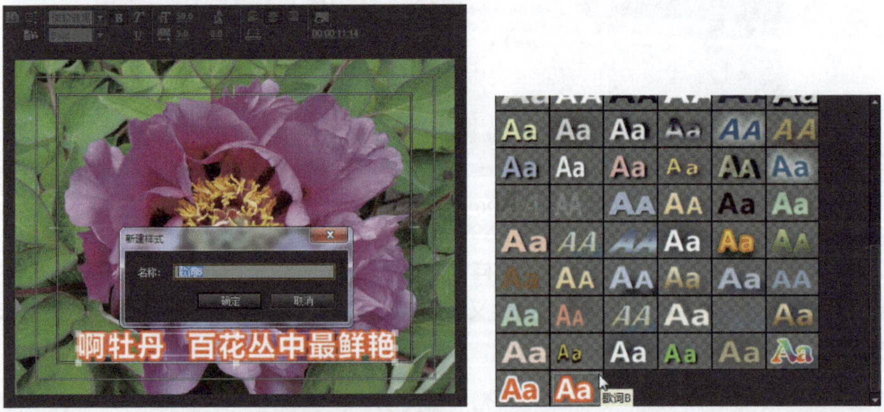

图 13-24 新建自定义字幕样式

08 在项目窗口中对“歌词01A”字幕进行复制、粘贴，将得到的新字幕重命名为“歌词02A”，打开其字幕设计器窗口，修改为对应歌词内容；对编辑好的“歌词02A”进行复制，打开其字幕设计器窗口，为其应用“歌词B”文字样式；用同样的方法，编辑余下的所有歌词字幕，如图13-25所示。

09 选取第1个字幕素材进行复制，将新字幕重命名为“倒计时提示”；打开其字幕设计器窗口，选取文本输入工具，在字幕编辑窗口中的空白处输入“……”，应用同样的字幕样式后，将其移动到歌词文字的左上方，然后删除下面的歌词字幕，如图13-26所示。

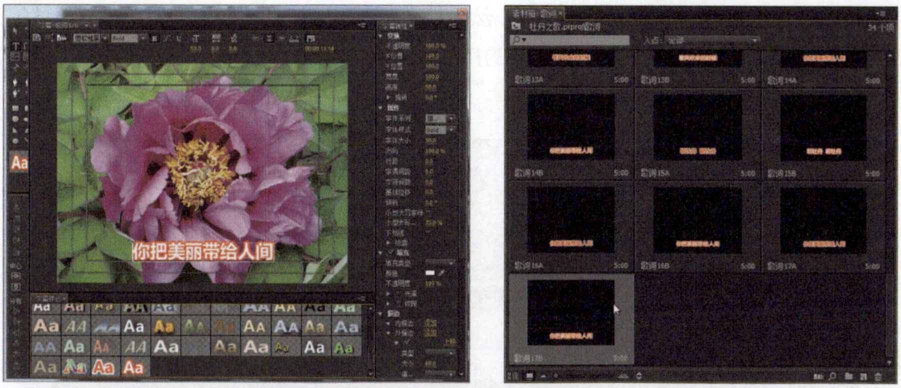

图 13-25 编辑余下的歌词字幕

图 13-26 编辑倒计时提示符

10 关闭字幕设计器窗口，回到工作界面中。在节目监视器窗口中将时间指针移动到开始位置，然后按下空格键进行播放预览。注意在播放预览的同时，在每句歌词出现和结束的时间位置，单击节目监视器窗口工具栏中的“添加标记”按钮，后面将以这些标记作为编排歌词字幕出现的时间位置和持续时间的参考，如图13-27所示。

图 13-27 添加标记作为时间参考

11 将时间指针定位到第1个标记点的位置，然后从素材箱中将“歌词01B”和“歌词01A”字幕素材依次加入视频3、视频4轨道，并将它们的持续时间延长到第1句歌词结束的位置，如图13-28所示。

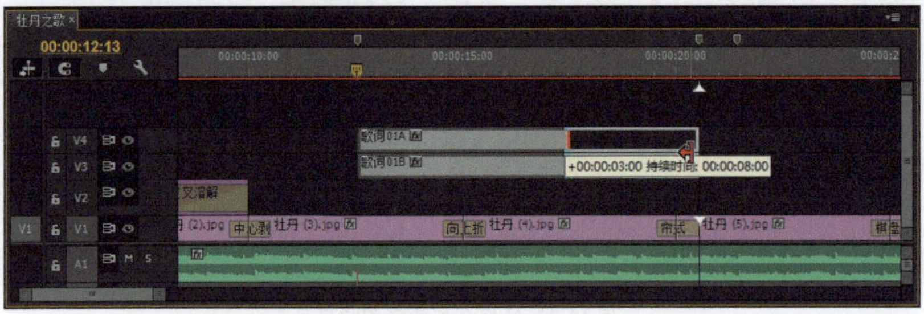

图 13-28 加入字幕素材并调整持续时间

12 将“倒计时提示”字幕加入视频5轨道并定位到第1句歌词开始前3秒的位置，然后将出点移动到与第1句歌词的入点对齐，如图13-29所示。

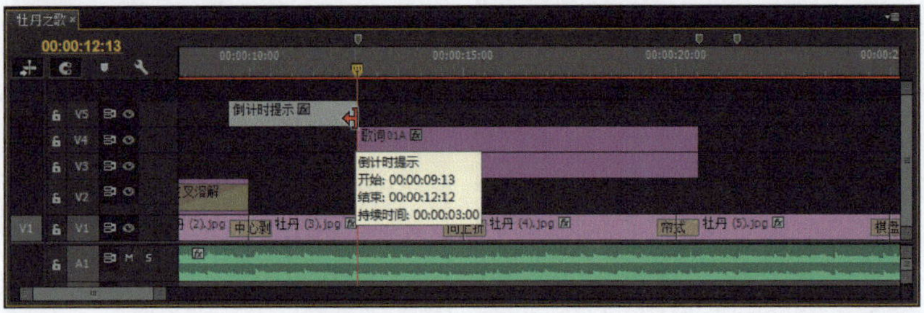

图 13-29 加入字幕素材并调整持续时间

13 将“歌词01A”加入视频4轨道并使其持续时间与“倒计时提示”字幕对齐，作为在第1句歌词开始演唱前预先显示的内容，如图13-30所示。

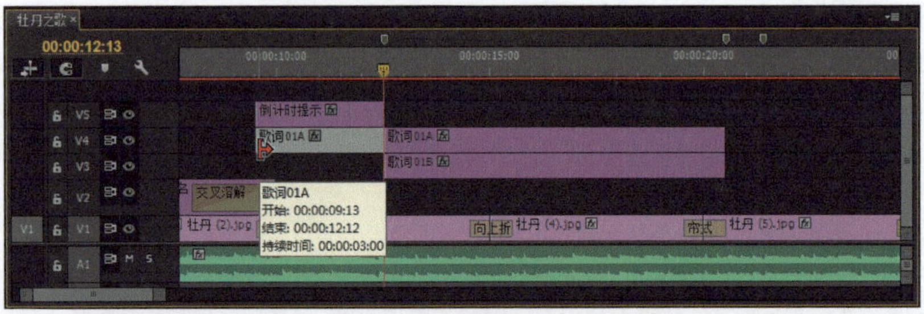

图 13-30 加入字幕素材并调整持续时间

14 在“效果”面板中展开“视频过渡→擦除”文件夹，选取“划出”效果并添加到“倒计时提示”字幕剪辑的结束位置，然后将其持续时间向前修剪到与入点对齐，如图13-31所示。

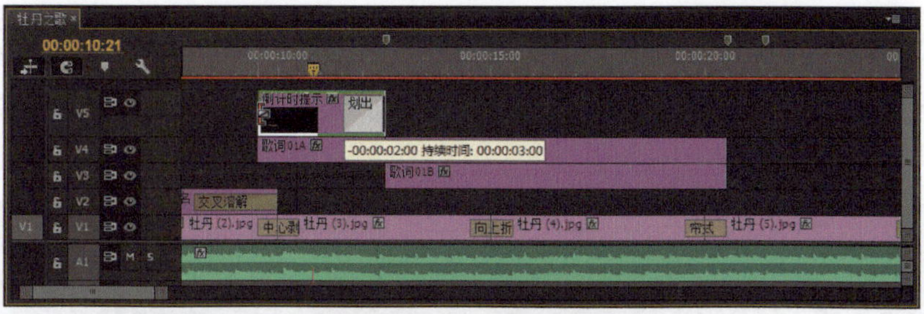

图 13-31 添加视频过渡效果

15 打开“效果控件”面板，将“划出”过渡效果的动画方向设置为“自东向西”，然后配合节目监视器窗口中“倒计时提示”字幕的擦除动画，对过渡效果的开始进度和结束进度进行调整，使其在显示后很快开始进行擦除，并刚好在出点擦除完毕，如图13-32所示。

图 13-32 编辑倒计时提示动画

16 在“效果”面板中展开“视频效果→变换”文件夹，选取“裁剪”效果并将其添加到视频4轨道中的第2个“歌词01A”字幕剪辑上，然后在“效果控件”面板中展开“裁剪”效果的参数选项，单击“左对齐”选项前面的“切换动画”按钮，配合节目监视器窗口中“歌词01A”字幕的清除动画，在合适的时间位置修改该选项的参数值，得到与伴奏音乐中歌唱速度同步的字幕擦除动画效果，如图13-33所示。

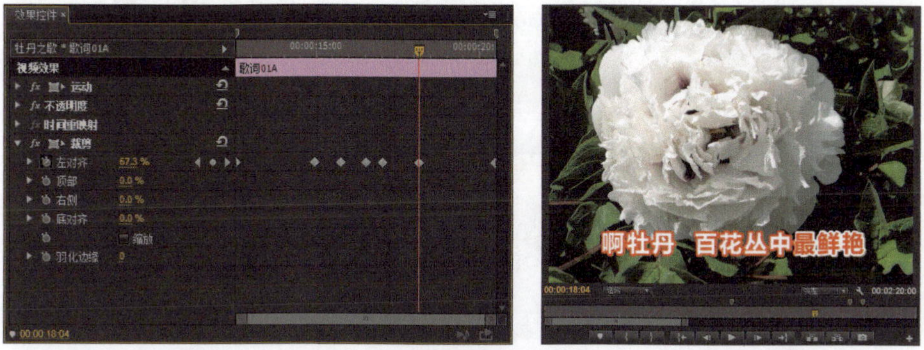

图 13-33 编辑字幕擦除关键帧动画

17 用同样的方法，编辑余下歌词字幕的伴奏同步动画。编辑时，在之前标记时间位置的基础上，注意再次确认并将各歌词出现的时间和结束位置调整准确。

18 在视频3、视频4轨道中最后一句歌词的结束位置添加“交叉溶解”视频过渡效果，编辑完成的时间轴窗口如图13-34所示。

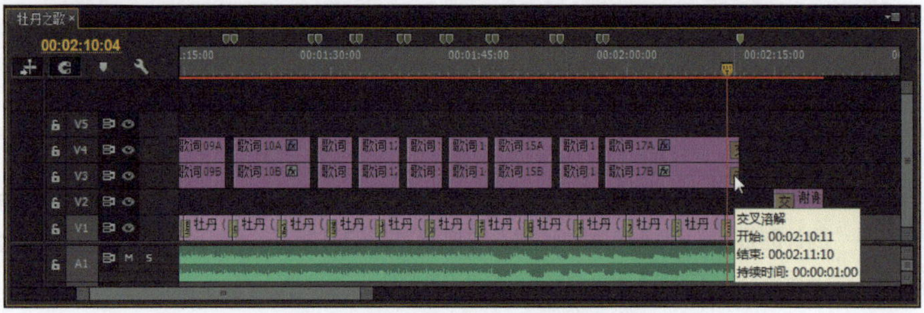

图 13-34 编辑完成所有歌词字幕剪辑

13.5 预览并输出影片

01 在监视器窗口中单击“播放”按钮或者按下键盘上的空格键，对编辑完成的影片进行预览。如果有不满意的地方，可以根据预览的情况对细节进行调整，如图13-35所示。

02 执行“文件→保存”命令或按“Ctrl+S”快捷键，对编辑好的文件进行保存。

03 在项目窗口中点选编辑好的序列，执行“文件→导出→媒体”命令，在打开的“导出设置”对话框中单击“输出名称”后面的链接，在弹出的对话框中为输出影片设置好保存目录和文件名称，保持其他选项的默认设置，单击“导出”按钮，开始输出影片，如图13-36所示。

图 13-35 预览影片

图 13-36 设置影片导出名称与路径

04 输出完成后，在Windows Media Player播放器中观看影片完成后的效果，如图13-37所示。

图 13-37 播放影片

第 14 章

纪录片片头：海洋探秘

本章知识介绍

本章主要通过实例的方式介绍制作纪录片片头的方法。通过对本章的学习，读者应该学会利用一些视频特效的特殊效果进行创意表现，设计制作具有创意视觉效果的片头影片。

本章学习要点

- 导入并编排素材剪辑
- 添加特效并编辑动画
- 添加标题与背景音乐
- 预览并输出影片

14.1 实例效果

在影视项目的编辑制作中，要学会利用Premiere Pro的功能特点进行创意表现，只要恰当利用，常常只需要使用一些很简单的功能，或只使用一个特效，就可以轻松地制作出充满创意的设计作品。本实例是为一部科普纪录片制作的片头。请打开本书配套实例文件中Chapter 14\Export目录下的“海洋探秘.avi”，欣赏本实例的完成效果，如图14-1所示。

图 14-1 欣赏影片完成效果

14.2 实例分析

本实例主要利用“边角定位”特效对多个视频剪辑进行不同方向的变形并创建关键帧动画，得到依次进行扭曲变形来构成立体空间的影片画面效果。

14.3 导入并编排素材剪辑

01 新建一个项目文件后，在项目窗口中双击鼠标左键，打开“导入”对话框，选择本书配套实例文件中Chapter 14\Media目录下的所有素材文件并导入；对于其中的PSD图像文件，以“合并所有图层”的方式导入，如图14-2所示。

02 在项目窗口中的sea01.mp4素材上单击鼠标右键并选择“从剪辑新建序列”命令，应用其视频属性创建序列，然后为新建的序列重命名，如图14-3所示。

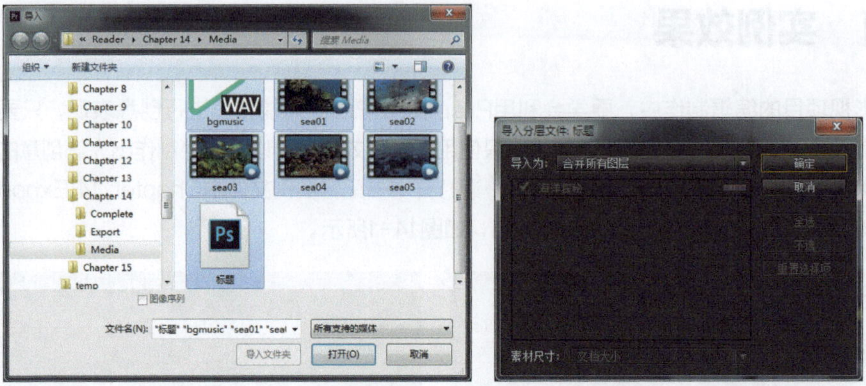

图 14-2 导入素材文件

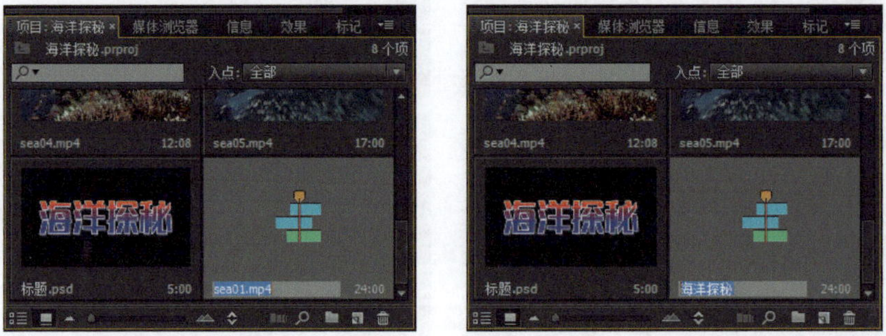

图 14-3 创建序列

03 本实例准备了5个视频素材和1个字幕图像文件，需要安排6个视频轨道来编排这些素材。执行“序列→添加轨道”命令，在打开的“添加轨道”对话框中添加3个视频轨道，如图14-4所示。

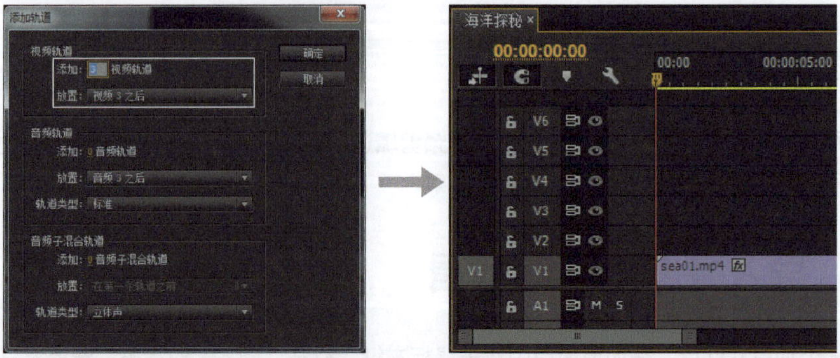

图 14-4 添加视频轨道

04 依据视频素材的文件名，按从上到下的顺序将它们加入时间轴窗口中，设置视频4轨道中的素材剪辑为从第2秒开始，视频3轨道中的素材剪辑从第4秒开始，视频2轨道中的素材剪辑从第6秒开始，视频1轨道中的素材剪辑从第8秒开始，如图14-5所示。

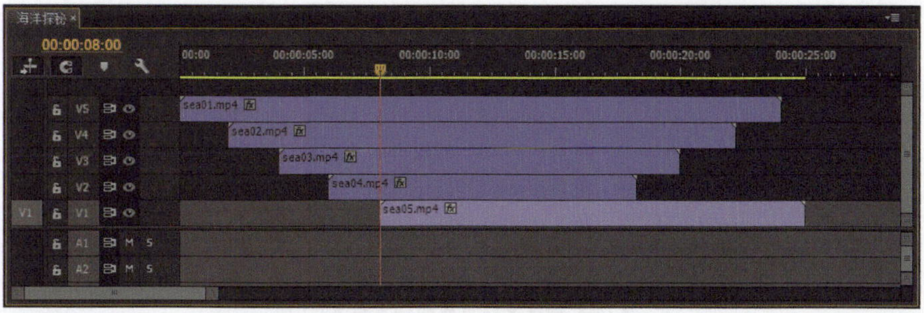

图 14-5 对齐素材剪辑的出点

05 在工具箱中选取“比率拉伸工具”，将所有视频轨道中素材剪辑的持续时间调整到22秒结束，如图14-6所示。

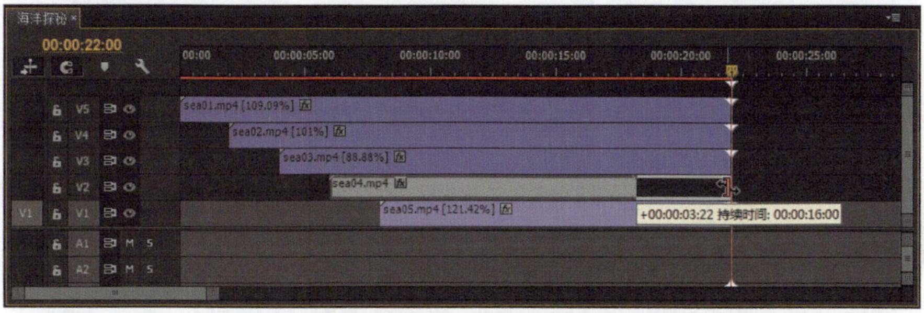

图 14-6 修剪素材剪辑的持续时间

14.4 添加特效并编辑动画

01 本实例将分别对上面四层中的视频素材剪辑进行单边的扭曲缩放，需要分别对上层的4个视频素材的锚点位置进行调整。先将视频5轨道中的素材剪辑的锚点位置调整到画面的左边缘，如图14-7所示。

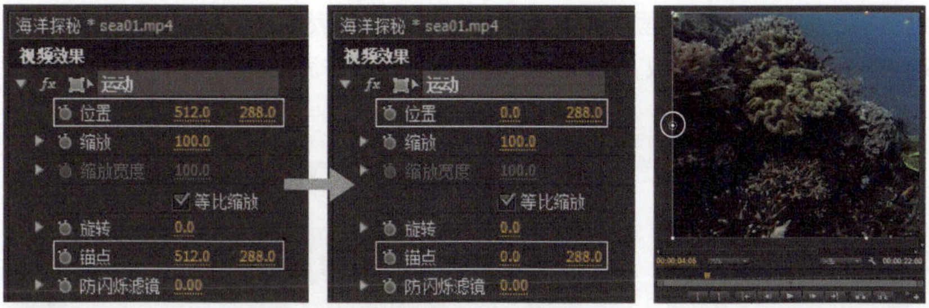

图 14-7 修改素材剪辑的锚点位置（1）

02 用同样的方法，将视频4轨道中素材剪辑的锚点调整到画面的右边缘，如图14-8所示。

03 将视频3轨道中素材剪辑的锚点调整到画面的上边缘，如图14-9所示。

图 14-8 修改素材剪辑的锚点位置（2）

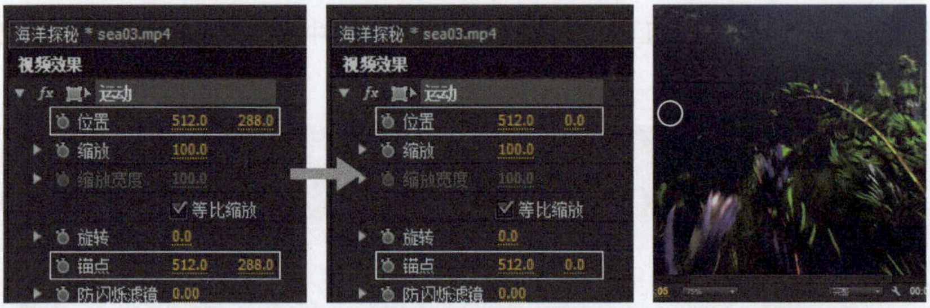

图 14-9 修改素材剪辑的锚点位置（3）

04 将视频2轨道中素材剪辑的锚点调整到画面的下边缘，如图14-10所示。

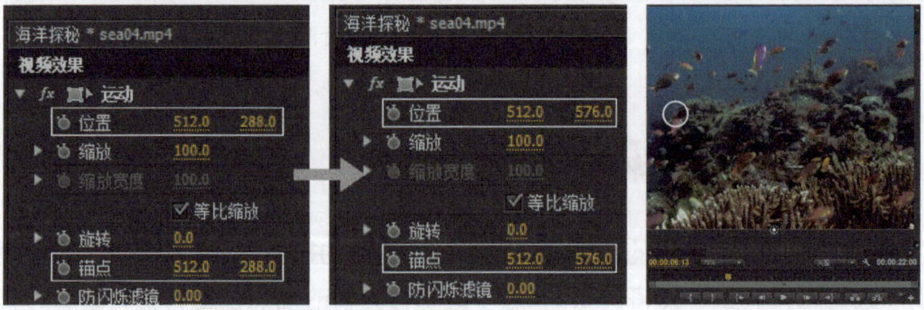

图 14-10 修改素材剪辑的锚点位置（4）

05 在时间轴窗口中圈选上面四层视频轨道中的素材剪辑，然后打开“效果”面板，在“视频效果”文件夹中展开“扭曲”类特效，选取“边角定位”特效并添加到时间轴窗口中的视频素材剪辑上，如图14-11所示。

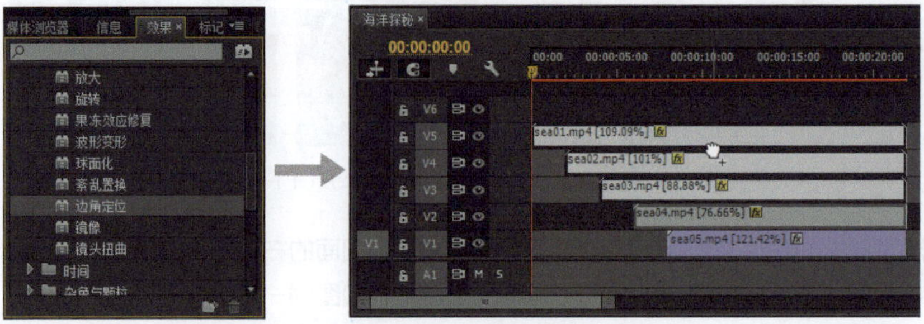

图 14-11 批量添加视频效果

06 点选视频5轨道中的素材剪辑，在“效果控件”面板中取消对“等比缩放”复选框的勾选，然后为其创建缩放和特效的关键帧动画，如图14-12所示。

		00:00:02:00	00:00:04:00	
⏱	缩放宽度	100%	25%	
⏱	右上	1024.0,0.0	1024.0,176.0	
⏱	右下	1024.0,576.0	1024.0,400.0	

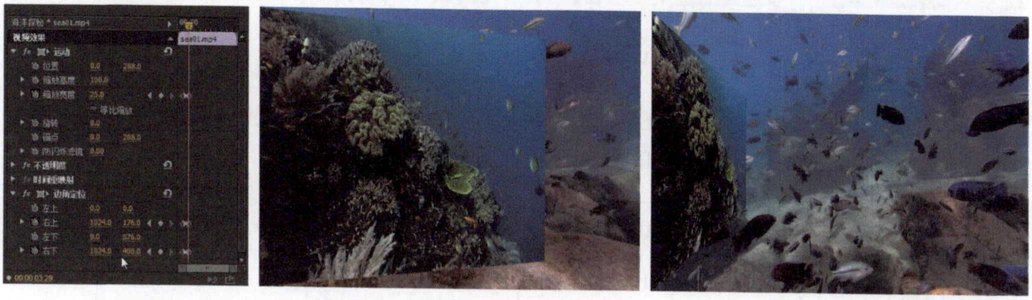

图 14-12 编辑关键帧动画(1)

07 点选视频4轨道中的素材剪辑，在“效果控件”面板中取消对“等比缩放”复选框的勾选，然后为其创建缩放和特效的关键帧动画，如图14-13所示。

		00:00:04:00	00:00:06:00	
⏱	缩放宽度	100%	25%	
⏱	左上	0.0,0.0	0.0,176.0	
⏱	左下	0.0,576.0	0.0,400.0	

图 14-13 编辑关键帧动画(2)

08 点选视频3轨道中的素材剪辑，在“效果控件”面板中取消对“等比缩放”复选框的勾选，然后为其创建缩放和特效的关键帧动画，如图14-14所示。

		00:00:06:00	00:00:08:00	
⏱	缩放高度	100%	30.5%	
⏱	左下	0.0,576.0	256.0,576.0	
⏱	右下	1024.0,576.0	768.0,6.0	

图 14-14 编辑关键帧动画(3)

图 14-14 编辑关键帧动画(3)(续)

09 点选视频2轨道中的素材剪辑，在“效果控件”面板中取消对“等比缩放”复选框的勾选，然后为其创建缩放和特效的关键帧动画，如图14-15所示。

		00:00:08:00	00:00:10:00	
⏱	缩放高度	100%	30.5%	
⏱	左上	0.0,0.0	256.0,0.0	
⏱	右上	1024.0,00	768.0, 0.0	

图 14-15 编辑关键帧动画(4)

10 点选视频1轨道中的素材剪辑，在“效果控件”面板中为其创建从第10秒到第12秒，从100%缩小到50%的缩放动画，如图14-16所示。

图 14-16 编辑关键帧动画(5)

14.5　添加标题与背景音乐

01 从项目窗口中将导入的“标题.psd”素材加入时间轴窗口的视频6轨道，并将其出点与其他视频轨道中的出点对齐，如图14-17所示。

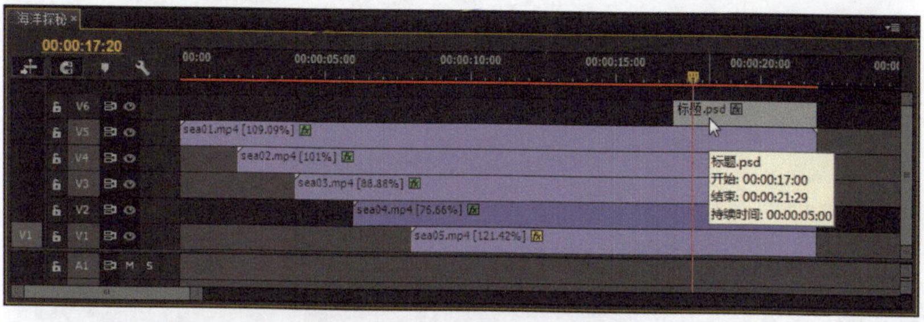

图 14-17　加入标题文字素材

02 在“效果”面板中展开“视频过渡”文件夹，选取一个合适的过渡效果（如“滑动”类过渡效果中的“斜线滑动”）添加到标题剪辑的开始位置，为其设置进入画面的动画效果，如图14-18所示。

图 14-18　编辑关键帧动画

03 将项目窗口中的“bgmusic.wav”加入音频轨道，将其出点的位置修剪到与视频轨道中的素材剪辑对齐，如图14-19所示。

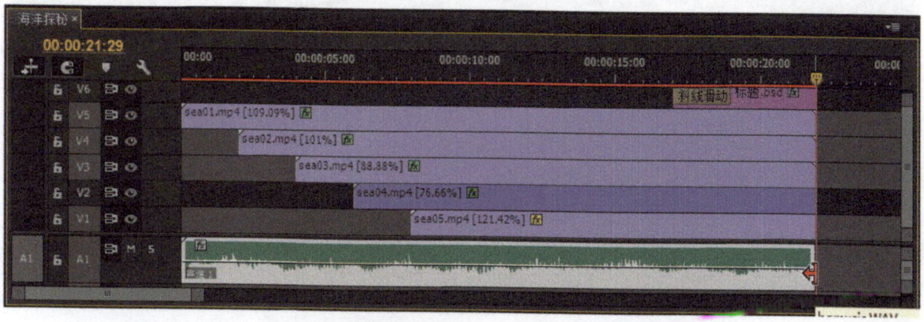

图 14-19　加入背景音乐

04 按“Ctrl+S”快捷键执行保存；按“Ctrl+M”快捷键，打开“导出设置”对话框，为输出影片设置好保存目录和文件名称，保持其他选项的默认设置，单击“导出”按钮，开始输出影片，如图14-20所示。

图 14-20 导出设置

05 影片输出完成后，使用视频播放器播放影片的完成效果，如图14-21所示。

图 14-21 影片完成效果

第 15 章

婚礼纪念视频：一生相伴

本章知识介绍

本章主要通过实例的方式介绍制作婚礼纪念视频的方法。通过本实例的制作，读者可以进一步巩固影视编辑技能，并掌握使用视频和图像等媒体素材制作精美视频影片的方法。

本章学习要点

- 创建项目并导入素材
- 创建序列，组合素材剪辑
- 为素材剪辑添加特效
- 添加视频转换效果
- 添加音频效果并制作淡出效果
- 预览并输出影片

本实例是利用在婚礼仪式过程中拍摄的视频片段，加入辅助设计的内容素材，编排成完整主题的婚礼纪念视频影片，增加美感，还便于刻录成影音光盘进行观看或保存。需要注意的是，在应用过渡效果时，转场动画的效果要和图片的内容在色彩、构图方面有良好的配合，不宜过于复杂突兀，要使连续的动画过渡看起来流畅连贯。

15.1 实例效果

本实例是利用在婚礼过程中拍摄的记录视频制作的纪念影片。请打开本书配套实例文件中Chapter 15\Export\一生相伴.avi文件，欣赏本实例的完成效果，如图15-1所示。

图 15-1 实例完成效果

15.2 实例分析

本实例综合应用了图像、视频、音乐、序列动画等多种类型的素材，力求在画面与动画方面都能够展现婚礼的浪漫氛围，使婚礼的浪漫、喜庆主题得到完美的展现。本实例的设计制作工作，主要包括以下内容。

1. 在婚礼纪念影片中不可缺少画面字幕的表现。Premiere Pro CC在字幕制作方面仍然有些局限，不能对文字进行变形等处理，所以本实例中需要的画面字幕，全部在Photoshop中提前制作完成。

2. 在制作流程上，首先要挑选合适的视频，其次是对这些拍摄的视频进行必要的剪切处理，选取需要的内容片段。（注：实际工作中，需要制作的视频内容会比较长，本实例为讲解制作流程，所以只选取几个小段的视频进行制作。另外，为保护当事人的相关权益，本实例视频素材中的人物形象已做了模糊处理，仅作为范例演示使用。现实工作中，可根据实际需要自行安排。）

3. 完成素材的制作准备后，在Premiere中导入各种素材。如果导入的素材种类、数量较多，建议在项目窗口中通过新建多个素材箱，对其进行分类管理。

4. 在时间轴窗口中合理排列图片素材的位置，运用多种视频过渡、视频特效，编辑关键帧动画等编辑方法，完成影片的制作。

15.3　导入并编排素材剪辑

01 在Premiere Pro CC中新建一个项目，在项目窗口中的空白处双击鼠标左键，打开“导入”对话框，选取本书配套实例文件中Chapter 15\Media目录下除“心形”文件夹以外的所有素材文件并导入，当弹出“导入分层文件”对话框时，选择以“合并所有图层”的方式导入，如图15-2所示。

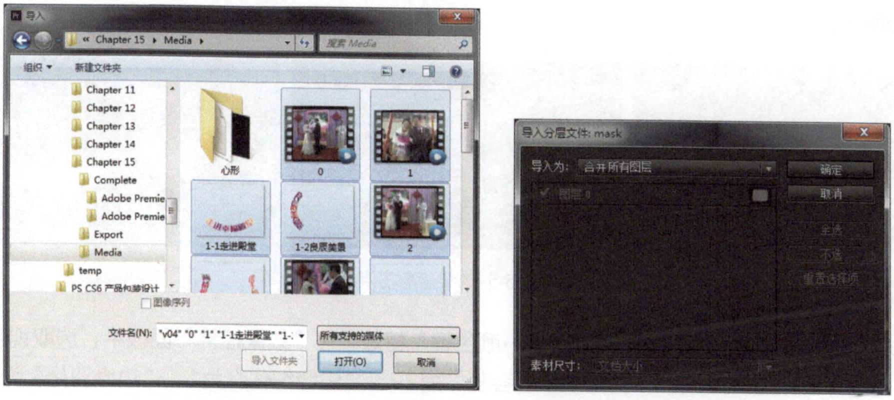

图 15-2　导入素材

02 再次打开“导入”对话框，打开“心形”文件夹并点选“心0001.tga”，然后勾选下方的“图像序列”复选框，将文件夹中的序列图像以动态素材的方式导入，如图15-3所示。

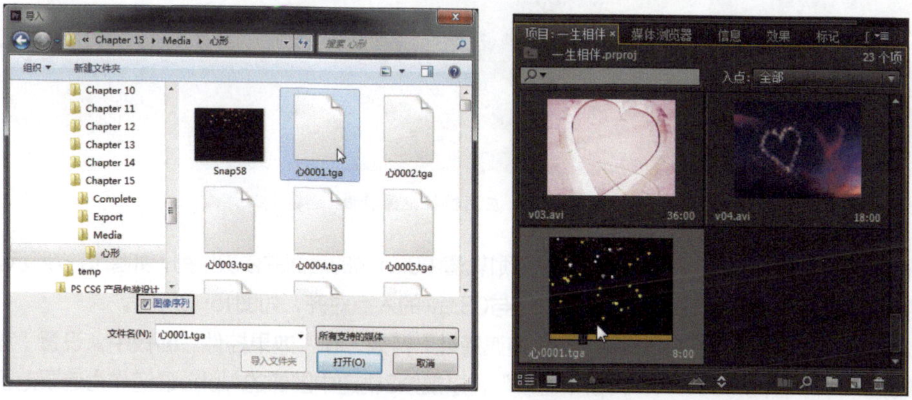

图 15-3　导入素材

03 在项目窗口中的v01.avi上单击鼠标右键并选择“从剪辑新建序列”命令，以其视频属性创建序列，然后将v02.avi、v03.avi加入时间轴窗口，依次排列在视频2轨道中，如图15-4所示。

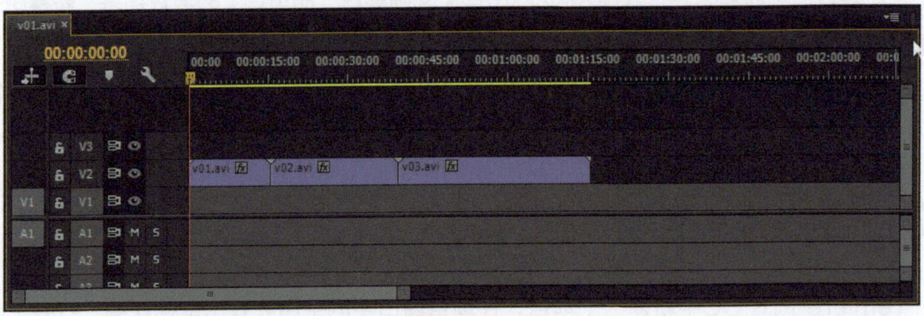

图 15-4 导入的素材

04 将视频素材0.mp4加入视频1轨道，并与视频2轨道中02.avi的入点对齐；将03.avi向后移动到与0.mp4的出点对齐；使用“比率拉伸工具”将v02.avi的持续时间延长到与后面的剪辑相连接，如图15-5所示。

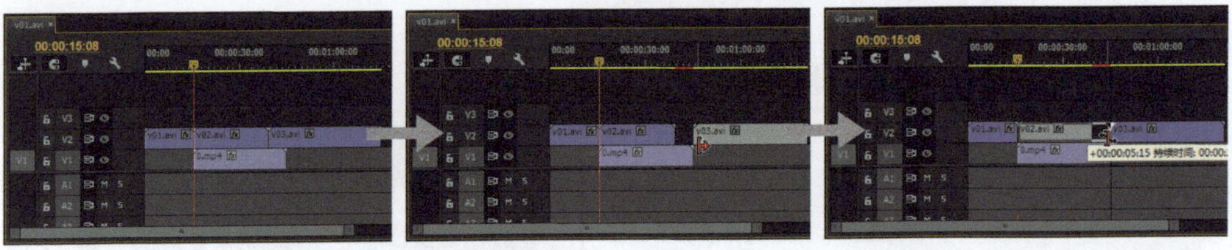

图 15-5 编排素材剪辑

05 为v02.avi剪辑添加“视频效果→键控→颜色键”特效，在“效果控件”面板中，选取视频画面中心形内的黑色作为键控颜色，设置“颜色容差”为22、“边缘细化”为1、“边缘羽化”为3.5，将心形内的黑色区域清除，显示出下层轨道中的视频画面，如图15-6所示。

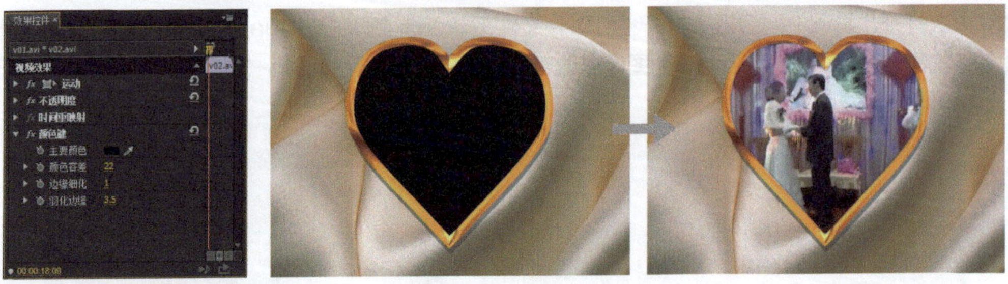

图 15-6 应用键控抠像特效

06 从项目窗口中，将1.mp4~5.mp4加入视频1轨道中0.mp4的后面并依次排列，如图15-7所示。

07 将mask.psd素材加入视频3轨道，入点与03.avi的入点对齐，如图15-8所示。

08 为v03.avi添加“视频效果→键控→轨道遮罩键”特效，在“效果控件”面板中，设置“遮罩”为“视频3”、“合成方式”为“Alpha遮罩”，以视频3轨道中图像的Alpha通道作为遮罩范围，显示出下层轨道中的视频影像，如图15-9所示。

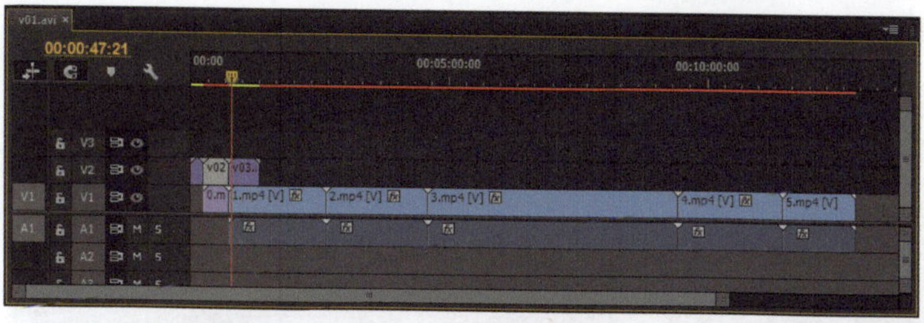

图 15-7 加入视频素材

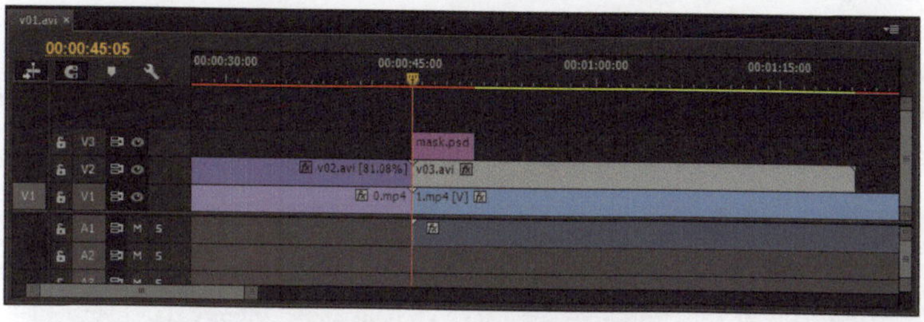

图 15-8 加入图像素材

图 15-9 应用键控特效

09 在时间轴窗口中将视频1轨道暂时锁定；点选添加好视频特效的v03.avi剪辑并按“Ctrl+C”快捷键进行复制，将时间指针移动到该剪辑的出点后，多次按“Ctrl+V”快捷键进行粘贴，直到新视频2轨道中剪辑的结束时间超过视频1轨道中的结束位置，如图15-10所示。

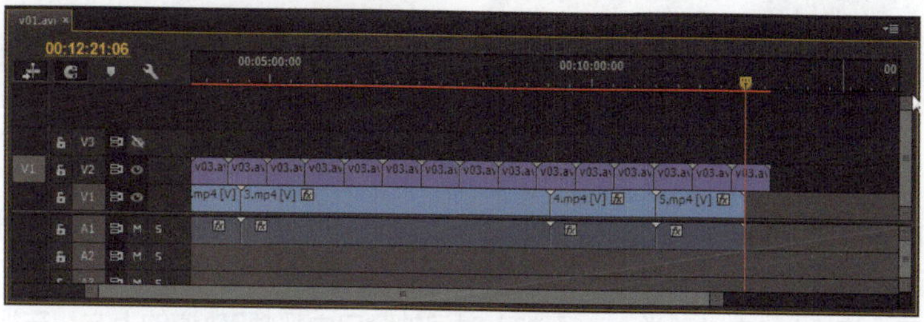

图 15-10 复制视频剪辑

10 将视频2轨道中末尾剪辑的出点修剪到与视频1轨道中剪辑的出点对齐，然后将视频3轨道中

mask.psd剪辑的出点延长到与下层轨道中剪辑的出点对齐，如图15-11所示。

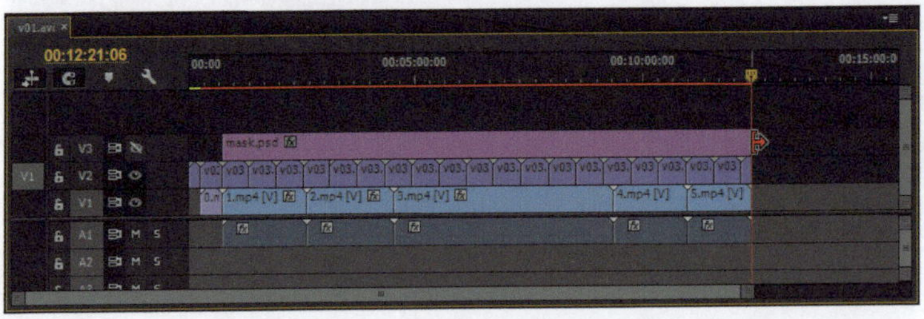

图 15-11 调整剪辑持续时间

11 从项目窗口中将v04.avi加入视频1轨道的末尾，将“6心形照片.png”加入视频2轨道的末尾，并将其持续时间延长到与下层剪辑对齐，如图15-12所示。

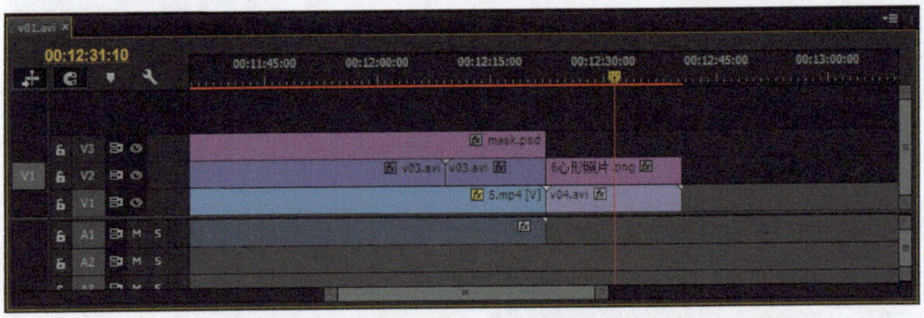

图 15-12 添加素材剪辑

12 将“心0001.tga”序列图像加入视频3轨道的末尾，在节目监视器窗口中将其移动到照片图像上并适当放大，覆盖心形照片，如图15-13所示。

图 15-13 放大剪辑图像

13 在时间轴窗口中对“心0001.tga”剪辑进行一次复制、粘贴，使序列图像中的动画出现两次，如图15-14所示。

14 从项目窗口中将“1-1走进殿堂.png”加入时间轴窗口中视频3轨道的上方，在视频4轨道出现后释放，将其入点调整到与视频3轨道中剪辑的入点对齐，然后将出点延长到00:02:00:00的位置，如图15-15所示。

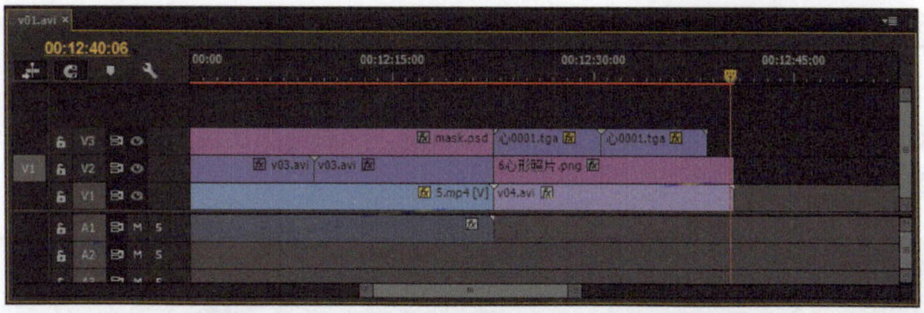

图 15-14 复制剪辑

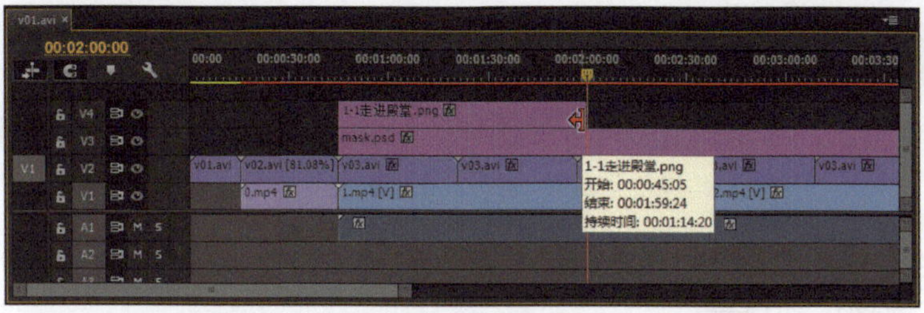

图 15-15 添加素材剪辑

15 将剩余几个png图像素材依次加入视频4轨道（1-2良辰美景.png 00:02:00:00 ~ 00:03:00:00；2两情相悦.png 00:03:00:00~00:04:45:00；3爱的誓言.png 00:04:45:00与4.mp4入点对齐；4喜庆满堂.png 与4.mp4剪辑的持续时间对齐；5幸福美满.png 与5.mp4剪辑的持续时间对齐；6一生相伴.png 与v04.avi剪辑的持续时间对齐），如图15-16所示。

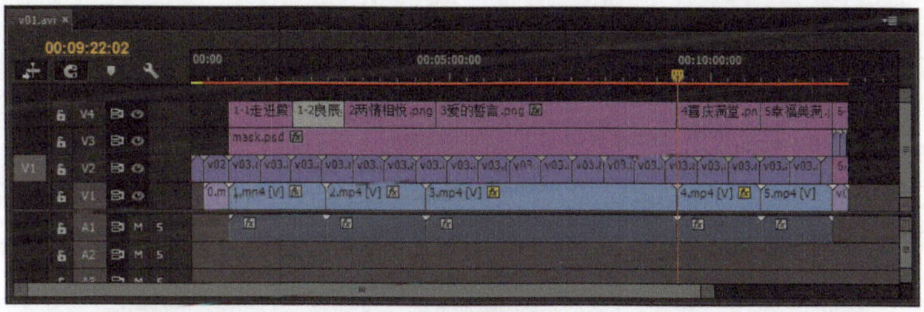

图 15-16 添加文字图像剪辑

16 在“效果”面板中打开“视频过渡”文件夹，选择“溶解→交叉溶解”过渡效果，添加到时间轴窗口中视频4轨道的剪辑之间，使字幕图像之间的切换柔和、自然，如图15-17所示。

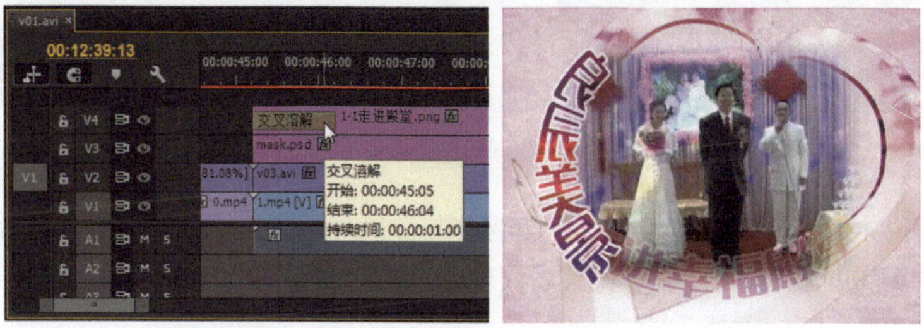

图 15-17 添加过渡效果

15.4 背景音乐的添加与编辑

01 从项目窗口中将music01.mp3素材加入音频2轨道，然后将其出点修剪到与视频4轨道中剪辑的入点对齐，如图15-18所示。

图 15-18 加入音乐素材

02 点选加入的音频剪辑，打开“效果控件”面板，为其在末尾3秒编辑音量级别从0dB到-25dB的淡出播放效果，如图15-19所示。

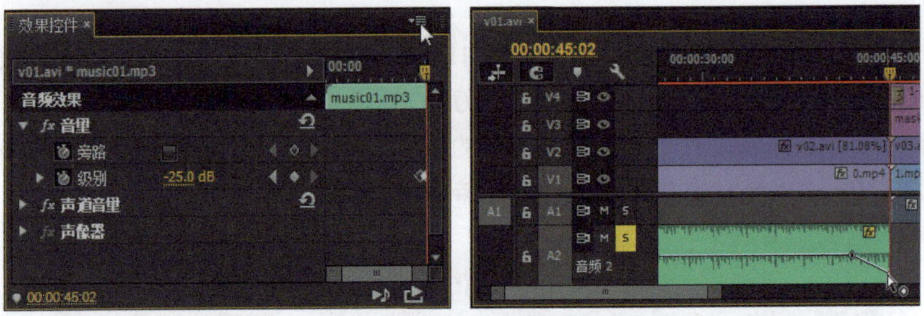

图 15-19 编辑音乐淡出效果

03 从项目窗口中将music02.mp3素材加入音频2轨道中music01.mp3的后面，然后将其出点修剪到与视频4轨道中5.mp4剪辑的出点对齐，同样为其设置末尾3秒的音量淡出效果，如图15-20所示。

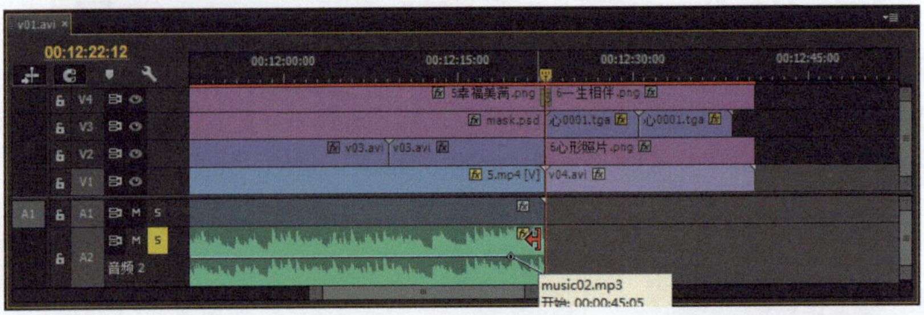

图 15-20 加入背景音乐

04 从项目窗口中将music03.wav素材加入音频2轨道中music02.mp3的后面，然后将其出点修剪到与视频轨道中剪辑的出点对齐，同样为其设置末尾的音量淡出效果，如图15-21所示。

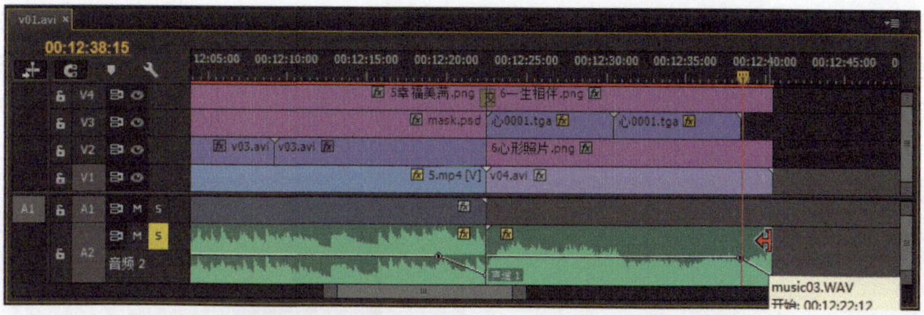

图 15-21 加入背景音乐

05 点选music02.mp3剪辑，将鼠标指针移动到剪辑的音量关键帧控制线上，当鼠标指针改变形状后按住并向下略微拖动，将其音量整体降低10dB左右，使影片主体中的背景音乐不至于影响视频片段中的声音，如图15-22所示。

图 15-22 降低背景音乐的音量

15.5 预览并输出影片

01 在监视器窗口中单击“播放”按钮或者按下键盘上的空格键，对编辑完成的影片进行预览。如果有不满意的地方，可以根据预览的情况对细节进行调整，如图15-23所示。

图 15-23 预览影片

02 按“Ctrl+S”快捷键执行保存；按“Ctrl+M”快捷键，打开“导出设置”对话框，为输出影片设置好保存目录和文件名称，保持其他选项的默认设置，单击“导出”按钮，开始输出影片，如图15-24所示。

图 15-24 设置影片输出路径与名称

03 输出完成后，在Windows Media Player播放器中观看影片完成后的效果，如图15-25所示。

图 15-25 播放影片